高等学校土木建筑专业应用型本科系列规划教材

# 钢结构设计

主　编　杜新喜
副主编　王若林　袁焕鑫

东南大学出版社
·南京·

## 内 容 提 要

本书是为高等院校土木工程专业在专业基础课程"钢结构原理"之后开设"钢结构设计"课程而编写的教材,本书着重讲述各种钢结构体系的类型、特点和设计方法,主要内容包括平面结构、大跨度空间结构和高层钢结构。书中广泛引入了有关规范的设计要求和设计公式,附有设计实例和思考题,以利于有关基本设计理论和方法的学习和掌握。

本书内容丰富、系统,注重贴近实际工程设计应用,可作为高等院校土木工程专业本科生教材,还可作为相关工程技术人员和研究人员的参考用书。

**图书在版编目(CIP)数据**

钢结构设计 / 杜新喜主编. —— 南京:东南大学出版社,2017.1
  ISBN 978-7-5641-6688-5

Ⅰ.①钢… Ⅱ.①杜… Ⅲ.①钢结构-结构设计-高等学校-教材 Ⅳ.①TU391.04

中国版本图书馆 CIP 数据核字(2016)第 197502 号

**钢结构设计**

出版发行:东南大学出版社
社　　址:南京市四牌楼 2 号　邮编:210096
出 版 人:江建中
责任编辑:史建农　戴坚敏
网　　址:http://www.seupress.com
电子邮箱:press@seupress.com
经　　销:全国各地新华书店
印　　刷:南京京新印刷厂
开　　本:787mm×1092mm　1/16
印　　张:14.50
字　　数:365 千字
版　　次:2017 年 1 月第 1 版
印　　次:2017 年 1 月第 1 次印刷
书　　号:ISBN 978-7-5641-6688-5
印　　数:1—3000 册
定　　价:37.00 元

# 高等学校土木建筑专业应用型本科系列规划教材编审委员会

# 总前言

国家颁布的《国家中长期教育改革和发展规划纲要(2010—2020年)》指出,要"适应国家和区域经济社会发展需要,不断优化高等教育结构,重点扩大应用型、复合型、技能型人才培养规模";"学生适应社会和就业创业能力不强,创新型、实用型、复合型人才紧缺"。为了更好地适应我国高等教育的改革和发展,满足高等学校对应用型人才的培养模式、培养目标、教学内容和课程体系等的要求,东南大学出版社携手国内部分高等院校组建土木建筑专业应用型本科系列规划教材编审委员会。大家认为,目前适用于应用型人才培养的优秀教材还较少,大部分国家级教材对于培养应用型人才的院校来说起点偏高、难度偏大、内容偏多,且结合工程实践的内容往往偏少。因此,组织一批学术水平较高、实践能力较强、培养应用型人才的教学经验丰富的教师,编写出一套适用于应用型人才培养的教材是十分必要的,这将有力地促进应用型本科教学质量的提高。

经编审委员会商讨,对教材的编写达成如下共识:

**一、体例要新颖活泼。**学习和借鉴优秀教材特别是国外精品教材的写作思路、写作方法以及章节安排,摒弃传统工科教材知识点设置按部就班、理论讲解枯燥乏味的弊端,以清新活泼的风格抓住学生的兴趣点,让教材为学生所用,使学生对教材不会产生畏难情绪。

**二、人文知识与科技知识渗透。**在教材编写中参考一些人文历史和科技知识,进行一些浅显易懂的类比,使教材更具可读性,改变工科教材艰深古板的面貌。

**三、以学生为本。**在教材编写过程中,"注重学思结合,注重知行统一,注重因材施教",充分考虑大学生人才就业市场的发展变化,努力站在学生的角度思考问题,考虑学生对教材的感受,考虑学生的学习动力,力求做到教材贴合学生实际,受教师和学生欢迎。同时,考虑到学生考取相关资格证书的需要,教材中还结合各类职业资格考试编写了相关习题。

四、**理论讲解要简明扼要，文例突出应用**。在编写过程中，紧扣"应用"两字创特色，紧紧围绕着应用型人才培养的主题，避免一些高深的理论及公式的推导，大力提倡白话文教材，文字表述清晰明了、一目了然，便于学生理解、接受，能激起学生的学习兴趣，提高学习效率。

五、**突出先进性、现实性、实用性、可操作性**。对于知识更新较快的学科，力求将最新最前沿的知识写进教材，并且对未来发展趋势用阅读材料的方式介绍给学生。同时，努力将教学改革最新成果体现在教材中，以学生就业所需的专业知识和操作技能为着眼点，在适度的基础知识与理论体系覆盖下，着重讲解应用型人才培养所需的知识点和关键点，突出实用性和可操作性。

六、**强化案例式教学**。在编写过程中，有机融入最新的实例资料以及操作性较强的案例素材，并对这些素材资料进行有效的案例分析，提高教材的可读性和实用性，为教师案例教学提供便利。

七、**重视实践环节**。编写中力求优化知识结构，丰富社会实践，强化能力培养，着力提高学生的学习能力、实践能力、创新能力，注重实践操作的训练，通过实际训练加深对理论知识的理解。在实用性和技巧性强的章节中，设计相关的实践操作案例和练习题。

在教材编写过程中，由于编写者的水平和知识局限，难免存在缺陷与不足，恳请各位读者给予批评斧正，以便教材编审委员会重新审定，再版时进一步提升教材的质量。本套教材以"应用型"定位为出发点，适用于高等院校土木建筑、工程管理等相关专业，高校独立学院、民办院校以及成人教育和网络教育均可使用，也可作为相关专业人士的参考资料。

高等学校土木建筑专业应用型
本科系列规划教材编审委员会

# 前　言

根据高校土木工程专业指导委员会的建议,国内许多高校土木工程专业的培养计划将钢结构课程分为"钢结构原理"和"钢结构设计"两个部分。本书是为"钢结构设计"课程编写的教材。

结合近年来我国钢结构工程建设快速发展的需要,本书总体上涵盖了钢结构工程设计中的基本内容。第1章归纳介绍了平面钢结构体系,重点阐述了轻型门式刚架结构的设计方法。第2章介绍了常见的空间结构体系,重点阐述了网架结构、网壳结构的计算理论及方法。第3章包括了高层钢结构的整体结构分析以及构件和节点的设计计算内容。

本书在编写过程中充分遵循了现行有关设计规范、规程的规定,具体涉及《钢结构设计规范》《冷弯薄壁型钢技术规范》《建筑结构荷载规范》《建筑抗震设计规范》《空间网格结构技术规程》《高层民用建筑钢结构技术规程》《门式刚架轻型房屋钢结构技术规程》《拱形钢结构技术规程》等。书中结合具体的钢结构类型,对现行规范、规程中的相关设计计算公式和条文进行了阐述说明。

本书侧重于实际钢结构工程设计,为了让学习者能有效和正确地掌握各种类型钢结构设计的基本要点,书中给出了4个具体的设计实例,包括轻型门式刚架结构设计、网架结构设计、网壳结构设计、多层钢框架结构设计。本书可作为土木工程专业本科生的有关建筑钢结构设计课程的教材,也可作为相关工程技术人员和研究人员的参考书籍。

本书由武汉大学杜新喜担任主编,武汉大学王若林、袁焕鑫担任副主编。具体分工如下:第1章由袁焕鑫编写,第2章由杜新喜编写,第3章由王若林编写。在编写过程中,得到了相关工程技术人员的大力支持与帮助,参考了有关单位的资料,在此一并致谢。

限于编者的理论水平及实践经验,书中难免存在错误和不足,敬请读者批评指正。

编者

2016 年 10 月

# 目　录

# 1 平面钢结构设计

　　承重结构的受力可以简化为平面内承载的钢结构的受力,可以统称为平面钢结构,一般包括平面桁架结构、平面拱结构和门式刚架结构等。平面钢结构是相对于空间钢结构而言的,一般建筑结构本质上都是空间性质的,当可以忽略次要的空间约束时,出于简化设计计算的目的,将三维空间结构简化为平面结构来计算分析。当然,也有部分结构具有明显的空间特征而不宜简化成平面结构,需要根据实际三维结构进行计算分析。

　　随着钢结构的发展,在工程应用实践中,平面钢结构主要体现为平面桁架结构、平面拱结构和门式刚架结构等主要应用形式。其中平面桁架结构包含钢屋架、张弦梁和张弦桁架形式,平面拱结构包括普通拱形钢结构和索拱结构。平面钢结构体系的结构布置较为简单,传力路径清晰明确,结构计算分析便捷,一般可以采用简化的平面力学模型进行计算分析,而且连接节点构造一般较空间节点较为简单,加工制作效率高。

　　在平面钢结构体系中,组成结构的构件轴线属于同一个平面,主要竖向荷载和横向荷载的作用线也属于该平面,结构体系平面内承载能力一般强于平面外的承载能力,在平面外往往需要设置支撑系统承受纵向荷载作用,以保证结构和构件的平面外稳定性。如图1-1所示为平面桁架结构和门式刚架结构的平面外支撑系统布置,图1-1(a)中各榀横向桁架之间通过纵向桁架联系,图1-1(b)中各榀门式刚架通过横向水平支撑和纵向系杆相连,使得结构成为稳定的空间体系。

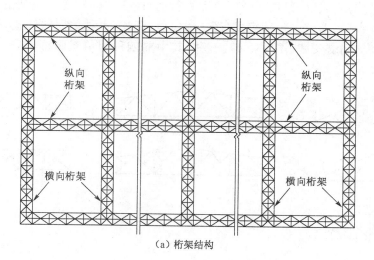

（a）桁架结构

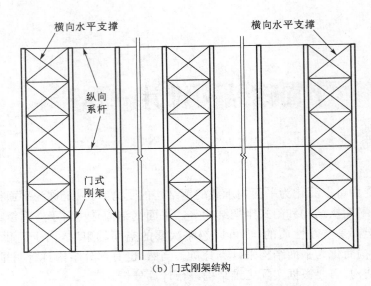

（b）门式刚架结构

图 1-1  平面钢结构的平面外支撑系统布置

# 1.1  平面桁架结构

## 1.1.1  钢屋架

屋架是一种屋盖承重体系的梁式桁架,其外形一般分为三角形(图 1-2(a)、(b)、(c))、梯形(图 1-2(d)、(e))、人字形(图 1-2(f))和平行弦(图 1-2(g))等。屋架的腹杆布置常用有人字式(图 1-2(b)、(d)、(f))、芬克式(图 1-2(a))、豪式(也称单向斜杆式,见图 1-2(c))、再分式(图 1-2(e))和交叉式(图 1-2(g))五种,其中前四种为单系腹杆,第五种即交叉腹杆为复系腹杆。

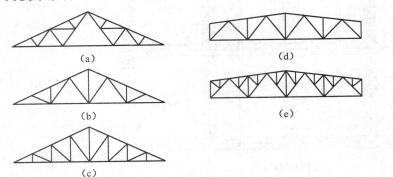
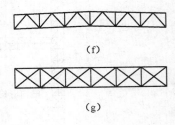

(a)  (d)  (f)

(b)  (e)  (g)

(c)

图 1-2  钢屋架的外形

　　三角形屋架上弦坡度较陡,适用于有檩屋盖体系,通常只能与柱子铰接,房屋的整体横向刚度较小。对于简支屋架来说,荷载作用下的弯矩图是抛物线分布,致使这种屋架弦杆受力不均,支座处内力较大,跨中内力较小,弦杆的截面不能充分发挥作用,而支座处上、下弦杆交角过小造成内力较大。三角形屋架的腹杆布置形式常用的有芬克式和人字式。芬克式的腹杆虽然较多,但其压杆短、拉杆长,受力相对合理,且可分为两个小桁架运输,较为方便。人字式腹杆节点虽少但受压腹杆长,适用于跨度较小($L \leqslant 18 \text{ m}$)的情况。但是人字式屋架的抗震性能优于芬克式屋架,故在强地震烈度地区,跨度大于 18 m 时仍采用人字式腹杆屋架。

　　梯形屋架上弦坡度较平坦,适用于无檩屋盖体系。屋盖与柱的连接可以做成铰接,也可以做成刚接,后者可以提高建筑物的横向刚度。梯形屋架与简支受弯构件的弯矩图较为接近,弦杆受力较为均匀。梯形屋架的腹杆体系可采用单斜式、人字式和再分式。人字式按支座斜杆与弦杆组成的支撑点在下弦或上弦分成下承式和上承式两种,二者各有优势,下承式使排架柱计算高度减小又便于在下弦设置屋盖纵向水平支撑,但上承式使屋架重心降低,支座斜腹杆受拉,且安装方便。一般情况下,与柱刚接的屋架宜采用下承式;与柱铰接时则下承式或上承式均可。

　　人字形屋架的上、下弦可以是平行的,坡度为 1/20～1/10,节点构造较为统一。人字形屋架有较好的空间观感,制作时可不再起拱,多用于较大跨度的屋盖体系,采用固定支座时在竖向荷载作用下对柱有推力作用。人字形屋架一般宜采用上承式,这种形式不但安装方便而且可使折线拱的推力与上弦杆的弹性压缩互相抵消,在很大程度上减小了对柱的不利影响。

　　平行弦屋架可以做成不同大小的坡度,其端部可以铰接也可以刚接,且能用于单坡屋盖和双坡屋盖。平行弦屋架的弦杆及腹杆分别等长、节点形式相同,能保证桁架的杆件重复率最大,且可使节点构造形式统一,便于制作工业化。腹杆布置通常采用人字式,用作支撑桁架时腹杆常采用交叉式。

　　钢屋架的外形与腹杆形式,应该经过综合分析来确定,基本原则应从下述几个方面考虑:

　　(1)满足使用要求。对屋架来说,上弦坡度的确定应与屋面防水构造相适应。此外,屋架在端部与柱是铰接还是刚接,房屋内部净空有何要求,有无吊顶,有无悬挂吊车,有无天窗及天窗形式以及建筑造型的需要等,也都影响屋架外形的确定。

　　(2)受力合理。只有受力合理时才能充分发挥材料的作用,从而达到节省材料的目的。对弦杆来说,所谓受力合理是要使各节间弦杆的内力相差不太大,这样,一根通长的型钢来做弦杆时对内力小的节间就没有太大的浪费。一般而言,简支屋架外形与均布荷载下的抛物线形弯矩图接近时,各处弦杆内力才比较接近。但是弦杆做成折线形时节点费料费工,所以桁架弦杆一般不做成多处转折的形式,而经常做成上述的几种形式,它们的弦杆都只在屋脊处有转折。

　　(3)制作简单及运输与安装方便。制作简单、运输与安装方便可以节省劳动量并加快建设速度。从制作简单方面看,应该是杆件数量少,节点少,杆件尺寸划一及节点构造形式划一。

　　在钢屋架的内力分析中,首先按荷载规范的规定计算求得作用在屋架上的荷载,具体包括恒荷载、活荷载、雪荷载、风荷载、积灰荷载及悬挂荷载等,根据最不利荷载组合,将荷载集中到节点上,并假定节点均为理想铰接,各杆件轴线相交于节点中心,采用图解法或解析法进行节点荷载作用下屋架杆件的内力分析。按上述理想体系内力所求出的应力是桁架的主应力,当杆件截面较大时,应按刚接节点进行计算,以考虑节点实际具有的刚性所引起的次应力。对于有节间荷载作用的屋架,应计算节间荷载引起的局部弯矩。杆件的截面形式选择应考虑构造简单、施工方便和易于连接,使其具有一定的侧向刚度并且取材方便,通常采用角钢以及角钢拼接组成的 T 形、十字形截面形式,也可用 H 型钢、圆钢管和方钢管等截面形式。

### 1.1.2 平面张弦梁

张弦梁结构是上弦刚性受压构件和下弦柔性拉索两种类型单元组合而成的一种预应力自平衡结构体系,属于杂交结构体系范畴。张弦梁结构由于其结构形式简洁、富有建筑表现力,在大跨度建筑结构中得到了较为广泛的应用。从结构受力特点来看,由于张弦梁结构的下弦采用高强度拉索,其不仅可以承受结构在荷载作用下的拉力,而且可以适当地对结构施加预应力以改善上弦的受力性能,从而提高结构的跨越能力。

平面张弦梁结构是其结构构件位于同一平面内,且以平面内受力为主的张弦梁结构,如图 1-3 所示。根据上弦构件的形状可分为三种基本形式:直梁型张弦梁、拱型张弦梁、人字拱型张弦梁。

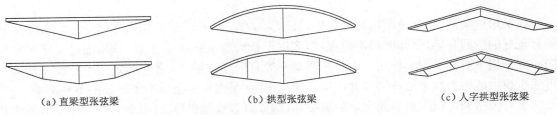

(a) 直梁型张弦梁　　　　　　(b) 拱型张弦梁　　　　　　(c) 人字拱型张弦梁

图 1-3　平面张弦梁结构的基本形式

直梁型张弦梁的上弦构件成直线,通过拉索和撑杆提供弹性支承,从而减小上弦构件的弯矩,主要适用于楼板结构和小坡度屋面结构。拱型张弦梁具有拉索和撑杆为上弦构件提供弹性支承以减小拱上弯矩的特点,此外,由于拉索张力可以与拱推力相抵消,不仅充分发挥了上弦拱的受力优势,还充分利用了拉索抗拉强度高的优点,适用于大跨度甚至超大跨度的屋盖结构。人字拱型张弦梁结构主要用下弦拉索来抵消人字拱两端推力,通常其起拱较高,所以适用于跨度较小的双坡屋盖结构。张弦梁的撑杆可以沿跨度方向均匀布置或不等间距布置,撑杆的高度取决于建筑功能及受力性能,索受拉力对撑杆提供一个向上的支撑力,撑杆作为梁的支点对梁起支撑作用,相当于减小了梁的跨度,可以显著削减刚性梁跨中的弯矩幅值,使梁的弯矩分布更为合理,如图 1-4 所示。

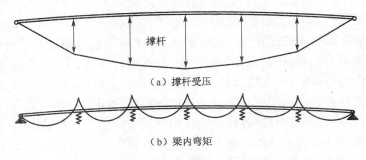

(a) 撑杆受压

(b) 梁内弯矩

图 1-4　张弦梁受力特点

张弦桁架是张弦梁结构的一种特殊形式(图 1-5),是采用刚性的上弦立体桁架作为上弦梁构件而得到的新型结构形式。张弦桁架在保证充分发挥索的抗拉性能的同时,由于引进了具有抗压和抗弯刚度的桁架而使体系的刚度和稳定性大为增加。柔性拉索与刚性桁架的结构不仅充分发挥了各自的优点,而且相互制约了彼此的弱点。对张弦结构中的索施加一定的预应力,这既可使索具有适当的初始绷紧度,也可对索与桁架之间的受力比例进行必要的调整;既充分发挥了索的抗拉能力,又调整了桁架的内力分布,使其趋于均匀。

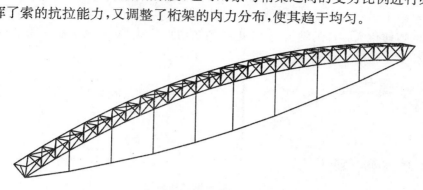

图 1-5  单榀张弦桁架

张弦梁结构是一个自平衡受力体系,拉索张力与上弦刚性构件通过撑杆相互平衡,拉索不需要外部锚固结构。因此,张弦梁在施工张拉过程中不能完全约束其支座的水平自由度,在使用阶段也宜采用一端固定、另一端滑移的支座形式,如图 1-6 所示,而且这样的支座设计也可以释放结构正常使用期间的温度效应影响。如果张弦梁结构的两端支座均为限制水平滑移的固定铰支座,则需要考虑支座的水平推力作用,具体介绍可参见下节中的索拱结构。

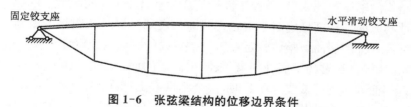

图 1-6  张弦梁结构的位移边界条件

# 1.2  平面拱结构

## 1.2.1  拱形钢结构类型与特点

拱结构在承担竖向荷载作用时支座产生水平推力,利用其几何曲线将荷载作用转化为轴向压力,显著减小其弯矩和剪力,能够充分利用材料的强度。随着钢结构的发展,拱形钢结构因其自重轻、材料强度高、抗拉性能好、承载效率高、造型美观、施工安装方便等优点,在建筑结构和桥梁工程中得到了广泛的应用。

从结构类型来看,拱形钢结构主要分为实腹式截面拱和桁架拱两大类(图 1-7)。其中实腹式截面拱包括普通截面钢拱、腹板开孔钢拱及波形腹板钢拱等多种形式。实腹式截面拱一般用于中小跨度结构中,常用的截面形式有圆管、箱形及工字形截面等。当有设备管线穿过或建筑美观要求时,可选择腹板开孔钢拱。波形腹板钢拱由于腹板面外波折或波浪从而大大增强了腹板的面外刚度和剪切屈曲承载力。当实腹式截面拱采用圆管或箱形截面时,可在拱身内填充混凝土形成钢管混凝土拱,提高其刚度和稳定承载力,改善局部稳定性、耐火与耐久性能。桁架拱结合了拱和桁架的双重优势,以其曲线形式实现弯矩向轴力的转化,并通过格构的方式将截面弯矩转化为弦杆的轴力,具有更高的结构承载效率,常用于超大跨度空间结构中,如体育馆和桥梁工程中。

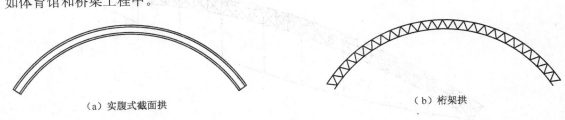

（a）实腹式截面拱　　　　　　　　　　　　　　　　（b）桁架拱

**图1-7　拱形钢结构类型**

拱的受力与其轴线形式、矢跨比和拱脚边界条件等密切相关。拱轴线形式的确定原则是,在满足建筑外观要求的前提下,在主要荷载工况下尽量减小截面的弯矩,以轴压受力为主。常规的拱轴线形式有圆弧形、抛物线形、悬链线形和椭圆形等。矢跨比对拱内力大小与分布影响很大,一般需要根据建筑外观、承载效率、基础条件和通航限制等各方面因素综合确定。关于矢跨比的取值,当钢拱的跨度一定时通常存在使其稳定承载力最高的最优矢跨比。

拱形钢结构的轴压特征明显,其稳定性计算成为设计中的关键问题,主要包括局部稳定性和整体稳定性两方面。局部稳定对于实腹式截面拱表现为翼缘或腹板的鼓曲,对于钢管桁架拱表现为腹杆或弦杆的屈曲。整体稳定性包括拱轴线的平面内稳定和平面外稳定。当屋面檩条、屋面板或支撑提供足够的平面外约束、限制拱截面的面外位移和扭转时,只需验算拱的平面内稳定性。当面外无支撑或支撑不足时,整个钢拱或支撑间拱段会发生面外的空间弯扭失稳破坏,成为稳定设计的控制因素。拱形钢结构通常在全跨均布竖向荷载作用下具有较好的平面内稳定承载性能。

关于拱的截面类型,一般选择双轴对称的工字形开口截面或者圆管、箱形闭合截面。考虑拱形钢结构的平面外稳定时,采用闭合截面将获得较高的自由扭转刚度与平面外弯曲刚度,还可以灌入混凝土形成钢管混凝土拱。拱形钢结构的节点设计应遵循构造简单、整体刚度好、传力明确、安全可靠、节约钢材和施工方便等原则,节点选型可参照其他钢结构节点形式,例如钢管桁架拱可以参考钢管桁架梁柱的节点构造处理方法。拱脚应采用传力可靠、连接简单的节点形式,其构造措施应保证与计算假定一致,铰接时应保证拱脚位置具有充分的自由转动能力,同时可以有效传递剪力和轴力,而固接时应保证其能可靠传递弯矩,反之则需要根据实际拱脚构造情况在计算中考虑节点的弯矩-转角特性。对于非落地拱形钢结构,尚应重视下部结构的设计,确保下部支承结构具有足够的刚度和承载力以抵抗拱脚推力,当拱脚沉降或侧移较大时,应考虑对无铰拱与两铰拱受力性能的影响。现行行业标准《拱形钢结构技术规程》(JGJ/T 249—2011)涵盖了结构与节点选型、荷载效应分析、强度及稳定性设计、制作安装及工程验收等各方面内容,可作为拱形钢结构设计的参考依据。

### 1.2.2 索拱结构

针对单拱对初始缺陷较为敏感以及半跨荷载作用下稳定承载力低、刚度弱等问题,在工程中引入了索拱结构,即将拉索按一定规则布置,与拱体形成杂交结构体系,根据布索形式及构成方式可以分为张弦式索拱、弦撑式索拱及车辐式索拱等,如图1-8所示。索拱结构应综合考虑拱轴线的形式、矢跨比、主要荷载类型、支座条件、使用功能及构造要求等因素确定合理的布索形式,从而实现对拱肋变形的有效控制,改善和提高结构的整体刚度和承载能力。

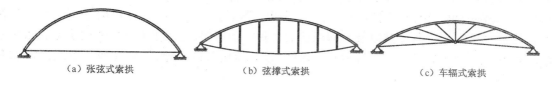

(a) 张弦式索拱          (b) 弦撑式索拱          (c) 车辐式索拱

**图1-8 索拱结构的形式**

索拱结构通过拉索、撑杆或索盘与各种形式拱肋的组合,利用拉索的牵制作用或撑杆的支承作用,形成更为高效合理的结构体系。相比纯拱形钢结构,索拱结构依据其拉索布置形式不同具有以下优点:

(1) 有效提高了拱的刚度,相同荷载作用下拱的变形明显减小。

(2) 有效控制了对称荷载作用下拱的二次分岔屈曲的发生,降低了拱对反对称几何初始缺陷的敏感性。

(3) 有效提高了拱的稳定承载力,特别是对于全跨荷载和半跨荷载作用,如适当地调整拉索布置形式,可以消除拱的整体失稳进而由强度设计控制,大幅提高了材料利用效率。

(4) 通过对拉索施加一定的预拉力,可以调节拱脚处的水平推力,减轻基础负担。

关于索拱结构中拉索预应力的取值,对于张弦式索拱结构以及车辐式索拱结构,拉索预应力取值应以拉索张紧为宜。这是由于索的张拉作用只有在钢拱变形时才能发挥出来,所以对其不必施加预应力,但在施工时以张紧为宜。在正常使用期间,可以允许拉索在可变荷载(如风荷载等偶然作用)作用下松弛,但在永久荷载作用下,拉索宜保持张紧状态。对于弦撑式索拱结构,拉索的主要作用是消减拱体中的弯矩峰值,需要对拉索施加预应力,以提高拱体的承载力与刚度。

索拱结构是拉索与拱体组成的一种杂交结构,可以通过设置不同的布索形式,利用拉索改善拱结构的受力性能,应把拉索和拱体作为整体计算其刚度和承载力,目前对于索拱结构的实用计算方法研究开展比较有限,建议采用有限元分析方法建立计算分析模型,在考虑几何非线性和材料非线性的基础上计算结构的承载力与变形性能。

## 1.3 轻型门式刚架结构设计

### 1.3.1 概述

轻型门式刚架结构主要指承重结构为单跨或多跨实腹门式刚架,具有轻型屋盖和轻型外墙、无桥式吊车或有起重量不大于 20 t 的 A1～A5 工作级别桥式吊车或 3 t 悬挂式起重机的单层房屋钢结构。

轻型门式刚架结构的构件截面尺寸较小,可有效地利用建筑空间;其自重较轻,建筑体型较为简洁、美观。门式刚架为超静定结构,内力分布较为均匀,有利于充分发挥材料的强度;门式刚架结构平面内、外的刚度比较接近,有利于制作、运输和安装;同时,门式刚架的构、配件生产的标准化、工业化程度较高,大多数在工厂制作,仅在工地现场进行简单的拼接和安装,施工速度快,工期较短,且便于维护与拆迁。

门式刚架用于中、小跨度的工业建筑或较大跨度的民用公共建筑,均有较为广泛的适用性和较好的经济效果。因此,门式刚架已广泛用于各类工业厂房、仓库、体育场馆、会议厅、展览中心、影剧场等大型公共建筑以及不同用途的各种活动房屋;门式刚架特别适用于地震区或地基承载力较低、缺少砂石和水泥等材料的地区,以及运输条件较差、施工场地狭小或建设工期较短的工程。

### 1.3.1.1 门式刚架结构的组成

轻型门式刚架钢结构的组成如图 1-9 所示,主要包括以下几部分:

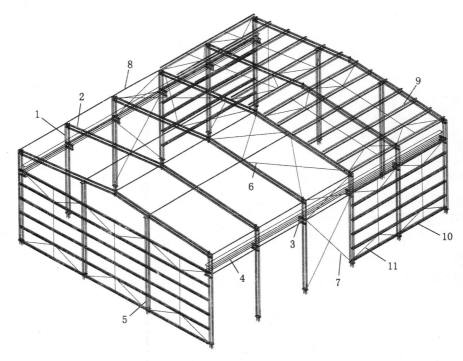

**图 1-9 轻型门式刚架结构基本组成**
1—框架柱;2—框架梁;3—牛腿;4—吊车梁;5—抗风柱;
6—屋面支撑;7—柱间支撑;8—系杆;9—檩条;10—墙梁;11—拉条

(1)主结构:门式刚架、吊车梁、托梁或托架;
(2)次结构:屋面檩条和墙面檩条等;
(3)支撑结构:屋面支撑、柱间支撑、系杆;

（4）围护结构:屋面板和墙板;

（5）辅助结构:楼梯、平台、扶栏等;

（6）基础。

### 1.3.1.2　门式刚架的结构形式

门式刚架的结构形式分为单跨(图 1-10(a)、(b))、双跨(图 1-10(e)、(f)、(g)、(i))和多跨(图 1-10(c)、(d)),按屋面坡脊可分为单脊单坡(图 1-10(a))、单脊双坡(图 1-10(b)、(c)、(d)、(g)、(h))、多脊多坡(图 1-10(e)、(f)、(i))。

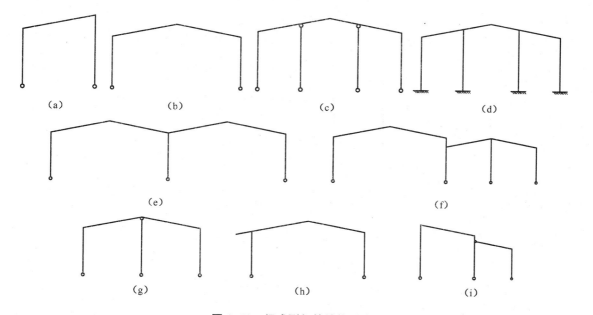

（a）　　　　（b）　　　　（c）　　　　（d）

（e）　　　　　　　　　（f）

（g）　　　　　　（h）　　　　　　（i）

**图 1-10　门式刚架的结构形式**

单脊双坡多跨刚架,用于无桥式吊车房屋时,当刚架柱不是特别高且风荷载也不是很大时,中柱宜采用两端铰接的摇摆柱(图 1-10(c)、(g)),中间摇摆柱和梁的连接构造简单,而且制作和安装都省工。这些柱不参与抵抗侧力,截面也比较小。但是在设有桥式吊车的房屋,中柱宜为两端刚接(图 1-10(d)),以增加刚架的侧向刚度。中柱用摇摆柱的方案体现"材料集中使用"的原则。边柱和梁形成刚架,承担全部抗侧力的任务(包括传递水平荷载和防止门架侧向失稳)。由于边柱的高度相对较小(亦即长细比较小),材料能够比较充分地发挥作用。

根据跨度、高度及荷载不同,门式刚架的梁、柱可采用变截面或等截面实腹焊接工字形截面或轧制 H 形截面。设有桥式吊车时,柱宜采用等截面构件。变截面构件通常改变腹板的高度做成楔形,必要时也可改变腹板厚度。结构构件在运输单元内一般不改变翼缘截面,必要时可改变翼缘厚度;邻接的安装单元可采用不同的翼缘截面,两单元相邻截面高度宜相等。

门式刚架的柱脚多按铰接支承设计,通常为平板支座,设一对或两对地脚锚栓。当用于工业厂房且有 5 t 以上桥式吊车时,宜将柱脚设计成刚接。

门式刚架轻型房屋的屋面坡度宜取 1/20～1/8,在雨水较多的地区宜取其中的较大值。

门式刚架可由多个梁、柱单元构件组成。柱一般为单独的单元构件,斜梁可根据运输条件划分为若干个单元。单元构件本身采用焊接,单元构件之间可通过端板用高强度螺栓连接。

门式刚架上可设置起重量不大于 3 t 的悬挂起重机和起重量不大于 20 t 的轻、中级工作制单梁或双梁桥式吊车。

### 1.3.1.3 门式刚架结构布置

#### 1)平面布置

门式刚架的跨度应取横向刚架柱轴线间的距离,跨度宜为 9～36 m,宜以 3 m 为模数,但也可不受模数限制。当边柱宽度不等时,其外侧应对齐。门式刚架的高度应取地坪至柱轴线与斜梁轴线交点的高度,宜取 4.5～9 m,必要时可适当放大。门式刚架的高度应根据使用要求的室内净高确定,有吊车的厂房应根据轨顶标高和吊车净空的要求确定。柱的轴线可取通过柱下端(较大端)中心的竖向轴线,工业建筑边柱的定位轴线宜取柱外皮。斜梁的轴线可取通过变截面梁段最小端中心与斜梁上表面平行的轴线。

门式刚架的合理间距应综合考虑刚架跨度、荷载条件及使用要求等因素,一般宜取 6 m、7.5 m 或 9 m。

挑檐长度可根据使用要求确定,宜采用 0.5～1.2 m,其上翼缘坡度宜与刚架斜梁坡度相同。

门式刚架轻型房屋的构件和围护结构,通常刚度不大,温度应力相对较小。因此其温度分区与传统结构形式相比可以适当放宽,但应符合下列规定:

(1)纵向温度区段不大于 300 m;

(2)横向温度区段不大于 150 m;

(3)当有计算依据时,温度区段可适当放大;

(4)当房屋的平面尺寸超过上述规定时,需设置伸缩缝,伸缩缝可采用两种做法:(a)设置双柱;(b)在搭接檩条的螺栓连接处采用长圆孔,并使该处屋面板在构造上允许胀缩。

对有吊车的厂房,当设置双柱形式的纵向伸缩缝时,伸缩缝两侧刚架的横向定位轴线可加插入距。在多跨刚架局部抽掉中柱或边柱处,可布置托架或托梁。

#### 2)檩条和墙梁布置

屋面檩条一般应等间距布置。但在屋脊处,应沿屋脊两侧各布置一道檩条,使得屋面板的外伸宽度不要太长(一般小于 200 mm),在天沟附近应布置一道檩条,以便于天沟的固定。确定檩条间距时,应综合考虑天窗、通风屋脊、采光带、屋面材料、檩条规格等因素按计算确定。

侧墙墙梁的布置,应考虑设置门窗、挑檐、遮雨篷等构件和围护材料的要求。当采用压型钢板作围护面时,墙梁宜布置在刚架柱的外侧,其间距由墙板板型和规格确定,且不大于由计算确定的数值。

#### 3)支撑和刚性系杆布置

支撑和刚性系杆的布置应符合下列规定:

(1)在每个温度区段或分期建设的区段中,应分别设置能独立构成空间稳定结构的支撑体系。

(2)在设置柱间支撑的开间,宜同时设置屋盖横向支撑,以组成几何不变体系。

（3）屋盖横向支撑宜设在温度区间端部的第一或第二个开间。柱间支撑的间距应根据房屋纵向柱距、受力情况和安装条件确定。当无吊车时一般取 30～45 m；当有吊车时宜设在温度区段中部，或当温度区段较长时宜设在三分点处，且间距不宜大于 60 m。

（4）当房屋高度相对于柱间距较大时，柱间支撑宜分层设置；当房屋宽度大于 60 m 时，在内柱列宜适当增加柱间支撑。

（5）当端部支撑设在第二个开间时，在第一个开间的相应位置应设置刚性系杆。

（6）在刚架转折处（单跨房屋边柱柱顶、屋脊及多跨刚架的中柱柱顶）应沿房屋全长设置刚性系杆。

（7）由支撑斜杆等组成的水平桁架，其直腹杆宜按刚性系杆考虑。

（8）刚性系杆可由檩条兼作，此时檩条应满足压弯构件的承载力和刚度要求，当不满足时可在刚架斜梁间设置钢管、H 型钢或其他截面形式的杆件。

门式刚架轻型房屋钢结构的支撑可用带张紧装置的十字交叉圆钢支撑，圆钢与构件的夹角宜接近 45°，应在 30°～60°范围内。圆钢应采用特制的连接件与梁、柱腹板连接，校正定位后张紧固定。张紧手段最好用花篮螺丝。

当房屋内设有起重量不小于 5 t 的桥式吊车时，柱间支撑宜用型钢支撑。当房屋中不允许设置交叉柱间支撑时，可设置纵向刚架。

## 1.3.2　刚架设计

主刚架由边柱、刚架梁、中柱等构件组成。边柱和梁通常根据门式刚架弯矩包络图的形状制作成变截面以达到节约材料的目的；根据门式刚架横向平面承载、纵向支撑提供平面外稳定的特点，要求边柱和梁在横向平面内具有较大的刚度，一般采用焊接工字形截面。中柱以承受轴压力为主，通常采用强弱轴惯性矩相差不大的宽翼缘 H 型钢、矩形钢管或圆管截面。刚架的主要构件运输到现场后通过高强度螺栓连接节点相连。

### 1.3.2.1　荷载及荷载组合

#### 1）荷载

作用在轻型钢结构上的荷载包括以下类型：

（1）恒载：包括结构构件的自重和悬挂在结构上的非结构构件的重力荷载，如屋面、檩条、支撑、吊顶、墙面构件和刚架自身等。按现行《建筑结构荷载规范》（GB 50009—2012）（下文简称《荷载规范》）的规定采用。

（2）活载：包括屋面均布荷载、雪荷载、积灰荷载、风荷载及吊车荷载。当采用压型钢板轻型屋面时，屋面竖向均布活荷载的标准值（按水平投影面积计算）应取 0.5 kN/m²；对受荷水平投影面积超过 60 m² 的刚架结构，计算时采用的竖向均布活荷载标准值可取不小于 0.3 kN/m²。设计屋面板和檩条时应考虑施工和检修集中荷载（人和小工具的重力），其标准值为 1 kN。屋面雪荷载和积灰荷载的标准值应按《荷载规范》的规定采用，设计屋面板、檩条时并应考虑在屋面天沟、阴角、天窗挡风板内和高低跨连接处等的荷载增大系数或不均匀分布系数。

（3）风荷载：按《门式刚架轻型房屋钢结构技术规程》（CECS 102：2002）（下文简称《门刚

规程》)附录 A 的规定,垂直于建筑物表面的风荷载,应按下面公式计算:

$$w_k = \mu_s \mu_z w_0 \tag{1-1}$$

式中:$w_k$——风荷载标准值($kN/m^2$);

$\quad\quad w_0$——基本风压,按照《荷载规范》的规定值乘以 1.05 采用;

$\quad\quad \mu_z$——风荷载高度变化系数,按照《荷载规范》的规定采用,当高度小于 10 m 时,应按 10 m高度处的数值采用;

$\quad\quad \mu_s$——风荷载体型系数,考虑内、外风压最大值的组合,且含阵风系数,按《门刚规程》附录 A.0.2 的规定采用。

(4)温度荷载:按实际环境温差考虑。

(5)吊车荷载:包括竖向荷载和纵向及横向水平荷载,按照《荷载规范》的规定取用,但吊车的组合一般不超过两台。

(6)地震作用:按照《荷载规范》的规定取用,不与风荷载作用同时考虑。

**2)荷载组合**

荷载效应的组合一般应遵从《荷载规范》的规定。针对门式刚架的特点,《门刚规程》给出下列组合原则:

(1)屋面均布活荷载不与雪荷载同时考虑,应取两者中的较大值;

(2)积灰荷载应与雪荷载或屋面均布活荷载中的较大值同时考虑;

(3)施工或检修集中荷载不与屋面材料或檩条自重以外的其他荷载同时考虑;

(4)多台吊车的组合应符合《荷载规范》的规定;

(5)当需要考虑地震作用时,风荷载不与地震作用同时考虑。

对于门式刚架结构,计算承载能力极限状态时,应考虑以下几种荷载的组合:

(1)1.2×永久荷载标准值+1.4×竖向可变荷载标准值;

(2)1.0×永久荷载标准值+1.4×风荷载标准值;

(3)1.2×永久荷载标准值+0.9×(1.4×竖向可变荷载标准值+1.4×风荷载标准值);

(4)1.2×永久荷载标准值+0.9×(1.4×竖向可变荷载标准值+1.4×吊车竖向可变荷载标准值+1.4×吊车水平可变荷载标准值);

(5)1.2×永久荷载标准值+0.9×(1.4×风荷载标准值+1.4×吊车水平可变荷载标准值);

(6)1.2×(永久荷载标准值+0.5×竖向可变荷载标准值+0.5×吊车自重)+1.3×地震作用。

#### 1.3.2.2 作用效应计算

**1)内力计算**

由于门式刚架结构的自重较轻,地震作用产生的荷载效应一般较小。设计经验表明:当抗震设防烈度为 7 度而风荷载标准值大于 0.35 $kN/m^2$,或抗震设防烈度为 8 度而风荷载标准值大于 0.45 $kN/m^2$ 时,地震作用的组合一般不起控制作用,可只进行基本的内力计算。

对于变截面门式刚架,应采用弹性分析方法确定各种内力,只有当刚架的梁柱全部为等截面时才允许采用塑性分析方法,但后一种情况在实际工程中已很少采用。进行内力分析时,通常把刚架当作平面结构对待,一般不考虑蒙皮效应,只是把它当作安全储备。当有必要且有条件时,可考虑屋面板的应力蒙皮效应。蒙皮效应是将屋面板视为沿屋面全长伸展的深梁,可用来承受平面内的荷载。面板可视为承受平面内横向剪力的腹板,其边缘构件可视为翼缘,承受轴向拉力和压力。与此类似,矩形墙板也可按平面内受剪的支撑系统处理。考虑应力蒙皮效应可以提高刚架结构的整体刚度和承载力,但对压型钢板的连接有较高的要求。

变截面门式刚架的内力通常采用杆系单元的有限元法(直接刚度法)编制程序上机计算。计算时将变截面的梁、柱构件分为若干段,每段的几何特性当作常量,也可采用楔形单元。地震作用的效应可采用底部剪力法分析确定。当需要手算校核时,可采用一般结构力学方法(如力法、位移法、弯矩分配法等)或利用静力计算的公式、图表进行校核。

风荷载可能是左风或右风,因此在同一截面上所产生的内力值不止一个;同样,吊车竖向荷载或吊车水平荷载在同一截面上所产生的内力值也不止一个。因此,还需对同一种荷载组合中的内力进行挑选并进行组合。在刚架梁的控制截面上,一般应计算以下三种最不利内力组合:

(1) $M_{max}$ 及相应的 $V$;

(2) $M_{min}$(即负弯矩最大)及相应的 $V$;

(3) $V_{max}$ 及相应的 $M$。

在刚架柱的控制截面上,一般应计算以下四种最不利内力组合:

(1) $N_{max}$ 及相应的 $M$、$V$;

(2) $N_{min}$ 及相应的 $M$、$V$;

(3) $M_{max}$ 及相应的 $N$、$V$;

(4) $M_{min}$(即负弯矩最大)及相应的 $N$、$V$。

刚架梁中的弯矩以使梁的下部受拉者为正,反之为负;剪力以绕杆端顺时针转者为正,反之为负。刚架柱中的弯矩以使左边受拉者为正,反之为负;轴力以受压为正,反之为负。

**2)侧移计算**

变截面门式刚架的柱顶侧移应采用弹性分析方法确定。计算时荷载取标准值,不考虑荷载分项系数。侧移计算可以和内力分析一样在计算机上进行。《门刚规程》第5.2条中给出了柱顶侧移的简化公式,可以在初选构件截面时估算侧移刚度,以免因刚度不足而需要重新调整构件截面。

单层门式刚架的柱顶位移设计值,不应大于表1-1规定的限值。

表 1-1　刚架柱顶位移计算值的限值表

| 吊车情况 | 其他情况 | 柱顶位移限值 |
|---|---|---|
| 无吊车 | 当采用轻型钢墙板时<br>当采用砌体墙时 | $h/75$<br>$h/100$ |
| 有桥式吊车 | 当吊车有驾驶室时<br>当吊车由地面操作时 | $h/240$<br>$h/150$ |

注:$h$ 表示刚架柱高度。

### 1.3.2.3　构件设计

**1）主刚架构件截面板件的最大宽厚比和有效宽度**

（1）梁、柱板件的最大宽厚比

工字形截面构件的翼缘板是三边自由一边支承的板件，不利用其屈曲后强度，按翼缘板件达到强度极限承载力时不失去局部稳定的条件控制其宽厚比，故工字形截面构件受压翼缘板自由外伸宽度 $b$ 与其厚度 $t$ 之比为：

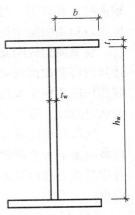

$$\frac{b}{t} \leqslant 15\sqrt{\frac{235}{f_y}} \tag{1-2}$$

工字形截面构件的腹板是四边支承板件，可利用其屈曲后强度，腹板的宽厚比按现行国家标准《冷弯薄壁型钢技术规范》确定。工字形截面构件的计算高度 $h_w$ 与其厚度 $t_w$ 之比需满足：

$$\frac{h_w}{t_w} \leqslant 250\sqrt{\frac{235}{f_y}} \tag{1-3}$$

**图 1-11　截面尺寸**

（2）腹板的有效宽度

轻型钢结构的设计理论，主要是建立在利用板件的屈曲后强度的基础之上。试验表明，板件（尤其是宽厚比大的板件）在达到其弹性屈曲临界应力后还可以继续加载，而且沿板件宽度方向压应力呈马鞍形分布，直到板件边缘应力达到屈服强度而丧失承载能力。为了利用板件的屈曲后强度，进而引进了板件的有效宽度的概念。

当工字形截面构件的腹板受弯及受压板幅利用屈曲后强度时，应按有效宽度计算其截面特性。有效宽度应取：

当腹板全部受压时

$$h_e = \rho h_w \tag{1-4}$$

当腹板部分受拉时，受拉区全部有效，受压区有效宽度为：

$$h_e = \rho h_c \tag{1-5}$$

式中：$h_e$——腹板受压区有效宽度；

$\quad\ h_c$——腹板受压区宽度；

$\quad\ \rho$——有效宽度系数，按下列公式进行计算：

当 $\lambda_\rho \leqslant 0.8$ 时，

$$\rho = 1 \tag{1-6}$$

当 $0.8 < \lambda_\rho \leqslant 1.2$ 时，

$$\rho = 1 - 0.9(\lambda_\rho - 0.8) \tag{1-7}$$

当 $\lambda_\rho > 1.2$ 时，

$$\rho = 0.64 - 0.24(\lambda_\rho - 1.2) \tag{1-8}$$

式中:$\lambda_\rho$——与板件受弯、受压有关的参数,按公式(1-9)计算。

$$\lambda_\rho = \frac{h_w/t_w}{28.1\sqrt{k_\sigma}} \cdot \sqrt{\frac{f_y}{235}} \tag{1-9}$$

式中:$k_\sigma$——板件在正应力作用下的凸曲系数。

$$k_\sigma = \frac{16}{\sqrt{(1+\beta)^2 + 0.112(1-\beta)^2} + (1+\beta)} \tag{1-10}$$

$\beta = \sigma_2/\sigma_1$ 为腹板边缘正应力比值,以压为正,拉为负,$-1 \leqslant \beta \leqslant 1$;

当腹板边缘最大应力 $\sigma_1 < f$ 时,计算 $\lambda_\rho$ 时可用 $\gamma_R\sigma_1$ 代替式(1-9)中的 $f_y$,$\gamma_R$ 为抗力分项系数,对 Q235 钢材,$\gamma_R = 1.087$;对 Q345 钢材,$\gamma_R = 1.111$。为简单起见,可统一取 $\gamma_R = 1.1$。

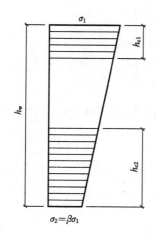 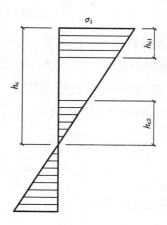

**图 1-12 有效宽度的分布**

根据公式算得的腹板有效宽度 $h_e$,沿腹板高度按下列规则分布(图1-12):

当腹板全截面受压,即 $\beta > 0$ 时,

$$h_{e1} = 2h_e/(5-\beta) \tag{1-11}$$

$$h_{e2} = h_e - h_{e1} \tag{1-12}$$

当腹板部分截面受拉,即 $\beta < 0$ 时,

$$h_{e1} = 0.4h_e \tag{1-13}$$

$$h_{e2} = 0.6h_e \tag{1-14}$$

(3)腹板屈曲后强度利用

在进行刚架梁、柱构件的截面设计时,为了节省钢材,允许腹板发生局部屈曲,并利用其屈曲后强度。工字形截面构件腹板的受剪板幅,当腹板的高度变化不超过 60 mm/m 时可考虑屈曲后强度(拉力场),其抗剪承载力设计值应按下列公式计算:

$$V_d = h_w t_w f_v' \tag{1-15}$$

$$f'_v = \begin{cases} f_v & (\lambda_w \leqslant 0.8) \\ [1 - 0.64(\lambda_w - 0.8)]f_v & (0.8 < \lambda_w < 1.4) \\ (1.0 - 0.275\lambda_w)f_v & (\lambda_w \geqslant 1.4) \end{cases} \tag{1-16}$$

式中：$f_v$——钢材的抗剪强度设计值；

　　　$h_w$——腹板高度，对楔形腹板取板幅平均高度；

　　　$f'_v$——腹板屈曲后抗剪强度设计值；

　　　$\lambda_w$——与板件受剪有关的参数，按下式计算：

$$\lambda_w = \frac{h_w/t_w}{37\sqrt{k_\tau}\sqrt{235/f_y}} \tag{1-17}$$

$$k_\tau = \begin{cases} 4 + 5.34/(a/h_w)^2 & (a/h_w < 1.0) \\ 5.34 + 4/(a/h_w)^2 & (a/h_w \geqslant 1.0) \end{cases} \tag{1-18}$$

式中：$k_\tau$——受剪板件的凸曲系数；当不设横向加劲肋时，取 $k_\tau = 5.34$；

　　　$a$——横向加劲肋间距，当利用腹板屈曲后抗剪强度时，$a$ 宜取 $h_w \sim 2h_w$。

**2）刚架梁、柱构件的强度计算**

（1）工字形截面受弯构件在剪力 $V$ 和弯矩 $M$ 共同作用下的强度应符合下列要求：

$$M \leqslant \begin{cases} M_e & V \leqslant 0.5V_d \\ M_f + (M_e - M_f)\left[1 - \left(\dfrac{V}{0.5V_d} - 1\right)^2\right] & 0.5V_d < V \leqslant V_d \end{cases} \tag{1-19}$$

当截面为双轴对称时

$$M_f = A_f(h_w + t)f \tag{1-20}$$

式中：$M_f$——两翼缘所承担的弯矩；

　　　$M_e$——构件有效截面所承担的弯矩，$M_e = W_e f$；

　　　$W_e$——构件有效截面最大受压纤维的截面模量；

　　　$A_f$——构件翼缘的截面面积；

　　　$V_d$——腹板抗剪承载力设计值，按公式(1-15)计算。

（2）工字形截面压弯构件在剪力 $V$、弯矩 $M$ 和轴压力 $N$ 共同作用下的强度应符合下列要求：

$$M \leqslant \begin{cases} M_e^N = M_e - NW_e/A_e & V \leqslant 0.5V_d \\ M_f^N + (M_e^N - M_f^N)\left[1 - \left(\dfrac{V}{0.5V_d} - 1\right)^2\right] & 0.5V_d < V \leqslant V_d \end{cases} \tag{1-21}$$

当截面为双轴对称时

$$M_f^N = A_f(h_w + t)(f - N/A) \tag{1-22}$$

式中：$A_e$——有效截面面积；

　　　$M_f^N$——兼承压力 $N$ 时两翼缘所能承受的弯矩。

### 3）压弯构件的整体稳定性计算

（1）变截面柱在刚架平面内的稳定性计算

变截面柱在刚架平面内的整体稳定按下列公式计算：

$$\frac{N_0}{\varphi_{xy}A_{e0}} + \frac{\beta_{mx}M_1}{\left(1 - \frac{N_0}{N'_{Ex0}}\varphi_{xy}\right)W_{e1}} \leqslant f \tag{1-23}$$

$$N'_{Ex0} = \pi^2 EA_{e0}/1.1\lambda^2 \tag{1-24}$$

式中：$N_0$——小头的轴线压力设计值；

$M_1$——大头的弯矩设计值；

$A_{e0}$——小头的有效截面面积；

$W_{e1}$——大头有效截面最大受压纤维的截面模量；

$\varphi_{xy}$——杆件轴心受压稳定系数，按楔形柱确定其计算长度，计算长度系数由《钢结构设计规范》查得，计算长细比时取小头截面的回转半径；

$\beta_{mx}$——等效弯矩系数。由于轻型门式刚架都属于有侧移失稳，故 $\beta_{mx} = 1.0$；

$N'_{Ex0}$——参数，计算 $\lambda$ 时回转半径 $i_0$ 以小头截面为准。

当柱的最大弯矩不出现在大头时，$M_1$ 和 $W_{e1}$ 分别取最大弯矩和该弯矩所在截面的有效截面模量。

（2）变截面柱在刚架平面内的计算长度

截面高度呈线形变化的柱，在刚架平面内的计算长度应取为 $h_0 = \mu_\gamma h$，式中 $h$ 为柱的几何高度，$\mu_\gamma$ 为计算长度系数。$\mu_\gamma$ 可由下列三种方法之一确定，第一种为查表法，适合于手算，主要用于柱脚铰接的对称刚架；第二种方法为一阶分析法，普遍适用于各种情况，并且适合上机计算；第三种方法为二阶分析法，要求采用二阶分析的计算程序。

下面只介绍一阶分析法，其他两种方法参见《门刚规程》。当刚架利用一阶分析计算程序得出柱顶水平荷载作用下的侧移刚度 $K = H/u$ 时，柱的计算长度系数可由下列公式计算：

a. 单跨对称刚架（图 1-13（a）），柱的计算长度系数为

当柱脚铰接时，

$$\mu_\gamma = 4.14 \sqrt{EI_{c0}/(Kh^3)} \tag{1-25}$$

当柱脚刚接时，

$$\mu_\gamma = 5.85 \sqrt{EI_{c0}/(Kh^3)} \tag{1-26}$$

对屋面坡度不大于 1：5 的、有摇摆柱的多跨对称刚架的边柱，仍可按上述公式计算，但 $\mu_\gamma$ 应乘以放大系数 $\eta' = \sqrt{1 + \dfrac{\sum(P_{1i}/h_{1i})}{\sum(P_{fi}/h_{fi})}}$，摇摆柱的计算长度系数取 $\mu_\gamma = 1.0$。

式中：$I_{c0}$——柱小头的截面惯性矩；

$K$——柱顶水平荷载作用下的侧移刚度；

$h$——柱的高度；

$P_{1i}$——摇摆柱承受的荷载；

$P_{fi}$——边柱承受的荷载；

$h_{1i}$——摇摆柱的高度；

$h_{fi}$——刚架边柱的高度。

b. 中间柱为非摇摆柱的多跨刚架（图 1-13(b)），可按下列公式计算：

当柱脚铰接时，

$$\mu_\gamma = 0.85 \sqrt{\frac{1.2 P'_{E0i}}{KP_i} \sum \frac{P_i}{h_i}} \tag{1-27}$$

当柱脚刚接时，

$$\mu_\gamma = 1.20 \sqrt{\frac{1.2 P'_{E0i}}{KP_i} \sum \frac{P_i}{h_i}} \tag{1-28}$$

$$P'_{E0i} = \frac{\pi^2 EI_{0i}}{h_i^2} \tag{1-29}$$

式中：$h_i$、$P_i$、$P'_{E0i}$——分别为第 $i$ 根柱的高度、竖向荷载和以小头为准的参数。

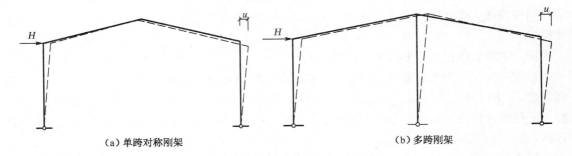

（a）单跨对称刚架　　　　　　　　　　　（b）多跨刚架

**图 1-13　一阶分析时的柱顶位移**

（3）变截面柱在刚架平面外的稳定性计算

变截面柱的平面外整体稳定应分段按下面公式计算：

$$\frac{N_0}{\varphi_y A_{e0}} + \frac{\beta_t M_1}{\varphi_{by} W_{e1}} \leqslant f \tag{1-30}$$

对一端弯矩为零的区段

$$\beta_t = 1 - N/N'_{Ex0} + 0.75 (N/N'_{Ex0})^2 \tag{1-31}$$

对两端弯曲应力基本相等的区段

$$\beta_t = 1.0 \tag{1-32}$$

式中：$\varphi_y$——轴心受压构件弯矩作用平面外的稳定系数，以小头为准，按《钢结构设计规范》的规定采用，计算长度取纵向支承点的距离；若各段线刚度差别较大，则在确定计算长度时可考虑各段间的相互约束；

$N_0$——所计算构件段小头截面的轴向压力；

$M_1$——所计算构件段大头截面的弯矩；

$\beta_t$——等效弯矩系数；

$N'_{Ex0}$——在刚架平面内以小头为准的柱参数；

$\varphi_{by}$——均匀弯曲楔形受弯构件的整体稳定系数，对双轴对称的工字形截面杆件：

$$\varphi_{by} = \frac{4\,320}{\lambda_{y0}^2} \cdot \frac{A_0 h_0}{W_{x0}} \sqrt{\left(\frac{\mu_s}{\mu_w}\right)^4 + \left(\frac{\lambda_{y0} t_0}{4.4 h_0}\right)^2} \left(\frac{235}{f_y}\right) \qquad (1\text{-}33)$$

$$\lambda_{y0} = \mu_s l / i_{y0} \qquad (1\text{-}34)$$

$$\mu_s = 1 + 0.023\gamma \sqrt{l h_0 / A_f} \qquad (1\text{-}35)$$

$$\mu_w = 1 + 0.003\,85\gamma \sqrt{l / i_{y0}} \qquad (1\text{-}36)$$

式中：$A_0$、$h_0$、$W_{x0}$、$t_0$——分别为构件小头的截面面积、截面高度、截面模量和受压翼缘截面厚度；

$A_f$——受压翼缘截面面积；

$i_{y0}$——受压翼缘与受压区腹板 1/3 高度组成的截面绕 $y$ 轴的回转半径；

$l$——楔形构件计算区段的平面外计算长度，取支承点间的距离。

当两翼缘截面不相等时，应参照《钢结构设计规范》中相应内容加上截面不对称影响系数 $\eta_b$ 项。当算得的 $\varphi_{by}$ 值大于 0.6 时，应按《钢结构设计规范》的规定查出相应的 $\varphi'_b$ 代替 $\varphi_{by}$ 值。

### 4）斜梁和隅撑的设计

（1）斜梁设计

当斜梁坡度不超过 1∶5 时，因轴力很小可按压弯构件计算其强度和刚架平面外的稳定，不计算平面内的稳定。

实腹式刚架斜梁的平面外计算长度，取侧向支承点的间距。当斜梁两翼缘侧向支承点间的距离不等时，应取最大受压翼缘侧向支承点间的距离。斜梁不需要计算整体稳定性的侧向支承点间最大长度，可取斜梁受压翼缘宽度的 $16\sqrt{235/f_y}$ 倍。

当斜梁上翼缘承受集中荷载处不设横向加劲肋时，除应按《钢结构设计规范》的规定验算腹板上边缘正应力、剪应力和局部压应力共同作用时的折算应力外，尚应满足公式（1-37）的要求：

$$F \leqslant 15\alpha_m t_w^2 f \sqrt{\frac{t_f}{t_w} \cdot \frac{235}{f_y}} \qquad (1\text{-}37)$$

$$\alpha_m = 1.5 - M/(W_e f) \qquad (1\text{-}38)$$

式中：$F$——上翼缘所受的集中荷载；

$t_f$、$t_w$——分别为斜梁翼缘和腹板的厚度；

$\alpha_m$——参数，$\alpha_m \leqslant 1.0$，在斜梁负弯矩区取零；

$M$——集中荷载作用处的弯矩；

$W_e$——有效截面最大受压纤维的截面模量。

（2）隔撑设计

当实腹式刚架斜梁的下翼缘受压时，必须在受压翼缘两侧布置隔撑（山墙处刚架仅布置在一侧）作为斜梁的侧向支承，隔撑的另一端连接在檩条上。

隔撑间距不宜大于所撑梁受压翼缘宽度的 $16\sqrt{235/f_y}$ 倍。

隔撑应根据《钢结构设计规范》的规定按轴心受压构件的支撑来设计。轴心力 $N$ 可按下列公式计算：

$$N = \frac{Af}{60\cos\theta}\sqrt{\frac{f_y}{235}} \tag{1-39}$$

式中：$A$——实腹斜梁被支撑翼缘的截面面积；

$f$——实腹斜梁钢材的强度设计值；

$f_y$——实腹斜梁钢材的屈服强度；

$\theta$——隔撑与檩条轴线的夹角。

当隔撑成对布置时，每根隔撑的计算轴压力可取公式（1-39）计算值的一半。

## 1.3.3 节点设计

门式刚架结构中的节点设计包括：梁柱连接节点、梁梁拼接节点、柱脚节点以及其他一些次结构与刚架的连接节点。对有桥式吊车的门式刚架结构，刚架柱上还有牛腿节点。门式刚架的节点设计应注意节点的构造合理，便于施工安装。

### 1.3.3.1 梁柱连接及梁梁拼接节点

门式刚架斜梁与柱的刚接连接，一般采用高强度螺栓-端板连接。具体构造有端板竖放（图1-14(a)）、端板平放（图1-14(b)）和端板斜放（图1-14(c)）三种形式。斜梁拼接时也可用高强度螺栓-端板连接，宜使端板与构件外边缘垂直（图1-14(d)）。斜梁拼接应按所受最大内力设计。当内力较小时，应按能承受不小于较小被连接截面承载力一半设计。

如图1-14所示节点也称为端板连接节点，都必须按照刚接节点进行设计，即在保证必要的强度的同时，提供足够的转动刚度。

为了满足强度需要，应采用高强度螺栓，并应对螺栓施加预拉力，预拉力可以增强节点转动刚度。螺栓连接可以是摩擦型或承压型的，摩擦型连接按剪力大小决定端板与柱翼缘接触面的处理方法。当剪力较小时，摩擦面可不做专门处理。

端板螺栓应成对地对称布置。在受拉翼缘和受压翼缘的内外两侧各设一排，并宜使每个翼缘的四个螺栓的中心与翼缘的中心重合。为此，将端板伸出截面高度范围以外形成外伸式连接（图1-14(a)），以免螺栓群的力臂不够大。但若把端板斜放，因斜截面高度大，受压一侧端板可不外伸（图1-14(b)）。分析研究表明，图1-14(a)的外伸式连接转动刚度可以满足刚性节点的要求。外伸式连接在节点负弯矩作用下，可假定转动中心位于下翼缘中心线上。如图1-14(a)所示上翼缘两侧对称设置4个螺栓时，每个螺栓承受下面公式表达的拉力，并以此确定螺栓直径：

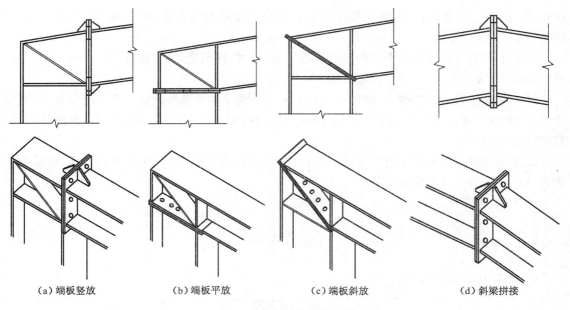

（a）端板竖放　　　　（b）端板平放　　　　（c）端板斜放　　　　（d）斜梁拼接

图 1-14　刚架斜梁的连接

$$N_{\mathrm{t}} = \frac{M}{4h_1} \tag{1-40}$$

式中：$h_1$——梁上下翼缘板厚度中心点间的距离；

力偶 $M/h_1$ 的压力由端板与柱翼缘间承压面传递，端板从下翼缘中心伸出的宽度应不小于 $e = \dfrac{M}{h_1}\dfrac{1}{2bf}$，$b$ 为端板宽度。为了减小力偶作用下的局部变形，有必要在梁上下翼缘中线处设柱加劲肋。有加劲肋的节点，转动刚度比不设加劲肋的节点大。

当受拉翼缘两侧各设一排螺栓不能满足承载力要求时，可以在翼缘内侧增设螺栓，如图 1-15 所示。按照绕下翼缘中心的转动保持在弹性范围内的原则，此第三排螺栓的拉力

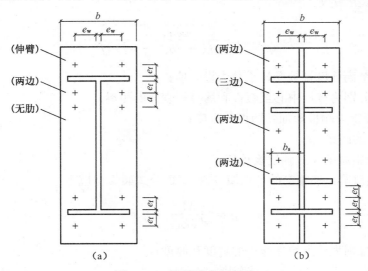

（a）　　　　　　　　　　　（b）

图 1-15　端板的支承条件

可以按 $N_t h_3 / h_1$ 计算，$h_3$ 为下翼缘板厚度中心至第三排螺栓的距离，两个螺栓可承弯矩 $M = 2N_t^b / h_1$。

节点上剪力可以认为由上边两排抗拉螺栓以外的螺栓承受，第三排螺栓拉力未用足，可以和下面两排（或两排以上）螺栓共同抗剪。

螺栓排列应符合构造要求，如图 1-15 的 $e_w$、$e_f$ 应满足扣紧螺栓所用工具的净空要求，通常不小于 35 mm，螺栓端距不应小于 2 倍螺栓孔径，两排螺栓之间的最小距离为 3 倍螺栓直径，最大距离不应超过 400 mm。

端板的厚度 $t$ 可根据支承条件（图 1-15）按下列公式计算，但不应小于 16 mm，和梁端板相连的柱翼缘部分应与端板等厚度。

　　a. 伸臂类端板

$$t \geqslant \sqrt{\frac{6 e_f N_t}{b f}} \tag{1-41}$$

　　b. 无加劲肋类端板

$$t \geqslant \sqrt{\frac{3 e_w N_t}{(0.5 a + e_w) f}} \tag{1-42}$$

　　c. 两边支承类端板
当端板外伸时

$$t \geqslant \sqrt{\frac{6 e_f e_w N_t}{[e_w b + 2 e_f (e_f + e_w)] f}} \tag{1-43}$$

当端板平齐时

$$t \geqslant \sqrt{\frac{12 e_f e_w N_t}{[e_w b + 4 e_f (e_f + e_w)] f}} \tag{1-44}$$

　　d. 三边支承类端板

$$t \geqslant \sqrt{\frac{6 e_f e_w N_t}{[e_w (b + 2 b_s) + 4 e_f^2)] f}} \tag{1-45}$$

式中：$N_t$——一个高强度螺栓受拉承载力设计值；

　　$e_w$、$e_f$——分别为螺栓中心至腹板和翼缘板表面的距离；

　　$b$、$b_s$——分别为端板和加劲肋板的宽度；

　　$a$——螺栓的间距；

　　$f$——端板钢材的抗拉强度设计值。

在门式刚架斜梁与柱相交的节点域，应按下面公式验算剪应力：

$$\tau = \frac{M}{d_b d_c t_c} \leqslant f_v \tag{1-46}$$

式中：$d_c$、$t_c$——分别为节点域柱腹板的宽度和厚度；

　　$d_b$——斜梁端部高度或节点域高度；

$M$——节点承受的弯矩,对多跨刚架中间柱处,应取两侧斜梁端弯矩的代数和或柱端弯矩;

$f_v$——节点域钢材的抗剪强度设计值。

当不满足公式(1-46)的要求时,应加厚腹板或设置斜加劲肋。

刚架构件的翼缘与端板的连接应采用全熔透对接焊缝,腹板与端板的连接应采用角对接组合焊缝或与腹板等强的角焊缝。在端板设置螺栓处,应按下列公式验算构件腹板的强度:

当 $N_{t2} \leqslant 0.4P$ 时,

$$\frac{0.4P}{e_w t_w} \leqslant f \tag{1-47}$$

当 $N_{t2} > 0.4P$ 时,

$$\frac{N_{t2}}{e_w t_w} \leqslant f \tag{1-48}$$

式中:$N_{t2}$——翼缘内第二排一个螺栓的轴向拉力设计值;

$P$——高强度螺栓的预拉力;

$e_w$——螺栓中心至腹板表面的距离;

$t_w$——腹板厚度;

$f$——腹板钢材的抗拉强度设计值。

当不满足以上的要求时,可设置腹板加劲肋或局部加厚腹板。

### 1.3.3.2 柱脚节点

柱脚的作用是将柱身的压力均匀地传给基础,并和基础牢固地连接起来。柱的构造比较复杂,用钢量较大,制造比较费工。设计柱脚时应力求传力明确、可靠、构造简单、节省材料、施工方便,并尽可能符合计算简图。柱脚按其与基础的连接方式不同,可分为铰接和刚接两种形式。铰接柱脚主要承受轴心压力,刚接柱脚主要承受压力和弯矩。门式刚架轻型房屋钢结构的柱脚,宜采用平板式铰接柱脚(图 1-16(a)、(b))。当用于工业厂房且有 5 t 以上桥式吊车时,宜将柱脚设计为刚接(图 1-16(c)、(d))。

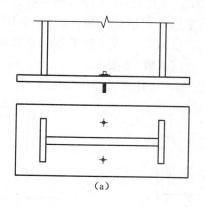
(a)

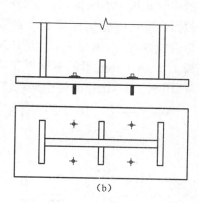
(b)

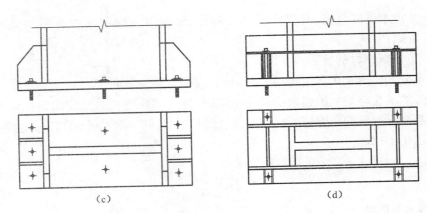

图 1-16　门式刚架柱脚形式

柱脚锚栓应采用 Q235 或 Q345 钢材制作。锚栓的锚固长度应符合现行国家标准《建筑地基基础设计规范》(GB 50007)的规定,锚栓端部按规定设置弯钩或锚板。

计算有柱间支撑的柱脚锚栓在风荷载作用下的上拔力时,应计入柱间支撑的最大竖向分力,此时,不考虑活荷载(或雪荷载)、积灰荷载和附加荷载的影响,同时永久荷载的分项系数应取 1.0。锚栓直径不宜小于 24 mm,且应采用双螺帽以防松动。

柱脚锚栓不宜用于承受柱脚底部的水平剪力。此水平剪力可由底板与混凝土基础之间的摩擦力(摩擦系数可取 0.4)或设置抗剪键承受。计算柱脚锚栓的受拉承载力时,应采用螺纹处的有效截面面积。

### 1.3.4　檩条设计

屋盖中檩条用钢量所占比例较大,因此合理选择檩条形式、截面和间距,以减少檩条用钢量,对减轻屋盖重量、节约钢材有重要意义。

#### 1.3.4.1　檩条截面形式

檩条的截面形式可分为实腹式、空腹式和格构式三种。实腹式檩条的截面分为普通或轻型热轧型钢截面和冷弯薄壁型钢截面。普通或轻型热轧型钢截面板件较厚,如图 1-17(a)、(b)所示,抗弯性能好,但用钢量大,工程中只有当跨度或荷载较大时采用。冷弯薄壁型钢截面采用基板为 1.5～3.0 mm 厚的薄钢板在常温下辊压而成,如图 1-17(c)、(d)、(e)所示,由于制作安装简单、用钢量省,是目前轻型钢结构屋面工程中应用最普遍的截面形式。

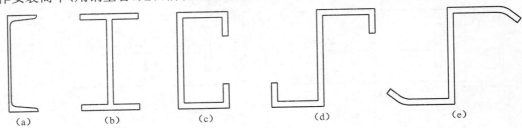

图 1-17　实腹式檩条的截面形式

图 1-17(a)为普通热轧槽钢或轻型热轧槽钢截面,因板件较厚,用钢量较大,目前已很少在工程中采用。图 1-17(b)为高频焊接 H 型钢截面,具有抗弯性能好的特点,适用于檩条跨度较大的场合,但 H 型钢截面的檩条与刚架斜梁的连接构造比较复杂。图 1-17(c)、(d)、(e)是冷弯薄壁型钢截面,在工程中的应用都很普遍。卷边槽钢(亦称 C 型钢)檩条适用于屋面坡度 $i \leqslant 1/3$ 的情况,直卷边和斜卷边 Z 型檩条适用于屋面坡度 $i > 1/3$ 的情况。斜卷边 Z 型钢存放时可叠层堆放,占地少。做成连续梁檩条时,构造上也很简单。

格构式檩条可采用下撑式、平面桁架式和空间桁架式檩条。当屋面荷载较大或檩条跨度大于 9 m 时,宜选用格构式檩条。格构式檩条的构造和支座相对复杂,侧向刚度较低,但用钢量较少。

本节只重点介绍冷弯薄壁型钢实腹式檩条的设计和构造,空腹式檩条和格构式檩条的设计内容可参阅相关设计手册。

### 1.3.4.2　檩条荷载和荷载组合

#### 1)荷载

实际工程中檩条所承受的荷载主要有永久荷载和可变荷载。

(1)永久荷载

作用在檩条上的永久荷载主要有:屋面维护材料(包括压型钢板、防水层、保温或隔热层等)、檩条、拉条和撑杆自重、附加荷载自重等。

(2)可变荷载

屋面可变荷载主要有:屋面均布活荷载、雪荷载、积灰荷载和风荷载。屋面均布活荷载标准值按受荷水平投影面积取用,对于檩条一般取 $0.5 \, \text{kN/m}^2$;雪荷载和积灰荷载按《荷载规范》或当地资料取用。

#### 2)荷载组合

计算檩条的内力时,需考虑的荷载组合有:

(1)1.2×永久荷载＋1.4×max{屋面均布活荷载,雪荷载};

(2)1.2×永久荷载＋1.4×施工检修集中荷载换算值;

当需考虑风吸力对屋面压型钢板的受力影响时,还应进行下面的荷载组合:

(3)1.0×永久荷载＋1.4×风吸力荷载。

应当注意的是檩条和墙梁的风荷载体型系数不同于刚架,应按《门刚规程》表 A.0.2-2 采用。

#### 3)檩条内力分析

设置在刚架斜梁上的檩条在垂直于地面的均布荷载作用下,沿截面两个形心主轴方向都有弯矩作用,属于双向受弯构件。在进行内力分析时,首先要把均布荷载 $q$ 分解为沿截面形心主轴方向的荷载分量 $q_x$、$q_y$,如图 1-18 所示。

对 $x-x$ 轴

$$q_y = q\cos \alpha_0 \qquad (1-49)$$

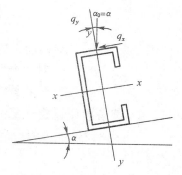

**图 1-18**　卷边槽钢檩条截面主轴和荷载

对 $y - y$ 轴

$$q_x = q\sin\alpha_0 \tag{1-50}$$

式中：$\alpha_0$——竖向均布荷载设计值 $q$ 和形心主轴 $y$ 轴的夹角。

对设有拉条的简支檩条（墙梁），由 $q_x$、$q_y$ 分别引起的 $M_x$ 和 $M_y$ 按表 1-2 计算。

表 1-2　檩条（墙梁）的内力计算表

| 拉条设置情况 | 由 $q_y$ 产生的内力 | | 由 $q_x$ 产生的内力 | |
|---|---|---|---|---|
| | $M_{x\max}$ | $V_{x\max}$ | $M_{y\max}$ | $V_{y\max}$ |
| 无拉条 | $\frac{1}{8}q_yl^2$ | $\frac{1}{2}q_yl$ | $\frac{1}{8}q_xl^2$ | $\frac{1}{2}q_xl$ |
| 跨中有一道拉条 | $\frac{1}{8}q_yl^2$ | $\frac{1}{2}q_yl$ | 拉条处负弯矩 $\frac{1}{32}q_xl^2$　拉条与支座间正弯矩 $\frac{1}{64}q_xl^2$ | 拉条处最大剪力 $\frac{5}{8}q_xl$ |
| 三分点处各有一道拉条 | $\frac{1}{8}q_yl^2$ | $\frac{1}{2}q_yl$ | 拉条处负弯矩 $\frac{1}{90}q_xl^2$　跨中正弯矩 $\frac{1}{360}q_xl^2$ | 拉条处最大剪力 $\frac{11}{30}q_xl$ |

注：在计算 $M_y$ 时，将拉条作为侧向支承点，按双跨或三跨连续梁计算。

对于多跨连续檩条，在计算 $M_y$ 时，不考虑活荷载的不利组合，跨中和支座弯矩都近似取 $0.1q_yl^2$。

### 1.3.4.3　檩条截面验算

**1）檩条强度计算**

当屋面能阻止檩条的失稳和扭转时，可按下列强度公式验算截面：

$$\frac{M_x}{W_{enx}} + \frac{M_y}{W_{eny}} \leqslant f \tag{1-51}$$

式中：$M_x$、$M_y$——对截面 $x$ 轴和 $y$ 轴的弯矩；

　　　$W_{enx}$、$W_{eny}$——对两个形心主轴的有效净截面模量（对冷弯薄壁型钢）或净截面模量（对热轧型钢）。

**2）檩条整体稳定计算**

当屋面不能阻止檩条的侧向失稳和扭转时（如采用扣合式屋面板时），应按下列稳定公式验算截面：

$$\frac{M_x}{\varphi_{bx}W_{ex}} + \frac{M_y}{W_{ey}} \leqslant f \tag{1-52}$$

式中：$W_{ex}$、$W_{ey}$——主轴 $x$ 和主轴 $y$ 的有效截面模量（对冷弯薄壁型钢）或毛截面模量（对热轧型钢）；

　　$\varphi_{bx}$——梁的整体稳定系数，根据不同情况按现行国家标准《冷弯薄壁型钢结构技术规范》或《钢结构设计规范》的规定计算。

在风吸力作用下，当屋面能阻止上翼缘侧移和扭转时，受压下翼缘的稳定性应按《门刚规程》附录 E 计算。当按《钢结构设计规范》计算时，如檩条上翼缘与屋面板有可靠连接，可不计算式中的扭转项，仅计算其强度。

### 3）檩条变形验算

实腹式檩条应验算垂直于屋面方向的挠度。

对卷边槽形截面的两端简支檩条，应按下列公式进行验算：

$$\frac{5}{384}\frac{q_{ky}l^4}{EI_x}\leqslant [\upsilon] \tag{1-53}$$

式中：$q_{ky}$——沿 $y$ 轴作用的分荷载标准值；

　　$I_x$——对 $x$ 轴的毛截面惯性矩。

对 Z 形截面的两端简支檩条，应按下列公式进行验算：

$$\frac{5}{384}\frac{q_k\cos\alpha l^4}{EI_{x1}}\leqslant [\upsilon] \tag{1-54}$$

式中：$\alpha$——屋面坡度；

　　$I_{x1}$——Z 形截面对平行于屋面的形心轴的毛截面惯性矩。

### 4）檩条构造要求

檩条的布置与设计应遵循以下构造要求：当屋面坡度大于 1/10、檩条跨度大于 4 m 时，应在檩条间跨中位置设置拉条。当檩条跨度大于 6 m 时，应在檩条跨度三分点处各设置一道拉条。拉条的作用是防止檩条侧向变形和扭转，并且提供 $x$ 轴方向的中间支点。此中间支点的力需要传到刚度较大的构件。为此，需要在屋脊或檐口处设置斜拉条和刚性撑杆。当檩条用卷边槽钢时，横向力指向下方，斜拉条应如图 1-19（a）、（b）所示布置。当檩条为 Z 形钢而横向荷载向上时，斜拉条应布置于屋檐处（图 1-19（c））。以上论述适用于没有风荷载和屋面风吸力小于重力荷载的情况。

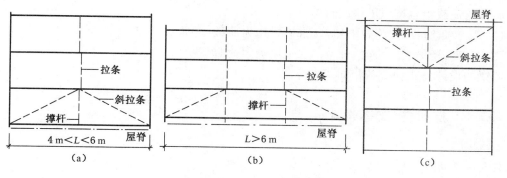

图 1-19　拉条、斜拉条、撑杆的布置

拉条通常用圆钢做成,圆钢直径不宜小于 10 mm。圆钢拉条可设在距檩条上翼缘 1/3 腹板高度范围内。当在风吸力作用下檩条下翼缘受压时,屋面宜用自攻螺钉直接与檩条连接,拉条宜设在下翼缘附近。为了兼顾无风和有风两种情况,可在上、下翼缘附近交替布置。当采用扣合式屋面板时,拉条的设置根据檩条的稳定计算确定。刚性撑杆可采用钢管、方钢或角钢做成,通常按压杆的刚度要求 $[\lambda] \leqslant 220$ 来选择截面。

实腹式檩条可通过檩托与刚架斜梁连接,檩托可用角钢和钢板做成,檩条与檩托的连接螺栓不应少于 2 个,并沿檩条高度方向布置。设置檩托的目的是为了阻止檩条端部截面的扭转,以增强其整体稳定性。

槽形和 Z 形檩条上翼缘的肢尖(或卷边)应朝向屋脊方向,以减少荷载偏心引起的扭矩。

计算檩条时,不能把隔撑作为檩条的支承点。

### 1.3.5 墙梁设计

#### 1.3.5.1 墙梁布置

门式刚架中支承轻型墙体结构的墙梁宜采用卷边槽形钢或斜卷边 Z 形的冷弯薄壁型钢等。

墙梁主要承受墙板传递来的水平风荷载及墙板自重,墙梁两段支承于建筑物的承重柱或墙架柱上。当墙板自承重时,墙梁上可不设拉条。为了减小墙梁的竖向挠度,应在墙梁上设置拉条,并在最上层墙梁处设置斜拉条将拉力传至刚架柱。当墙梁的跨度为 4~6 m 时,可在跨中设置一道拉条,当墙梁跨度大于 6 m 时,宜在跨间三分点处各设置一道拉条。拉条作为墙梁的竖向支承,利用斜拉条将拉力传给柱。当斜拉条所悬挂的墙梁数超过 5 个时,宜在中间设置一道斜拉条,这样可将拉力分段传给柱,墙梁应尽量等间距设置,但在布置时应考虑门窗洞口等细部尺寸。

#### 1.3.5.2 墙梁计算

墙梁上的荷载主要有竖向荷载和水平风荷载,竖向荷载有墙板自重和墙梁自重,墙板自重及水平风荷载可根据《荷载规范》查取,墙梁自重根据实际截面确定,初选截面时可近似地取 0.5 kN/m。

墙梁的荷载组合按以下情况进行计算:
(1) 1.2×竖向永久荷载＋1.4×水平风压力荷载(迎风);
(2) 1.2×竖向永久荷载＋1.4×水平风吸力荷载(背风)。
墙梁的设计公式和檩条相同。

### 1.3.6 抗风柱、支撑设计

#### 1.3.6.1 抗风柱设计

抗风柱是门式轻型钢结构单层厂房山墙处的结构组成构件,抗风柱不仅是山墙围护结构的承重构架,同时也将山墙承受的水平风力通过自身及屋盖系统传给基础,抗风柱设计是结构工程师们设计过程中不可缺少的结构构件,应当加以重视。

门式刚架铰接连接的抗风柱计算的标准模型如图1-20,柱脚铰接,柱顶由支撑系统提供水平向约束。抗风柱设计一般按照受弯构件考虑,由山墙面檩条提供平面支承以提高受弯构件的稳定性能。在抗风柱跨中弯矩最大处需要设置墙梁隅撑以保证受压情况下内翼缘的稳定。

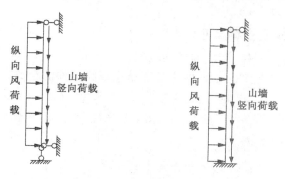

图1-20 抗风柱计算模型

### 1.3.6.2 支撑设计

门式刚架结构中的交叉支撑和柔性系杆可按拉杆设计,非交叉支撑中的受压杆件及刚性系杆按压杆设计。

刚架斜梁上横向水平支撑的内力,根据纵向风荷载按支承于柱顶的水平桁架计算,并计入支撑对斜梁起减少计算长度作用而承受的力,对于交叉支撑可不计压杆的受力。

刚架柱间支撑的内力,应根据该柱列所受纵向风荷载(如有吊车,还应计入吊车纵向制动力)按支承于柱脚上的竖向悬臂桁架计算,并计入支撑对柱起减小计算长度而应承受的力,对交叉支撑可不计压杆的受力。当同一柱列设有多道柱间支撑时,纵向力在支撑间可按平均分布考虑。

支撑构件受拉或受压时,应按现行国家标准《钢结构设计规范》或《冷弯薄壁型钢技术规范》关于轴心受拉或轴心受压构件的规定计算。

支撑杆件中,拉杆可采用圆钢制作,用特制的连接件与梁、柱腹板相连,并应以花篮螺丝张紧。压杆宜采用双角钢组成的T形截面或十字形截面,按压杆设计的刚性系杆也可采用圆管截面。

### 1.3.7 轻型门式刚架工程设计实例

### 1.3.7.1 主刚架设计

**1)设计资料**

某单层厂房采用单层单跨双坡门式刚架,厂房跨度24 m,长度60 m,柱距6 m,屋面坡度为1/10,屋面和墙面均采用压型钢板,天沟为彩钢板天沟;钢材材质为Q345B,焊条型号E50,采用10.9级摩擦型高强度螺栓。室内地坪标高为±0.000,室外地坪标高为−0.150,基础顶面离室外地坪为 1.0 m。设计基本风压 0.35 kN/m²,地面粗糙度为 B 类,基本雪压 0.50 kN/m²。地基承载力标准值为 150 kN/m²,地基土容重 19 kN/m³。抗震设防烈度为 6 度,设计基本地震加速度值为 0.05 g,设计地震分组为第一组。

厂房内设一台 20 t 吊车。吊车按大连重工起重集团有限公司 DQQD 型 3-50/10T(A5 工作制)吊钩起重技术规格选用。选用跨度为 22.5 m,轮距为 4 100 mm,吊车宽度为 5 944 mm,小车重 6.858 t,起重机重量为 30.304 t。

**2)刚架的结构形式及主要尺寸**

刚架采用实腹式等截面柱、变截面横梁刚架(图 1-21)。

吊车轨顶标高取为 +9.000 m,取轨道顶面至吊车梁顶面的距离 $h_a = 0.2$ m,故牛腿顶面标高 = 轨顶标高 $- h_b - h_a = 9.0 - 0.6 - 0.2 = +8.200$ m。

吊车轨道顶至吊车顶部的高度为 2.3 m,考虑屋架下弦至吊车顶部所需空隙高度为 220 mm,故

$$柱顶标高 = 9 + 2.3 + 0.22 = +11.520 \text{ m}$$

基础顶面至室外地坪的距离为 1.0 m,则

基础顶面至室内地坪的高度为 $1.0 + 0.15 = 1.15$ m,故

从基础顶面算起的柱高 $H = 11.52 + 1.15 = 12.67$ m

柱采用 H 形截面 $350 \times 200 \times 8 \times 10$

梁采用 H 形变截面 $(350 \sim 500) \times 200 \times 8 \times 10$

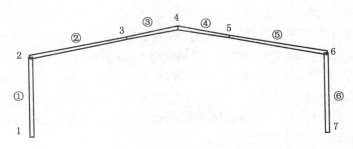

图 1-21 刚架结构形式

**3)荷载计算**

(1)永久荷载标准值

屋面自重(含压型钢板、檩条以及屋面支撑等):0.3 kN/m²

刚架斜梁自重:                            0.1 kN/m²

墙面自重(包括墙架重):                    0.3 kN/m²

柱自重:                                  5.2 kN/m

(2)可变荷载标准值

屋面活荷载(不上人屋面):                   0.5 kN/m²

雪荷载:                                  0.5 kN/m²

风荷载:基本风压由《荷载规范》查得为 0.35 kN/m²,乘以 1.05 采用;风荷载高度变化系数,按《荷载规范》的规定采用;当高度小于 10 m 时,应按 10 m 高度处的数值采用;风荷载体型

系数按《门刚规程》规定采用。

（3）吊车荷载

吊车竖向荷载标准值：

$$P_{\mathrm{max,k}} = 199 \text{ kN}, P_{\mathrm{min,k}} = 60 \text{ kN}$$

吊车横向水平荷载标准值：

$$H_{\mathrm{k}} = \alpha \cdot \frac{Q+g}{2n} = 0.12 \times \frac{(30.304+6.858)\times 9.8}{4} = 10.93 \text{ kN}$$

作用于柱牛腿的吊车竖向荷载：

确定吊车荷载的最不利位置，求得吊车 $D_{\mathrm{max}}$ 和 $D_{\mathrm{min}}$。

$$D_{\mathrm{max}} = 1.4 \times 199 \times (1+1.9/6) = 366.82 \text{ kN}$$

$$D_{\mathrm{min}} = 366.82 \times \frac{60}{199} = 110.60 \text{ kN}$$

两台吊车作用的横向水平荷载：

$$T_{\mathrm{max}} = (1+1.9/6) \times 10.93 = 14.39 \text{ kN}$$

### 4）内力计算与内力组合

通过手算或采用相关内力计算软件算出各种工况下的内力。

"1.2×永久荷载＋1.4×活荷载"组合下的弯矩图如下：

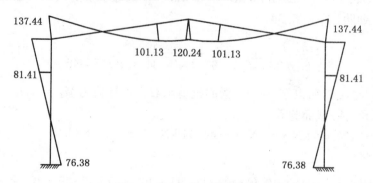

**图 1-22　内力组合下的弯矩图**

内力计算完成后，根据绘出的内力图进行内力组合。对刚架柱，一般可选柱底、柱顶及牛腿处截面进行组合和截面验算，每个截面必须组合出＋$M_{\mathrm{max}}$ 与相应的 $N$、$V$；－$M_{\mathrm{max}}$ 与相应的 $N$、$V$；$N_{\mathrm{max}}$ 与相应的 $M$、$V$；±$V_{\mathrm{max}}$ 与相应的 $M$、$N$。

对于刚架横梁，要列出横梁两个端截面和跨中截面的弯矩 $M$、轴心力 $N$ 和剪力 $V$，组合出＋$M_{\mathrm{max}}$ 与相应的 $N$、$V$；－$M_{\mathrm{max}}$ 与相应的 $N$、$V$；＋$V_{\mathrm{max}}$ 与相应的 $M$、$N$；－$V_{\mathrm{max}}$ 与相应的 $M$、$N$。

内力组合时需注意：每次组合必须包括恒荷载；每次组合以一种内力（如弯矩或轴力）为目标来决定荷载项的取舍；当取 $N_{\mathrm{max}}$ 或 $N_{\mathrm{min}}$ 为组合目标时，应该使相应的 $M$ 的绝对值尽量大，因此对于不产生轴力而产生弯矩的荷载中的弯矩值也应当组合进去；风荷载有左风和右风两种情况，每次组合只能取其中一种；一般情况下应该遵循"有 $T_{\mathrm{max}}$ 必有 $D_{\mathrm{max}}$（或 $D_{\mathrm{min}}$），有 $D_{\mathrm{max}}$（或

$D_{\min}$)未必有 $T_{\max}$"。吊车荷载组合时,考虑多台吊车竖向荷载时,参与组合的吊车台数不宜多于四台;考虑多台吊车水平荷载时,参与组合的吊车台数不应多于两台。四台吊车参与组合的荷载折减系数取为 0.8,两台吊车参与组合的荷载折减系数取为 0.9。

边柱内力组合结果:$M = -137.44 \text{ kN} \cdot \text{m}, N = -46.41 \text{ kN}, V = -16.88 \text{ kN}$

横梁内力组合结果:

端部截面:$M = -137.44 \text{ kN} \cdot \text{m}, N = -21.41 \text{ kN}, V = -44.50 \text{ kN}$

跨中截面:$M = 101.13 \text{ kN} \cdot \text{m}, N = -18.18 \text{ kN}, V = -12.18 \text{ kN}$

屋脊处截面:$M = 120.24 \text{ kN} \cdot \text{m}, N = -16.79 \text{ kN}, V = 1.68 \text{ kN}$

最大剪力为 $V = -44.50 \text{ kN}$

### 5)构件验算

(1)宽厚比验算

按《门刚规程》第 6.1.1 条规定验算。

翼缘板自由外伸宽厚比

$\dfrac{(200-8)/2}{10} = 9.6 < 15\sqrt{235/f_y} = 12.4$,满足规程限值要求。

腹板高厚比

$\dfrac{500 - 2 \times 10}{8} = 60 < 250\sqrt{235/f_y} = 206$,满足规程限值要求。

梁腹板高度变化率

$(500-350)/8.4 = 17.86 \text{(mm/m)} < 60 \text{ mm/m}$,故腹板抗剪可以考虑屈曲后强度。

腹板不设加劲肋,$k_\tau = 5.34$,

$$\lambda_w = \frac{h_w/t_w}{37\sqrt{k_\tau}\sqrt{235/f_y}} = \frac{405/8}{37 \times \sqrt{5.34} \times \sqrt{235/345}} = 0.717,$$

$\lambda_w = 0.717 < 0.8$,所以 $f_v' = f_v$,梁的抗剪承载力设计值为 $V_d = h_w t_w f_v$。

(2)①号单元(柱)截面验算

内力:$M = -137.44 \text{ kN} \cdot \text{m}, N = -46.41 \text{ kN}, V = -16.88 \text{ kN}$

强度验算

$$\sigma_1 = N/A + M/W_e = 46.41 \times 10^3/6\,640 + 137.44 \times 10^6 \times 175/13\,959 \times 10^4 = 179.3 (\text{N/mm}^2)$$

$$\sigma_2 = N/A - M/W_e = 46.41 \times 10^3/6\,640 - 137.44 \times 10^6 \times 175/13\,959 \times 10^4 = -165.3 (\text{N/mm}^2)$$

截面边缘正应力比值 $\beta = \sigma_2/\sigma_1 = -165.3/179.3 = -0.92$

$$k_\sigma = \frac{16}{\sqrt{(1+\beta)^2 + 0.112(1-\beta)^2} + (1+\beta)} = \frac{16}{\sqrt{(1-0.92)^2 + 0.112(1+0.92)^2} + (1-0.92)} = 21.99$$

$$\lambda_p = \frac{h_w/t_w}{28.1\sqrt{k_\sigma}\sqrt{235/f_y}} = \frac{330/8}{28.1 \times \sqrt{21.99} \times \sqrt{235/345}} = 0.38 < 0.8$$

此时有效宽度系数 $\rho = 1$

$$V = 16.88 < 0.5V_d = 0.5 \times 330 \times 8 \times 180 \times 10^{-3} = 237.6 \text{ kN}$$

$$M_e^N = M_e - NW_e/A_e = (f - N/A_e)W_e$$

$$= (310 - 46.41 \times 10^3/6\ 640) \times 13\ 959 \times 10^4/175 = 241.7 \times 10^6\ \text{N} \cdot \text{mm}$$

$M = 137.44\ \text{kN} \cdot \text{m} < M_e^N = 241.7\ \text{kN} \cdot \text{m}$，故截面强度满足要求。

稳定验算

a. 刚架柱平面内的整体稳定性验算

根据《门刚规程》第 6.1.3 条可求出楔形柱的计算长度系数。

柱惯性矩 $I_{c1} = I_{c0} = 13\ 959 \times 10^4\ \text{mm}^4$；梁最小截面惯性矩 $I_{b0} = 13\ 959 \times 10^4\ \text{mm}^4$。

柱的线刚度 $K_1 = I_{c1}/h = 13\ 959 \times 10^4/12\ 670 = 11\ 017\ \text{mm}^3$

$\gamma_1 = \dfrac{d_1}{d_0} - 1 = \dfrac{500}{350} - 1 = 0.429$，$\gamma_2 = \dfrac{d_2}{d_0} - 1 = \dfrac{500}{350} - 1 = 0.429$，$\beta = 0.3$，从《门刚规程》

附录 D 图 D.0.1-2 插值得斜梁换算长度系数 $\psi = 0.55$。

梁的线刚度

$$K_2 = I_{b0}/(2\psi_s) = 13\ 959 \times 10^4/(2 \times 0.55 \times 12\ 060) = 10\ 522\ \text{mm}^3$$

$$K_2/K_1 = 10\ 522/11\ 017 = 0.955, I_{c0}/I_{c1} = 1$$

由一阶分析计算程序得出 $\mu_y = 1.446$

$$\lambda_x = \frac{L_{0x}}{\sqrt{I_{c0x}/A_e_0}} = \frac{1.446 \times 12\ 670}{\sqrt{13\ 959 \times 10^4/6\ 640}} = 126 N'_{Ex0} = \frac{\pi^2 EA_{e0}}{1.1\lambda^2} = \frac{3.14^2 \times 2.06 \times 10^5 \times 6\ 640}{1.1 \times 126^2}$$

$$= 7.72 \times 10^5\ \text{N}$$

所用钢材为 Q345，故查《钢结构设计规范》附录表 C-2 时，长细比换算为 $126\sqrt{\dfrac{345}{235}} = 153$，查表得 $\varphi_{x\gamma} = 0.298$。

楔形柱平面内稳定验算：

$$\frac{N_0}{\varphi_{x\gamma} A_{e0}} + \frac{\beta_{mx} M_1}{\left(1 - \dfrac{N_0}{N'_{Ex0}} \varphi_{x\gamma}\right) W_{e1}} = \frac{46.41 \times 10^3}{0.298 \times 6\ 640} + \frac{1.0 \times 137.44 \times 10^6 \times 175}{\left(1 - \dfrac{46.41}{772} \times 0.298\right) \times 13\ 959 \times 10^4}$$

$$= 198.90 < 310$$

满足要求。

b. 刚架柱平面外的整体稳定性验算

考虑压型钢板墙面与墙梁紧密连接，起到应力蒙皮作用，与柱相连的墙梁可作为柱平面外的支撑点，计算时按常规墙梁隔撑间距考虑，取 $l_y = 3\ 000\ \text{mm}$。

楔形柱平面外稳定验算：

$$\lambda_y = \frac{L_{0y}}{\sqrt{I_{c0y}/A_{e0}}} = \frac{3\ 000}{\sqrt{1\ 334 \times 10^4/6\ 640}} = 67$$

长细比换算为 $67\sqrt{\dfrac{345}{235}} = 81$，查表得 $\varphi_y = 0.681$，

$$\gamma = \frac{d_1}{d_0} - 1 = 0,$$

$$\beta_t = 1 - N/N'_{Ex0} + 0.75 (N/N'_{Ex0})^2$$
$$= 1 - 46.41 \times 10^3/7.72 \times 10^5 + 0.75 (46.41 \times 10^3/7.72 \times 10^5)^2 = 0.943$$

$$\mu_s = \mu_w = 1$$

$$\lambda_{y0} = \mu_s l/i_{y0} = 1 \times 3\,000/44.82 = 67$$

$$\varphi_{by} = \frac{4\,320}{\lambda_{y0}^2} \frac{A_0 h_0}{W_{x0}} \sqrt{\left(\frac{\mu_s}{\mu_w}\right)^2 + \left(\frac{\lambda_{y0} t_0}{4.4 h_0}\right)^2} \left(\frac{235}{f_y}\right) = \frac{4\,320}{67^2} \times \frac{6\,640 \times 350 \times 175}{13\,959 \times 10^4} \times$$

$$\sqrt{1 + \left(\frac{67 \times 10}{4.4 \times 350}\right)^2} \times \left(\frac{235}{345}\right) = 2.08 > 0.6$$

按《钢结构设计规范》规定,用 $\varphi'_{by}$ 代替 $\varphi_{by}$,$\varphi'_{by} = 1.07 - \dfrac{0.282}{\varphi_{by}} = 0.934$

$$\frac{N_0}{\varphi_y A_{e0}} + \frac{\beta_t M_1}{\varphi'_{by} W_{e1}} = \frac{46.41 \times 10^3}{0.681 \times 6\,640} + \frac{0.943 \times 137.44 \times 10^6 \times 175}{0.934 \times 13\,959 \times 10^4} = 184.23 < 310 \text{ N/mm}^2$$

(3) ③号单元(梁)截面验算

端部节点:$M = -137.44$ kN·m,$N = -21.41$ kN,$V = -44.50$ kN

跨中节点:$M = 101.13$ kN·m,$N = -18.18$ kN,$V = -12.18$ kN

a. 强度验算

端部节点:

$$\sigma_1 = N/A + M/W_e = 21.41 \times 10^3/7\,840 + 137.44 \times 10^6 \times 250/31\,386 \times 10^4 = 112.2 \text{ N/mm}^2$$

$$\sigma_2 = N/A - M/W_e = 21.41 \times 10^3/7\,840 - 137.44 \times 10^6 \times 250/31\,386 \times 10^4 = -106.74 \text{ N/mm}^2$$

截面边缘正应力比值 $\beta = \sigma_2/\sigma_1 = -106.74/112.2 = -0.951$,

$$k_\sigma = \frac{16}{\sqrt{(1+\beta)^2 + 0.112(1-\beta)^2} + (1+\beta)} = \frac{16}{\sqrt{(1-0.951)^2 + 0.112(1+0.951)^2} + (1-0.951)}$$
$$= 22.73,$$

$$\lambda_p = \frac{h_w/t_w}{28.1\sqrt{k_\sigma}\sqrt{235/f_y}} = \frac{480/8}{28.1 \times \sqrt{22.73} \times \sqrt{235/345}} = 0.54 < 0.8$$

所以有效宽度系数 $\rho = 1$,即此时端部节点截面全部有效。

$$V = 44.5 < 0.5V_d = 0.5 \times 405 \times 8 \times 180 \times 10^{-3} = 291.6 \text{ kN}$$

$$M_e^N = M_e - NW_e/A_e = (f - N/A_e)W_e$$
$$= (310 - 21.41 \times 10^3/7\,840) \times 31\,386 \times 10^4/250 = 385.7 \times 10^6 \text{ N·mm}$$

$M = 137.44$ kN·m $< M_e^N = 385.7$ kN·m,故端部节点截面强度满足要求。

b. 平面外稳定验算

考虑屋面压型钢板与檩条紧密连接,檩条可作为刚架梁平面外的支撑点,计算时平面外计算长度按常规檩条隔撑间距考虑,取 $l_y = 3\,000$ mm。

钢梁材料为 Q345,$\lambda_y = \dfrac{L_{0y}}{\sqrt{I_{b0y}/A_{c0}}} = \dfrac{3\,000}{\sqrt{1\,335 \times 10^4/6\,640}} = 67$,查表得 $\varphi_y = 0.681$,$\beta_{tx} =$

1.0。

因 $\lambda_y = 67 < 120\sqrt{\dfrac{235}{f_y}} = 99$，$\varphi_{by} = 1.07 - \dfrac{\lambda_y^2}{44\,000} \cdot \dfrac{f_y}{235} = 1.07 - \dfrac{67^2}{44\,000} \cdot \dfrac{345}{235} = 0.92 > 0.6$。

按《钢结构设计规范》规定，用 $\varphi'_{by}$ 代替 $\varphi_{by}$，$\varphi'_{by} = 1.07 - \dfrac{0.282}{\varphi_{by}} = 0.763$。

$$\frac{N_0}{\varphi_y A_{e0}} + \frac{\beta_t M_1}{\varphi'_{by} W_{e1}} = \frac{21.41 \times 10^3}{0.681 \times 7\,840} + \frac{1 \times 137.44 \times 10^6 \times 250}{0.763 \times 31\,386 \times 10^4} = 147.5 < 310\ \text{N/mm}^2$$

（4）节点验算

a. 梁柱节点螺栓强度验算

梁柱节点采用 10.9 级 M24 摩擦型高强度螺栓连接，构件接触面采用的处理方法为喷砂，摩擦面抗滑移系数 $\mu = 0.5$，每个高强螺栓的预拉力为 $P = 225$ kN，连接处内力设计值：

$$M = -137.44\ \text{kN} \cdot \text{m}, N = -21.41\ \text{kN}, V = -44.50\ \text{kN}。$$

螺栓承受的最大拉力

$$N_{t1} = \frac{M y_1}{\sum y_i^2} - \frac{N}{n} = \frac{137.44 \times 0.3}{4 \times (0.3^2 + 0.19^2)} - \frac{21.41}{8} = 79.07 < 0.8P = 0.8 \times 225 = 180\ \text{kN}$$

螺栓抗拉满足要求。

每个螺栓承受的剪力：

$$N_v = \frac{V}{n} = \frac{44.5}{8} = 5.56 < [N_v^b] = 0.9 n_f \mu P = 101.25\ \text{kN}$$

螺栓抗剪满足要求。

最外排螺栓验算

$$\frac{N_v}{N_v^b} + \frac{N_t}{N_t^b} = \frac{5.56}{101.25} + \frac{79.07}{180} = 0.49 < 1$$

满足要求。

b. 端板厚度验算

端板厚度取 $t = 20$ mm，按两边支承端板外伸计算（根据《门刚规程》7.2.9 条规定）

$$t \geq \sqrt{\frac{6 e_f e_w N_t}{[e_w b + 2 e_f (e_f + e_w)] f}} = \sqrt{\frac{6 \times 50 \times 50 \times 79.07 \times 10^3}{[50 \times 220 + 2 \times 50 \times (50 + 50)] \times 295}} = 13.8\ \text{mm}$$

满足要求。

c. 节点域剪应力计算

根据《门刚规程》7.2.10 条规定，$\tau = \dfrac{M}{d_b d_c t_c} = \dfrac{137.44 \times 10^6}{480 \times 430 \times 8} = 83.2 < 180\ \text{N/mm}^2$

节点域剪应力满足要求。

d. 螺栓处腹板强度验算

翼缘内第二排第一个螺栓的轴向拉力设计值

$$N_{t2} = \frac{My_1}{\sum y_i^2} - \frac{N}{n} = \frac{137.44 \times 0.19}{4 \times (0.3^2 + 0.19^2)} - \frac{21.41}{8} = 49.1 \text{ kN} < 0.4P = 90 \text{ kN}$$

$$\frac{0.4P}{e_w t_w} = \frac{0.4 \times 225 \times 10^3}{50 \times 8} = 225 < 310 \text{ N/mm}^2$$

刚架梁腹板强度满足要求。

e. 其他节点验算略。

### 1.3.7.2　围护结构设计

#### 1）抗风柱设计

每侧山墙设置两根抗风柱,形式为实腹工字钢。山墙墙面板及檩条自重为 $0.15 \text{ kN/m}^2$。

（1）荷载计算

墙面恒载值 $p = 0.15 \text{ kN/m}^2$；

风压高度变化系数 $\mu_z = 1.06$,风压体型系数 $\mu_s = 0.9$；

风压设计值 $\omega = 1.4\mu_s\mu_z\omega_0 = 1.4 \times 0.9 \times 1.06 \times 1.05 \times 0.35 = 0.491 \text{ kN/m}^2$；

单根抗风柱承受的均布线荷载设计值：

恒载 $q = 1.4 \times \frac{1}{3} \times p \times L = 1.4 \times \frac{1}{3} \times 0.15 \times 24 = 1.68 \text{ kN/m}$

风荷载 $q_w = 1.4 \times \frac{1}{3} \times \omega \times L = 1.4 \times \frac{1}{3} \times 0.491 \times 24 = 5.50 \text{ kN/m}$

（2）内力分析

抗风柱的柱脚和柱顶分别由基础和屋面支撑提供竖向及水平支承,分析模型如图 1-23。可得到构件的最大轴压力为 21.29 kN,最大弯矩为 121.06 kN·m。

（3）截面选择

取工字钢截面为 $300 \times 200 \times 6 \times 8$,绕强轴长细比 104,绕弱轴考虑墙面檩条隔撑的支承作用,计算长度取 3 m,那么绕弱轴的长细比为 64,满足抗风柱的控制长细比限值 $[\lambda] < 150$ 的要求。

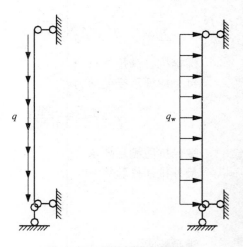

**图 1-23　抗风柱分析模型**

强度校核：

$$\sigma_1 = N/A + M/W_e = 21\,290/4\,904 + 121.06 \times 10^6/796\,814.2 = 156.27 \text{ N/mm}^2 < 215 \text{ N/mm}^2$$

稳定验算：

$$\frac{N}{\varphi_y A} + \frac{\beta_{tx} M_1}{\varphi_{by} W_{1x}} = \frac{21\,290}{0.406 \times 4\,904} + \frac{121\,060\,000}{0.874 \times 796\,814.2} = 184.53 \text{ N/mm}^2 < 215 \text{ N/mm}^2$$

挠度验算：

在横向风荷载作用下,抗风柱的水平挠度小于 $L/400$,满足挠度要求。

**2) 支撑设计**

**(1) 柱间支撑**

两端山墙每侧中部各设有一道柱间支撑,形式为 X 形交叉支撑,分上下层。

支撑选用热轧等截面角钢 L70×6,系杆采用热轧无缝钢管 $\phi102×5$。钢材型号为 Q235。柱间支撑分析模型(图 1-24)如下:

经计算,柱顶风荷载为 50.40 kN,纵向吊车荷载为 58.08 kN。

由受力分析,得到支撑设计值为 119.97 kN,系杆设计值为 64.79 kN。

a. 系杆验算

查表知热轧无缝钢管 $\phi102×5,i = 34.3$ mm。

由 $\lambda = \dfrac{6\,000}{34.3} = 175$ 查表得稳定系数 $\varphi = 0.256$。

$$\frac{N}{\varphi A} = \frac{64.79 \times 10^3}{0.256 \times 1\,524} = 166 < 215 \text{ N/mm}^2$$

系杆验算满足要求。

b. 支撑验算

$$\sigma = \frac{N}{A} = \frac{119.97 \times 10^3}{816} = 147 < 215 \text{ N/mm}^2$$

支撑验算满足要求。

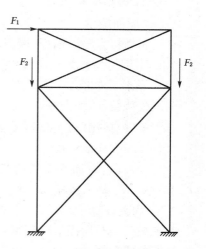

**图 1-24　柱间支撑分析模型**

**(2) 屋面支撑**

屋面两侧各设一道屋面支撑,一道为四跨。支撑采用热轧等截面角钢 L70×6,系杆采用等边角钢十字组合 2L90×6。钢材型号为 Q235。屋面支撑分析模型如下:

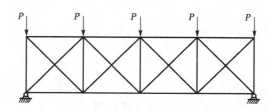

**图 1-25　屋面支撑分析模型**

a. 系杆验算

查表知等边角钢十字组合 2L90×6,$A = 2\,127$ mm$^2$,$i = 35.13$ mm。

由 $\lambda = \dfrac{6\,000}{35.13} = 171$ 查表得 $\varphi = 0.246$。

$$\frac{N}{\varphi A} = \frac{87.468 \times 10^3}{0.246 \times 2127} = 167.2 < 215 \text{ N/mm}^2$$

系杆验算满足要求。

b. 支撑验算

$$\sigma = \frac{N}{A} = \frac{92.77 \times 10^3}{816} = 113.7 < 215 \text{ N/mm}^2$$

支撑验算满足要求。

### 3）檩条及墙梁设计

（1）屋面檩条

屋面材料为压型钢板，屋面坡度 $1/10$ （$\alpha = 5.71°$）。檩条采用冷弯卷边槽钢 $C160 \times 60 \times 20 \times 2.5$，钢材型号为 Q235。檩条间距为 1.5 m，于 $1/2$ 处设一道拉条。

a. 荷载标准值

永久荷载：压型钢板　0.30 kN/m²

檩条（包括拉条）　0.05 kN/m²

总计　0.35 kN/m²

可变荷载：屋面均布活荷载 0.30 kN/m²，雪荷载 0.35 kN/m²，计算时取两者中较大值 0.35 kN/m²。基本风压 $\omega_0 = 1.05 \times 0.35 = 0.368$ kN/m²。

b. 内力计算

永久荷载与屋面活荷载组合：

檩条线荷载：

$$p_k = (0.35 + 0.35) \times 1.5 = 1.05 \text{ kN/m}$$

$$p = (1.2 \times 0.35 + 1.4 \times 0.35) \times 0.35 = 1.365 \text{ kN/m}$$

$$p_x = p\sin 5.71° = 0.136 \text{ kN/m}$$

$$p_y = p\cos 5.71° = 1.358 \text{ kN/m}$$

弯矩设计值：

$$M_x = p_y l^2/8 = 1.358 \times 6^2/8 = 6.11 \text{ kN} \cdot \text{m}$$

$$M_y = p_x l^2/32 = 0.136 \times 6^2/32 = 0.15 \text{ kN} \cdot \text{m}$$

永久荷载与风荷载吸力组合：

风荷载高度变化系数取 $\mu_z = 1.07$，风荷载体型系数取边缘带 $\mu_s = -1.4$。

垂直屋面的风荷载标准值：

$$\omega_k = \mu_s\mu_z\omega_0 = -1.4 \times 1.07 \times 0.368 = -0.551 \text{ kN/m}^2$$

檩条线荷载：

$$p_x = 0.35 \times 1.5 \times \sin 5.71° = 0.052 \text{ kN/m}$$

$$p_y = 1.4 \times 0.551 \times 1.5 - 0.35 \times 1.5 \times \cos 5.71° = 0.635 \text{ kN/m}$$

弯矩设计值：

$$M_x = p_y l^2/8 = 0.635 \times 6^2/8 = 2.86 \text{ kN} \cdot \text{m}$$

$$M_y = p_x l^2 / 32 = 0.052 \times 6^2 / 32 = 0.06 \text{ kN} \cdot \text{m}$$

c. 强度计算

强度按永久荷载与屋面活荷载组合计算。

$$\sigma_1 = \frac{M_x}{W_{enx}} + \frac{M_y}{W_{eny_{max}}} = \frac{6.11 \times 10^6}{32.42 \times 10^3} + \frac{0.15 \times 10^6}{17.52 \times 10^3} = 197.1 \text{ N/mm}^2 < 215 \text{ N/mm}^2$$

$$\sigma_2 = \frac{M_x}{W_{enx}} + \frac{M_y}{W_{eny_{min}}} = \frac{6.11 \times 10^6}{32.42 \times 10^3} - \frac{0.15 \times 10^6}{7.79 \times 10^3} = 169.2 \text{ N/mm}^2 < 215 \text{ N/mm}^2$$

d. 稳定性计算

稳定按永久荷载与风荷载吸力组合计算。

依据《冷弯薄壁型钢结构技术规范》(GB 50018—2002)，查表计算得 $\varphi_b' = 0.807$。考虑有效截面积乘以 0.95 的折减系数，稳定性为

$$\sigma = \frac{M_x}{\varphi_b' W_{ex}} + \frac{M_y}{W_{ey}} = \frac{2.86 \times 10^6}{0.807 \times 0.95 \times 36.02 \times 10^3} + \frac{0.06 \times 10^6}{0.95 \times 8.66 \times 10^3}$$
$$= 110.86 \text{ N/mm}^2 < 215 \text{ N/mm}^2$$

e. 挠度计算

$$v_y = \frac{5}{384} \times \frac{1.05 \times \cos 5.71° \times 6\,000^4}{206 \times 10^3 \times 288.13 \times 10^4} = 29.7 \text{ mm} < l/200 = 30 \text{ mm}$$

f. 构造要求

$$\lambda_x = 600/6.21 = 97, \lambda_y = 300/2.19 = 137 < 200$$

满足要求。

(2) 墙梁

采用冷弯卷边槽钢 C160×60×20×2.5，钢材型号为 Q235，墙梁间距为 1.5 m。

a. 荷载

基本风压 $\omega_0 = 1.05 \times 0.35 = 0.368 \text{ kN/m}^2$，风压高度变化系数 $\mu_z = 1.04$，风压体型系数 $\mu_s = -1.1$，风压设计值 $\omega = 1.4 \mu_s \mu_z \omega_0 = -1.4 \times 1.1 \times 1.04 \times 0.368 = 0.589 \text{ kN/m}^2$，作用于墙梁上的水平风荷载设计值为 $q = 0.589 \times 1.5 = 0.884 \text{ kN/m}^2$，自重设计值为 0.07 kN/m。

b. 内力计算

$$M_x = q_x L^2 / 8 = 0.884 \times 6^2 / 8 = 3.98 \text{ kN} \cdot \text{m}$$

$$M_y = q_y L^2 / 8 = 0.07 \times 6^2 / 8 = 0.32 \text{ kN} \cdot \text{m}$$

$$V_x = q_x L / 2 = 0.884 \times 6 / 2 = 2.65 \text{ kN}$$

c. 强度计算

$$\sigma_1 = \frac{M_x}{W_{enx}} + \frac{M_y}{W_{eny}} = \frac{3.98 \times 10^6}{1.05 \times 36.02 \times 10^3} + \frac{0.32 \times 10^6}{1.2 \times 8.66 \times 10^3} = 136.03 \text{ N/mm}^2 < 215 \text{ N/mm}^2$$

$$\tau_x = \frac{3V_x}{2h_0 t} = \frac{3 \times 2.65 \times 1\,000}{2 \times (160 - 6 \times 2.5) \times 2.5} = 10.97 \text{ N/mm}^2 < 125 \text{ N/mm}^2$$

d. 挠度计算

$$v_y = \frac{5}{384} \times \frac{0.421 \times 6\,000^4}{206 \times 10^3 \times 288.13 \times 10^4} = 12.0 \text{ mm} < l/200 = 30 \text{ mm}$$

满足要求。

**4）吊车梁设计**

吊车梁选用图集 08SG520 - 3 HDL6 - 13，吊车轨道选用 TG - 43 型，轨道与吊车梁连接选用图集 00G514 - 6 GDGL - 2。

## 思考题

1. 平面钢结构有哪些形式？各类结构形式具有哪些基本特点？

2. 如何设置平面支撑系统才能使得平面钢结构形成稳定的空间体系？

3. 什么是板的有效宽度？如何计算板的有效宽度比？板的支撑条件对其有效宽厚比产生什么影响？

4. 分析并说明使板具有屈曲后强度的原因有哪些？

5. 轻型门式刚架屋面构造中隔撑应如何设置？隔撑的主要作用是什么？

6. 设计冷弯薄壁卷边 C 型钢檩条：

（1）设计资料

封闭式建筑，屋面材料为压型钢板，屋面坡度为 1/10（$\alpha = 5.71°$），檩条跨度 6 m，于 1/2 处设一道拉条；水平檩距 1.5 m。檐口距地面高度 8 m，屋脊距地面高度 9.2 m。钢材型号为 Q235B。

（2）荷载标准值（对水平投影面）

① 永久荷载：

压型钢板（双层含保温）　0.25 kN/m$^2$

檩条自重（包括拉条）　0.05 kN/m$^2$

② 可变荷载：屋面均布活荷载 0.50 kN/m$^2$，雪荷载 0.35 kN/m$^2$，基本风压 $\omega_0 = 0.30$ kN/m$^2$。

## 参考文献

[1] CECS 102：2002　门式刚架轻型房屋钢结构技术规程[S].北京：中国计划出版社，2012.

[2] GB 50017—2003　钢结构设计规范[S].北京：中国计划出版社，2003.

[3] GB 50009—2012　建筑结构荷载规范[S].北京：中国建筑工业出版社，2012.

[4] GB 50018—2002　冷弯薄壁型钢技术规范[S].北京：中国计划出版社，2002.

[5] JGJ/T 249—2011　拱形钢结构技术规程[S].北京：中国建筑工业出版社，2011.

[6] 王燕，李军，刁延松.钢结构设计[M].北京：中国建筑工业出版社，2009.

[7] 陈绍蕃.房屋建筑钢结构设计[M].北京：中国建筑工业出版社，2007.

[8] 郭彦林，窦超.现代拱形钢结构设计原理与应用[M].北京：科学出版社，2013.

[9] 周绪红.钢结构设计指导与实例精选[M].北京：中国建筑工业出版社，2008.

[10] 张其林.轻型门式刚架计算原理和设计实例[M].山东：山东科学技术出版社，2004.

[11] 周学军.门式刚架轻钢结构设计与施工[M].山东：山东科学技术出版社，2001.

# 2 大跨度空间结构设计

## 2.1 概述

### 2.1.1 空间结构及其结构体系

凡是建筑结构的形体成三维空间状,在荷载作用下具有三维受力特性、呈立体工作状态的结构称为空间结构。空间结构按其受力特点可划分为:刚性空间结构、柔性空间结构、杂交结构体系三类。

(1)刚性空间结构

刚性空间结构体系是指刚性构件构成的具有很好刚度的空间结构体系。包括空间网格结构以及立体桁架结构等。其中空间网格结构根据外形分为两大类,一类称为网架,其外形呈平板状;另一类称为网壳,其外形呈曲面状。立体桁架结构是在网架、网壳结构的基础上发展起来的,与网架、网壳结构相比具有独特的优越性和实用性。该结构省去一些杆件和节点,并具有简明的结构传力方向,可满足各种不同的建筑形式的要求,尤其是构筑圆拱和任意曲线形状具有一定优势。

(2)柔性空间结构

柔性空间结构体系是指由柔性构件构成,如钢索、薄膜等,通过施加预应力而形成的具有一定刚度的空间结构体系。结构的形体由体系内部的预应力来决定。包括悬索结构、膜结构和张拉整体结构等。

(3)杂交结构体系

将几种不同类型的结构体系组合成为一种新的结构体系。杂交体系按照其组合方式的不同可分为以下三类:

第一类为刚性结构体系之间的组合,如组合网架、组合网壳、拱支网壳等;

第二类为柔性结构体系与刚性结构体系的组合,属于半刚性结构,这种又可分为斜拉结构、拉索预应力结构、张弦结构、支承膜结构等。

第三类为柔性结构体系之间的组合,如柔性拉索与索网的杂交,柔性拉索与膜材之间的组合形成的索-膜结构。

### 2.1.2 空间结构的特点

空间结构主要是在自重荷载下工作,主要矛盾是减轻结构自重,故最适宜采用钢结构。在大跨度屋盖中应尽可能使用轻质屋面结构及轻质屋面材料,如彩色涂层压型钢板、压型铝合金板等。在工程实践中,空间结构呈现以下特点:

(1)空间结构能适应不同跨度、不同支承条件的各种建筑要求。形状上也能适应正方形、矩形、多边形、圆形、扇形、三角形以及由此组合而成的各种形状的建筑平面,同时,又有建筑造型轻巧、美观,便于建筑处理和装饰等特点。

(2)自重轻,经济性好。目前大部分空间结构都采用钢材、膜材等制作,轻质高强材料的运用使结构自重大大减轻。

(3)刚度好,抗震性能好。由于空间结构具有三维受力特性,内力均匀,对集中荷载的分散性较强,所以能很好地承受不对称荷载或较大的集中荷载,整体刚度大。

(4)便于工业化生产。空间结构的构件通常在工厂中制作,在工地上可以很快地安装起来。

### 2.1.3 空间结构的应用及发展

目前空间结构的建造和所采用的技术已成为衡量一个国家建筑水平的重要标志,许多宏伟而富有特色的空间结构已成为当地的象征性标志和著名的人文景观,成为标志性建筑。

我国的空间结构在 20 世纪 50 年代末较多地采用薄壳结构、悬索结构,60 年代中采用网架结构,80 年代较多地采用网壳结构,直到 21 世纪,这些比较传统的近代空间结构,除薄壳结构外,均获得了长期蓬勃的发展,工程项目遍布全国城镇各地。到 90 年代后开始采用索膜结构、张弦梁结构、弦支穹顶等一些轻质高效的现代空间结构。由此可见,我国空间结构的发展历史并不长,大致是 50 年,但发展速度快、应用范围广、形式种类多,且不断有所创新。

21 世纪后,我国空间结构的发展又进入一个崭新阶段,应用范围和领域不断扩大,除在体育场馆、航站楼等大跨度公共建筑中大量采用外,在新建大型铁路客站、无站台柱雨篷、桥梁结构工程和高层建筑结构中也获得创新应用。

## 2.2 网架结构

### 2.2.1 网架结构特点

网架结构是一种空间杆系结构,受力杆件通过节点按一定规律连接起来。节点一般设计成铰接,杆件主要承受轴力作用,杆件截面尺寸相对较小。这些空间汇交的杆件又互为支承,将受力杆件与支承系统有机地结合起来,因而用料经济。由于结构组合有规律,大量的杆和节点的形状、尺寸相同,便于工厂化生产,便于工地安装。

网架结构一般是高次超静定结构,能较好地承受集中荷载、动力荷载和非对称荷载,抗震性能好。网架结构能够适应不同跨度、不同支承条件的公共建筑和工厂厂房的要求,也能适应不同建筑平面及其组合。1981 年 5 月我国颁布了《网架结构设计与施工规定》(JGJ 7—80),1991 年 9 月又将其进行修订颁布了《网架结构设计与施工规程》(JGJ 7—91),2010 年 7 月将网架结构、网壳结构和立体管桁架结构等相关条文进行了结合颁布了《空间网格结构技术规程》(JGJ 7—2010)。此外,针对网架结构螺栓球节点及其配件,我国专门颁布了《钢网架螺栓球节点》(JG/T 10—2009)和《钢网架螺栓球节点用高强度螺栓》(GB/T 16939—2016),针对网架结构焊接球节点及其配件,颁布了《钢网架焊接空心球节点》(JG/T 11—2009),一些省份甚至出台了针对节点生产制作的地方标准,例如江苏省地方标准《钢网架(壳)螺栓球节点锥头技术规范》(DB 32/952—2006)。这些相关标准是对我国目前网架结构工程和科研成果的总结,有力地推动了我国网架结构的发展。

### 2.2.2 网架结构形式及选型

#### 2.2.2.1 网架结构的几何不变性分析

网架结构是空间铰接杆系结构,在任意外力作用下不允许发生几何可变,故必须进行结构几何不变性分析。

网架结构的几何不变性分析必须满足两个条件:一是具有必要的约束数量,如果不具备必要的约束数量,这个结构肯定是可变体系,简称必要条件;二是约束设置方式要合理,如约束布置不合理,虽然满足必要条件,结构仍可能是可变体系,简称充分条件。

网架结构是空间结构,一个节点有三个自由度,其几何不变的必要条件是:

$$W = 3J - B - S \leqslant 0 \tag{2-1}$$

式中:$B$—— 网架的杆件数;

$\quad\quad S$—— 支座约束链杆数,$S \geqslant 6$;

$\quad\quad J$—— 网架的节点数。

由此可见:① $W > 0$,该网架为几何可变体系;② $W = 0$,该网架无多余约束,如杆件和约束布置合理,该网架为静定结构;③ $W < 0$,该网架有多余约束,如杆件和约束布置合理,该网架为超静定结构。

网架结构的几何不变的充分条件是:①用三个不在一个平面上的杆件汇交于一点,该点为空间不动点,即几何不变的;②三角锥是组成空间结构几何不变的最小单元;③由三角形图形的平面组成的空间结构,其节点至少为三平面交汇点时,该结构为几何不变体系。

网架结构最少支座约束条件是:满足对整体刚体位移的约束,即约束刚体的三个平动位移和三个转动位移,以免发生网架整体刚体位移。因此,对网架结构最基本的约束应至少满足 6 个自由度,如图 2-1 所示。

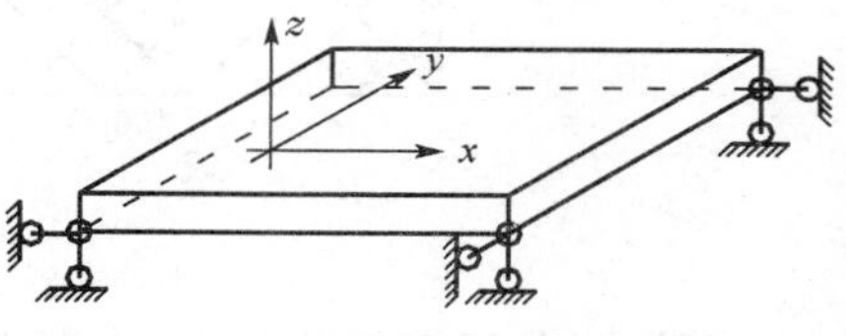

**图 2-1 网架最少支座约束条件**

#### 2.2.2.2 网架的结构形式

网架结构按照弦杆层数不同可分为双层网架结构和多层网架结构。双层网架结构是由上弦层、下弦层和腹杆层组成的空间结构,是最常用的一种网架结构。多层网架是由上弦层、中弦层、下弦层、上腹杆层和下腹杆层等组成的空间结构。

网架结构通常由基本网格单元按照一定的逻辑规则构型而成,根据网格单元和构型规则的不同,网架结构可以分为以下几种类型:

**1)平面桁架体系网架**

平面桁架体系网架是由平面桁架交叉组成,这类网架上弦和下弦的杆件长度相等,而且其上弦、下弦和腹杆位于同一垂直平面内。一般可设计为斜腹杆受拉、竖杆受压,斜腹杆和弦杆夹角宜在40°~60°之间。采用平面桁架网格单元,可以形成以下四种网架结构形式:

(1)两向正交正放网架:如图2-2所示,两向正交正放网架是由两个方向的平面桁架垂直交叉而成。在矩形建筑平面中应用时,两向桁架分别与边界垂直(或平行),两个方向网格数宜布置成偶数,如为奇数,则在桁架中部节间宜做成交叉腹杆。由于该网架上弦、下弦组成的网格为矩形,弦层内无有效支承,属于几何可变体系。为能有效传递水平荷载,对于周边支撑网架,宜在支承平面(支承平面指与支承结构相连弦杆组成的平面,上弦或下弦平面)内沿周边设置水平斜杆(见图2-2,虚线部分);对于点支承网架,应在支承平面(上弦或下弦平面)内沿主桁架(通过支承的桁架)的两侧(或一侧)设置水平斜杆。

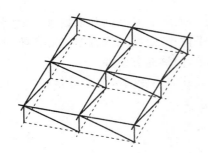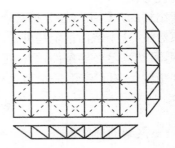

图2-2 两向正交正放网架

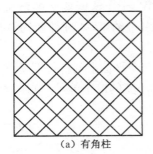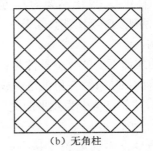

(a)有角柱　　　　　　　　　　　　　(b)无角柱

图2-3 两向正交斜放网架

(2)两向正交斜放网架:由两个方向的平面桁架交叉而成,在矩形建筑平面中应用时,两向桁架与矩形建筑边界夹角为45°(或−45°),可以理解为由两向正交正放桁架在建筑平面上放置时旋转45°。这类网架两个方向平面桁架的跨度有长有短,节间数有多有少,但网架是等高的,因此各榀桁架刚度各异,能形成良好的空间受力体系。周边支承时,有长桁架通过角支点(图2-3(a)有角柱)和避开角支点(图2-3(b)无角柱)两种布置,前者对四角支座产生较大的拉力,后者角部拉力可由两个支座分担。

(3) 两向斜交斜放网架:如图2-4所示,由两个方向的平面桁架交叉组成,但其角度并不正交,从而形成菱形网格。它主要适用于两个方向网格尺寸不同,而要求弦杆长度相等的情况。同时,这类网架杆件之间的角度不规则,造成节点构造复杂,空间受力性能欠佳,因此只是在建筑上有特殊要求时才考虑使用。

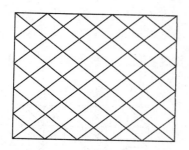
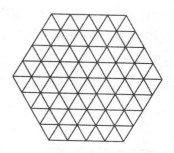

图 2-4　两向斜交斜放网架　　　　　图 2-5　三向网架

(4) 三向网架:如图2-5所示,由三个方向桁架按60°角相互交叉组成。这类网架的上、下弦平面的网格一般呈正三角形,为几何不变体,空间刚度大,受力性能好,支座受力较均匀,但汇交于一个节点的杆件最多可达13根,节点构造比较复杂,宜采用焊接空心球节点。三向网架适合于较大跨度($l > 60$ m),且建筑平面为三角形、六边形、多边形和圆形,当用于非六边形平面时,周边将出现非正三角形网格。

### 2)四角锥体系网架

四角锥体系网架是由许多四角锥按照一定规律组成,组成的基本单元为倒置四角锥,如图2-6所示。这类网架上、下平面均为方形网格,下弦节点均落在上弦组成的方形网格形心的投影线上,与上弦网格的四个节点用斜腹杆相连。若改变上、下弦错开的平移值,或相对地旋转上、下弦杆,并适当抽去一些弦杆和腹杆,即可以获得各种形式的四角锥网架,主要包括以下六种网架结构形式:

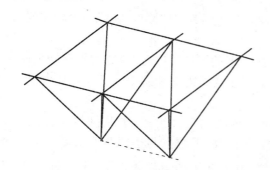
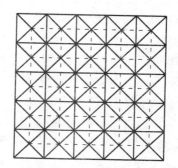

图 2-6　四角锥体系基本单元　　　　图 2-7　正放四角锥网架

(1) 正放四角锥网架:如图2-7所示,由倒置的四角锥体为组成单元,锥底的四边为网架上弦杆,锥棱为斜腹杆,连接各锥顶点的杆件即为下弦杆。建筑平面为矩形时,上、下弦杆均与边界平行(垂直)。上、下节点均分别连接 8 根杆件,节点构造较统一。如果网格两个方向尺寸相等,腹杆与下弦平面夹角为 $45°$,即 $h = \sqrt{2}/2 \cdot s$($h$ 为网架高度,$s$ 为网格尺寸),上弦、下弦和腹杆长度均相等,使杆件标准化。

正放四角锥网架空间刚度比其他类型四角锥网架及两向网架更大,用钢量可能略高些。这种网架因杆件标准化,节点统一化,便于工厂化生产,在国内外得到了广泛应用。

(2)正放抽空四角锥网架:如图 2-8 所示,正放抽空四角锥网架是在正放四角锥网架的基础上,适当抽掉一些四角锥单元中的腹杆和下弦杆,使下弦网格尺寸大一倍。这种网架的杆件数量少,腹杆总数为正放四角锥网架腹杆总数的 3/4 左右,下弦杆数量为正放四角锥网架的1/2 左右,构造相对简单,经济效果较好。由于周边网格不宜抽去杆件,两个方向网格数宜取为奇数。如果取 $h = \sqrt{2}/2 \cdot s$,则上、下弦杆和腹杆长度相等。这种网架受力与正交正放交叉梁系相似,刚度较正放四角锥网架要弱一些。

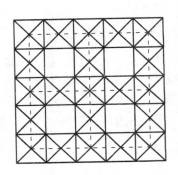

图 2-8　正放抽空四角锥网架

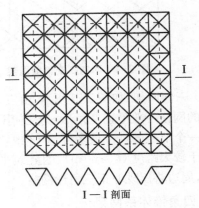

I—I 剖面

图 2-9　单向折线形网架

(3)单向折线形网架:如图 2-9 所示,单向折线形网架是将正放四角锥网架取消纵向的上、下弦杆,同时保留周边一圈纵向上弦杆而组成的网架,适用于周边支承情况下使用。在周边支承的情况下,当正放四角锥网架长宽比大于 3 时,沿长方向上、下弦杆内力很小,沿短跨方向上、下弦杆内力较大,处于明显单向受力状态,故可取消纵向上、下弦杆,保留周边一圈纵向上弦杆,形成单向折线形网架。周边一圈四角锥是为加强其整体刚度,构成一个较完整的空间网架结构。

单向折线形网架处于单向受力状态,由交成 V 形的桁架传力,比单纯的平面桁架刚度大,同时不需要支撑体系,所有杆件均为受力杆件。所以在周边支承的边界且长宽比大于 3 或两边支承的条件下,可以获得较好的经济效益。

(4)斜放四角锥网架:如图 2-10 所示,由倒置的四角锥组成,上弦网格呈正交正放形式,上弦杆与边界成 $45°$ 夹角,下弦网格也为正交正放,下弦杆与边界垂直(或平行)。这种网架的下弦杆长度等于上弦杆长度的 $\sqrt{2}$ 倍。在周边支承的边界条件下,上弦杆受压,下弦杆受拉,体现了长杆受拉短杆受压的设计意图,具有较合理的受力状态。此外,节点处汇交的杆件相对较少(上弦节点 6 根,下弦节点 8 根)。当网架高度为下弦杆长度的一半时,上弦杆与斜腹杆等长。

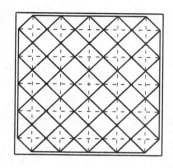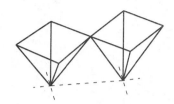

图 2-10　斜放四角锥网架

这种网架适用于周边支承的情况,节点构造简单,杆件受力合理,用钢量较省,也是国内工程中应用较多的一种形式。

(5)棋盘形四角锥网架:如图 2-11 所示,由于其形状与国际象棋的棋盘相似而得名。在正放四角锥基础上,除周边四角锥不变外,中间四角锥间格抽空,下弦杆呈正交斜放,上弦杆呈正交正放,下弦杆与边界呈 45°夹角,上弦杆与边界垂直(或平行),也可理解为斜放四角锥网架结构绕垂直轴转动 45°而成。这种网架也具有上弦短下弦长的优点,且节点上汇交杆件少,用钢量省,屋面板规格单一,空间刚度比斜放四角锥网架好。它适用于周边支承的情况。

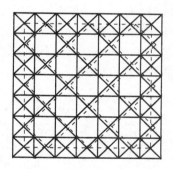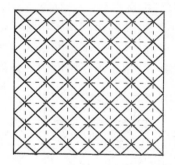

图 2-11　棋盘形四角锥网架　　　　　　图 2-12　星形四角锥网架

(6)星形四角锥网架:如图 2-12 所示,由两个倒置的三角形小桁架相互交叉而成。两个小桁架的底边构成网架上弦,上弦正交斜放,各单元顶点相连即为下弦,下弦正交正放,在两个小桁架交汇处设有竖杆,斜腹杆与上弦杆在同一平面内。这种网架也具有上弦短下弦长的特点,杆件受力合理。当网架高度等于上弦杆长度时,上弦杆与竖杆等长,斜腹杆与下弦杆等长,且为上弦杆长度的 $\sqrt{2}$ 倍。

**3)三角锥体系网架**

由倒置的三角锥(图 2-13)组成。锥底三条边,即网架的上弦杆,组成正三角形,棱边为网架腹杆,锥顶用杆件相连,即为网架的下弦杆。三角锥体系是组成空间结构几何不变的最小单元。不同的三角锥体布置可以获得不同的三角锥网架。

(1)三角锥网架:如图 2-14 所示,是由倒置的三角锥体组合而成的,上、下弦平面均为正三角形网格,下弦三角形的顶点在上弦三角形网格的形心投影线上。三角锥网架受力比较均匀,整体抗扭、抗弯刚度好,如果取网架高度为网格尺寸的$\sqrt{2/3}$倍,则网架的上弦、下弦和腹杆杆件长度相等。上、下弦节点处汇交9根,节点构造类型完全相同。它一般适用于大中跨度及重屋盖的建筑,当建筑平面为三角形、六边形或圆形时最为适宜。

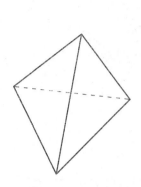

图 2-13　三角锥体系基本单元图

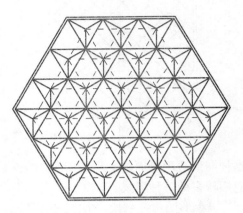

图 2-14　三角锥网架

（2）抽空三角锥网架:是在三角锥网架基础上,适当抽去一些三角锥中的腹杆和下弦杆,使上弦网格仍为三角形。抽锥规律不同,则形成的下弦网格的形状也将不同。第一种抽锥规律是:沿网架周边一圈的网格均不抽锥,内部从第二圈开始沿三个方向间隔一个网格开始抽锥,图 2-15(a)中有影线部分为抽掉锥体的网格,下弦网格为三角形和六边形的组合形状。第二种抽锥规律是:从周边网格开始抽锥,沿三个方向间隔两个抽锥一个,图 2-15(b)中有影线部分为抽掉锥体的网格,下弦网格为均为六边形。抽空三角锥网架抽掉杆件较多,整体刚度不如三角锥网架,适用于中小跨度的三角形、六边形和圆形的建筑平面。

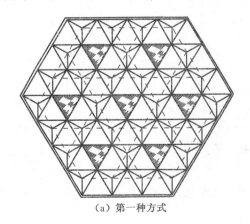

（a）第一种方式　　　　　　　　　（b）第二种方式

图 2-15　抽空三角锥网架

（3）蜂窝形三角锥网架:如图 2-16 所示,蜂窝形三角锥网架是倒置三角锥按一定规律排列组成,上弦网格为三角形和六边形,下弦网格为六边形。它的上弦杆较短,下弦杆较长,受力合理。每个节点均只汇交 6 根杆件,节点构造统一,用钢量较省。蜂窝形三角锥网架本身是几何可变的,需要借助于支座水平约束来保证其几何不变,在施工安装时应引起注意。分析表明,这种网架的下弦杆和腹杆内力以及支座的竖向反力均可由静力平衡条件求得,根据支座水平约束情况决定上弦杆的内力。它主要适用于周边支承的中小跨度屋盖。

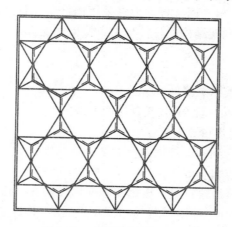

图 2-16　蜂窝形三角锥网架

### 2.2.2.3　网架的结构选型

网架结构的类型较多,具体选择哪种类型时,要综合考虑许多因素。选型应坚持以下原则:安全可靠、技术先进、经济合理、美观适用。

平面形状为矩形的周边支承或三边支承一边开口的网架,当其边长比(即长边与短边之比)小于或等于 1.5 时,宜选用正放四角锥网架、斜放四角锥网架、棋盘形四角锥网架、正放抽空四角锥网架、两向正交斜放网架、两向正交正放网架。当其边长比大于 1.5 时,宜选用两向正交正放网架、正放四角锥网架或正放抽空四角锥网架。平面形状为矩形、多点支承的网架可根据具体情况选用正放四角锥网架、正放抽空四角锥网架、两向正交正放网架。平面形状为圆形、正六边形等周边支承的网架,可根据具体情况选用三向网架、三角锥网架或抽空三角锥网架。对中小跨度,也可选用蜂窝形三角锥网架。

网架的网格高度与网格尺寸应根据跨度大小、荷载条件、柱网尺寸、支承情况、网格形式以及构造要求和建筑功能等因素确定,网架的高跨比可取 1/18～1/10。网架的短向跨度的网格数不宜小于 5。确定网格尺寸时宜使相邻杆件的夹角小于 45°,且不宜小于 30°。

## 2.2.3　荷载和作用

### 2.2.3.1　荷载和作用的分类

结构上的作用是指使结构产生效应(结构或构件的内力、应力、位移、应变、裂缝等)的各种原因的总称。直接作用是指作用在结构上的力集(包括集中力和分布力),习惯上统称为荷载,如永久荷载、活荷载、吊车荷载、雪荷载、风荷载以及偶然荷载等。间接作用是指那些不是直接以力集的形式出现的作用,如地基变形、混凝土收缩和徐变、焊接变形、温度变化以及地震等引起的作用等。

#### 1）永久荷载

永久荷载是指结构在使用期间,其值不随时间变化,或其变化值与平均值相比可忽略的荷

载,也称为恒载。作用在网架结构上的永久荷载有:

(1)杆件自重和节点自重。网架杆件大多采用钢材,它的自重可以通过计算机自动形成,重度取 $\gamma = 78.5 \ \text{kN/m}^3$。网架结构的杆件自重可按下式估算:

$$g_{0k} = \sqrt{q_w L_2}/150 \qquad (2-2)$$

式中:$g_{0k}$——网架自重荷载标准值($\text{kN/m}^2$);

$q_w$——除网架自重外的屋面荷载或者楼面荷载的标准值($\text{kN/m}^2$);

$L_2$——网架的短向跨度(m)。

网架的节点自重一般占到网架杆件总重的 $20\% \sim 30\%$。如果节点的连接形式已定,可根据具体节点规格计算出节点自重。

(2)楼面或者屋面覆盖材料自重。根据实际使用材料查《荷载规范》取用。如采用钢筋混凝土屋面板,其自重一般取 $1.0 \sim 1.5 \ \text{kN/m}^2$,采用轻质板,其自重一般取 $0.3 \sim 0.7 \ \text{kN/m}^2$。

(3)吊顶材料自重。根据实际情况,一般取 $0.3 \ \text{kN/m}^2$。

(4)设备管道自重。主要包括通风及消防管道、风机和其他可能存在的设备自重,一般可取 $0.3 \sim 0.6 \ \text{kN/m}^2$。

**2)可变荷载**

可变荷载是指结构在使用期间,其值随时间变化,且其变化值与平均值相比不可忽略的荷载,也称为活载。作用在网架结构上的可变荷载主要有屋面活荷载、雪荷载、积灰荷载、风荷载、吊车荷载及施工和检修荷载。其中在荷载组合时,雪荷载与屋面活荷载不必同时考虑,可取两者的较大值。

(1)屋面活荷载

网架结构通常用作建筑屋盖结构,屋面活荷载分上人和不上人两种情况分别确定,一般不上人屋面均布活荷载标准值可取 $0.5 \ \text{kN/m}^2$(当施工或维修荷载较大时,应按照实际情况采用),上人屋面均布活荷载标准值取 $2.0 \ \text{kN/m}^2$,其他荷载代表值如表 2-1 所示。

表 2-1　网架结构屋面活荷载取值

| 项次 | 类别 | 标准值 ($\text{kN/m}^2$) | 组合值系数 $\psi_c$ |
|---|---|---|---|
| 1 | 不上人的屋面 | 0.5 | 0.7 |
| 2 | 上人的屋面 | 2.0 | 0.7 |

(2)雪荷载

雪荷载也是网架结构屋面的重要荷载,雪灾已经引起了我国多处网架结构倒塌,必须引起足够的重视。屋面水平投影上的雪荷载的标准值,应按下式计算:

$$s_k = \mu_r s_0 \qquad (2-3)$$

式中:$s_k$——雪荷载标准值($\text{kN/m}^2$);

$\mu_r$——屋面积雪分布系数;

$s_0$——基本雪压($\text{kN/m}^2$)。

基本雪压应采用《荷载规范》规定的方法计算确定的 50 年重现期的雪压,对雪荷载敏感的结构,应采用 100 年重现期的雪压。

（3）积灰荷载

积灰荷载的大小应根据建筑功能类别及外形按照《荷载规范》规定取用。对网架结构屋面的积灰均布荷载,仅用于坡度 $\alpha \leqslant 25°$;当 $\alpha \geqslant 45°$ 时,可不考虑积灰荷载;当 $25° \leqslant \alpha \leqslant 45°$ 时,可按插值法取值。积灰荷载应与雪荷载或不上人屋面均布活荷载两者中的较大值同时考虑。屋面积灰荷载的组合值系数取 0.9（高炉附近取 1.0）。

（4）风荷载

风灾是自然灾害的主要灾变之一。由于网架结构自重轻、跨度大的特点,风灾成为了网架结构及其围护结构损坏的重要原因之一。根据《荷载规范》,计算主要受力构件时风荷载标准值应按下式计算:

$$w_k = \beta_z \cdot \mu_s \cdot \mu_z \cdot w_0 \tag{2-4}$$

式中:$w_k$——风荷载标准值（kN/m²）;

$\beta_z$——高度 $z$ 处的风振系数;

$\mu_s$——风荷载体型系数;

$\mu_z$——风压高度变化系数;

$w_0$——基本风压（kN/m²）。

应采用按《荷载规范》规定的方法确定的 50 年重现期的风压,但不得小于 0.3 kN/m²。风荷载的组合值系数取 0.6。

对于网架的体型系数各国规范出入特别大,一方面是由于网架结构体型很不规则,另一方面测定体型系数的风洞试验存在不确定性。

（5）吊车荷载

网架结构广泛应用于工业厂房中,工业厂房中常设有吊车。吊车形式有两种:一种是悬挂吊车,另一种是桥式吊车。悬挂吊车直接挂在网架下弦节点上,对网架产生竖向荷载和水平荷载。桥式吊车是在吊车梁上行走,通过柱对网架产生吊车水平荷载,而吊车的竖向荷载则由吊车梁传给柱,由柱传到基础。吊车荷载标准值按现行《荷载规范》的有关规定确定。

（6）施工和检修荷载

网架结构施工时必须考虑施工荷载的作用,一些大型的网架结构设置了供检修人员行走的检修马道,因此也需要考虑检修荷载的作用。

针对网架结构施工和检修荷载,《荷载规范》给出了如下规定:

① 设计屋面板、檩条、钢筋混凝土挑檐、悬挑雨篷和预制小梁时,施工或检修集中荷载标准值不应小于 1.0 kN,并应在最不利位置处进行验算;

② 施工荷载、检修荷载的组合值系数应取 0.7。

**3）温度作用**

网架结构一般是高次超静定结构,因温度变化而出现温差时,由于杆件不能自由变形,将会在杆件中产生应力,即温度应力。温差的大小主要由网架支座安装完成时的温度与当地年最高或最低气温有关,也与工业厂房生产过程中的最高或者最低气温有关。

（1）网架不考虑温度应力的条件

《空间网格结构技术规程》（JGJ 7—2010）（下文简称为《网格规程》）规定,网架结构如符合

以下条件之一,可不考虑由于温度变化而引起的内力:

① 支座节点的构造允许网架侧移,其允许侧移值大于或等于网架结构的温度变形;

② 网架周边支承,当网架验算方向跨度小于 40 m 时,且支承结构为独立柱;

③ 在单位力作用下,柱顶位移值等于或大于式(2-5)的计算值。

$$u = \frac{L}{2\xi EA_{\mathrm{m}}}\left(\frac{E\alpha\Delta t}{0.038f} - 1\right) \tag{2-5}$$

式中:$L$—— 网架结构在验算方向的跨度(m);

$E$—— 钢材的弹性模量(N/mm²);

$A_{\mathrm{m}}$—— 支承(上承或下承)平面弦杆截面积的算术平均值(mm²);

$\xi$—— 系数,支承平面弦杆为正交正放取为 1.0,正交斜放取为 $\sqrt{2}$,三向取为 2.0;

$\alpha$—— 钢材的线膨胀系数(1/℃);

$\Delta t$—— 计算温差(℃),以升高为正值;

$f$—— 钢材强度设计值(N/mm²)。

上述三条规定是根据网架因温差而引起温度应力不会超过钢材强度设计值 5% 而制定的。目前国内在不少工程中采用板式橡胶支座,它们可满足第一条规定。第二条规定是根据国内已建成的多座网架的经验,当考虑温差 $\Delta t = 30℃$,网架跨度小于 40 m,只要是钢筋混凝土独立柱,其柱顶位移 $u$ 都可按式(2-5)计算。

当网架支座节点的构造使网架沿约束边界的法向不能相对位移时,由温度变化引起的柱顶水平力可按下式计算:

$$F_{\mathrm{c}} = \frac{\alpha\Delta tL}{\dfrac{L}{\xi EA_{\mathrm{m}}} + \dfrac{2}{K_{\mathrm{c}}}} \tag{2-6}$$

式中:$K_{\mathrm{c}}$—— 悬臂柱的水平刚度(N/mm),可按下式计算:

$$K_{\mathrm{c}} = \frac{3E_{\mathrm{c}}I_{\mathrm{c}}}{H_{\mathrm{c}}^3} \tag{2-7}$$

式中:$E_{\mathrm{c}}$—— 柱子材料的弹性模量(N/mm²);

$I_{\mathrm{c}}$—— 柱子的截面惯性矩(mm⁴),当为框架柱时取等代柱的折算惯性矩;

$H_{\mathrm{c}}$—— 柱子高度(mm)。

(2) 温度应力的计算

如不满足上述条件,则需计算因温度变化而引起的杆件内力。目前,温度应力的计算方法有精确的有限单元法和各种近似方法。

有限单元法计算网架结构温度应力的方法适用于各种网架结构形式、各种支承条件和各种温度场变化。它的基本原理是:首先将网架结构各节点加以约束,求出因温度变化而引起的杆件固端内力和各节点的节点不平衡力;然后取消约束,将节点不平衡力反向作用在节点上,用有限单元法求由节点不平衡力引起的杆件内力;最后,将杆件固端内力与节点不平衡力引起的杆件内力叠加,即求得网架结构的杆件温度应力。

当网架结构所有节点均被约束时,因温度变化而引起 $ij$ 杆的固端力为:

$$P_{ij}^t = -E\Delta t \alpha A_{ij} \tag{2-8}$$

式中：$E$—— 钢材的弹性模量（N/mm²）；

$\alpha$—— 钢材的线膨胀系数，一般为 $1.2 \times 10^{-5}/℃$；

$\Delta t$—— 计算温差（℃），以升高为正值；

$A_{ij}$—— $ij$ 杆的截面面积。

#### 4）地震作用

我国是地震多发地区，地震作用不能忽视。网架结构是高次超静定空间结构，具有良好的抗震性能。一般情况下，在抗震设防烈度为 6 度或 7 度的地区，网架屋盖结构可以不进行竖向抗震验算；在抗震设防烈度为 8 度或 9 度的地区，网架屋盖结构应进行竖向抗震验算。在抗震设防烈度为 7 度的地区，网架屋盖结构应进行竖向抗震验算。在抗震设防烈度为 7 度的地区，网架屋盖结构可不进行水平抗震验算；在抗震设防烈度为 8 度的地区，对于周边支承的中小跨度网架可不进行水平抗震验算；在抗震设防烈度为 9 度的地区，对各种网架结构都应进行水平抗震验算。水平和竖向地震作用下网架的内力、位移可采用空间桁架位移法计算，具体求解方法可参考其他专业书籍。

### 2.2.3.2 荷载效应组合

网架结构在施工和使用过程中可能出现多种荷载，应按承载能力极限状态和正常使用极限状态分别进行荷载效应组合，按各自最不利效应组合进行设计。

#### 1）承载能力极限状态

对于承载能力极限状态，应按下列组合值中取最不利值进行设计。

对于非抗震设计，结构构件的荷载效应组合的设计值 $S_d$ 应按下面规定进行计算：

（1）由可变荷载控制的效应设计值，应按照下式进行计算：

$$S_d = \sum_{j=1}^{m} \gamma_{G_j} S_{G_{jk}} + \gamma_{Q_1} \gamma_{L_1} S_{Q_{1k}} + \sum_{i=2}^{n} \gamma_{Q_i} \gamma_{L_i} \psi_{c_i} S_{Q_{ik}} \tag{2-9}$$

式中：$\gamma_{G_j}$—— 第 $j$ 个永久荷载的分项系数，《荷载规范》对其取值规定如下：当永久荷载效应对结构不利时，对于可变荷载效应控制的组合应取 1.2，对于永久荷载效应控制的组合应取 1.35（轻屋面取 1.2 即可）；当永久荷载效应对结构有利时，不应大于 1.0。

$\gamma_{Q_i}$—— 第 $i$ 个可变荷载的分项系数，其中 $\gamma_{Q_1}$ 为主导可变荷载 $Q_1$ 的分项系数。《荷载规范》对其取值规定如下：标准值大于 $4 \text{ kN/m}^2$ 的工业房屋楼面结构的活荷载，应取 1.3，其他情况取 1.4。

$\gamma_{L_i}$—— 第 $i$ 个可变荷载考虑设计使用年限的调整系数，其中 $\gamma_{L_1}$ 为主导可变荷载 $Q_1$ 考虑设计使用年限的调整系数。《荷载规范》对其取值规定如下：对楼面和屋面活荷载，设计年限为 5 年取 0.9，50 年取 1.0，100 年取 1.1，其他年限按照线性插值方法得到；对于荷载标准值可控制的活荷载，设计使用年限调整系数取 1.0；对于雪荷载和风荷载，应取重现期为设计使用年限并按相关条文进行采用。

$S_{G_{jk}}$—— 第 $j$ 个永久荷载标准值 $G_{jk}$ 计算的荷载效应值。

$S_{Q_{ik}}$——第 $i$ 个可变荷载标准值 $Q_{ik}$ 计算的荷载效应值,其中 $S_{Q_{1k}}$ 为诸可变荷载效应中起控制作用者。

$\psi_{c_i}$——第 $i$ 个可变荷载 $Q_i$ 的组合值。

$m$——参与组合的永久荷载数目。

$n$——参与组合的可变荷载数目。

(2)由永久荷载控制的效应设计值,应按照下式进行计算:

$$S_d = \sum_{j=1}^m \gamma_{G_j} S_{G_{jk}} + \sum_{i=1}^n \gamma_{Q_i} \gamma_{L_i} \psi_{c_i} S_{Q_{ik}} \qquad (2-10)$$

上式中的参数含义及取值规定与式(2-9)相同。

对于抗震设计时,结构构件的地震作用效应和其他荷载效应组合的设计值 $S$ 应按下式计算:

$$S = \gamma_G S_{GE} + \gamma_{Eh} S_{Ehk} + \gamma_{Ev} S_{Evk} + \psi_w \gamma_w S_{wk} \qquad (2-11)$$

式中:$S$——结构构件内力组合的设计值,包括组合的弯矩、轴向力和剪力设计值等;

$\gamma_G$——重力荷载分项系数,一般情况应采用 1.2,当重力荷载效应对构件承载力有利时,不应大于 1.0;

$\gamma_{Eh}$、$\gamma_{Ev}$——分别为水平、竖向地震作用分项系数,应按表 2-2 取值;

$\gamma_w$——风荷载分项系数,应采用 1.4;

$S_{GE}$——重力荷载代表值的效应,有吊车时,尚应包括悬吊物重力标准值的效应;

$S_{Ehk}$——水平地震作用标准值的效应,尚应乘以相应的增大系数或调整系数;

$S_{Evk}$——竖向地震作用标准值的效应,尚应乘以相应的增大系数或调整系数;

$S_{wk}$——风荷载标准值的效应;

$\psi_w$——风荷载组合值系数,一般结构取 0.0,风荷载起控制作用的建筑应采用 0.2。

表 2-2　地震作用分项系数

| 地震作用 | $\gamma_{Eh}$ | $\gamma_{Ev}$ |
| --- | --- | --- |
| 仅计算水平地震作用 | 1.3 | 0.0 |
| 仅计算竖向地震作用 | 0.0 | 1.3 |
| 同时计算水平和竖向地震作用(水平地震为主) | 1.3 | 0.5 |
| 同时计算水平和竖向地震作用(竖向地震为主) | 0.5 | 1.3 |

**2)正常使用极限状态**

对于正常使用极限状态,应采用荷载的标准组合进行设计。荷载效应标准组合值 $S$ 应按下式计算:

$$S = S_{G_k} + S_{Q_{1k}} + \sum_{i=2}^n \psi_{c_i} S_{Q_{ik}} \qquad (2-12)$$

### 2.2.4　网架结构计算

网架结构的分析方法大致有四类:①有限元法,包括铰接杆元法、梁元法等;②差分法;

③力法;④微分方程近似解法。具体计算方法比较如表2-3所示。目前,以空间杆系模型和有限元方法为基础的空间桁架位移法是最常用的计算方法。

表 2-3　网架结构计算方法

| 计算模型 | 具体计算方法 | 分析方法 | 适用范围 | 误差(%) |
|---|---|---|---|---|
| 铰接杆系 | 空间桁架位移法 | 有限元法 | 各种类型网架,各种支承条件 | 0 |
| | 交叉梁系梁元法 | | 平面桁架体系网架 | 约5 |
| 梁系 | 下弦内力法 | 差分法 | 蜂窝形三角锥网架 | 0~5 |
| | 交叉梁系差分法 | | 平面桁架体系网架,正放四角锥网架 | 10~20 |
| | 网板法 | | 正放四角锥网架 | 10~20 |
| | 假想弯矩法 | | 斜放四角锥网架,棋盘形四角锥网架 | 15~30 |
| | 交叉梁系力法 | 力法 | 两向交叉平面桁架网架 | 10~20 |
| 平板 | 拟板法 | 微分方程近似解法 | 平面桁架体系网架,角锥体系网架 | 10~20 |
| | 拟夹层板法 | | | 5~10 |

### 2.2.4.1　基本假定

在用空间桁架位移法计算网架结构的内力和变形时,作如下基本假定以简化计算:
(1)网架节点为铰接,每个节点有三个自由度,即 $u$、$v$、$w$,忽略节点刚度的影响;
(2)荷载作用在网架节点上,杆件只承受轴向力;
(3)材料在弹性阶段工作,符合胡克定律;
(4)网架变形很小,由此产生的影响予以忽略。
实践证明,根据以上假定的计算结果与实验值极为接近。

### 2.2.4.2　单元刚度矩阵

网架中取出任一杆件 $ij$(图 2-17),设在外力作用下,杆的两端分别有轴向力 $F_{ij}$ 和 $F_{ji}$,轴向位移为 $\Delta_i$ 和 $\Delta_j$,其正方向与节点 $i$ 至节点 $j$ 方向一致,由材料力学可知:

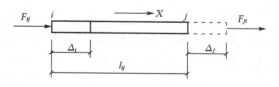

图 2-17　$ij$ 杆的内力和位移

$$\begin{cases} F_{ij} = \dfrac{EA_{ij}}{l_{ij}}(\Delta_i - \Delta_j) \\ F_{ji} = \dfrac{EA_{ij}}{l_{ij}}(\Delta_j - \Delta_i) \end{cases} \tag{2-13}$$

式中:$l_{ij}$——杆件长度;

　　$E$——弹性模量;

　　$A_{ij}$——杆件的截面面积。

写成矩阵形式为:

$$\begin{bmatrix} F_{ij} \\ F_{ji} \end{bmatrix} = \frac{EA_{ij}}{l_{ij}} \begin{bmatrix} 1 & -1 \\ -1 & 1 \end{bmatrix} \begin{bmatrix} \Delta_i \\ \Delta_j \end{bmatrix} \tag{2-14}$$

在网架结构整体坐标系 $O\text{-}xyz$ 下,设 $ij$ 杆件节点 $i$ 的坐标为 $(x_i, y_i, z_i)$,节点 $j$ 的坐标为 $(x_j, y_j, z_j)$(图 2-18),则 $ij$ 杆件长度 $l_{ij}$ 为:

$$l_{ij} = \sqrt{(x_j - x_i)^2 + (y_j - y_i)^2 + (z_j - z_i)^2} \tag{2-15}$$

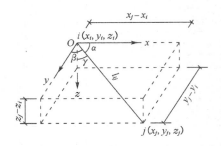

图 2-18　$ij$ 杆在整体坐标系下的坐标　　　　　图 2-19　$ij$ 杆在整体坐标系下的杆端力

设杆件 $ij$ 与整体坐标 $x$、$y$、$z$ 轴的夹角分别为 $\alpha$、$\beta$、$\gamma$,$F_{ij}$ 在 $x$、$y$、$z$ 轴上的分力为 $F_{ix}^j$、$F_{iy}^j$、$F_{iz}^j$,$F_{ji}$ 在 $x$、$y$、$z$ 轴上的分力为 $F_{jx}^i$、$F_{jy}^i$、$F_{jz}^i$(如图 2-18、图 2-19 所示),则:

$$\begin{bmatrix} F_{ix}^j \\ F_{iy}^j \\ F_{iz}^j \\ F_{jx}^i \\ F_{jy}^i \\ F_{jz}^i \end{bmatrix} = \begin{bmatrix} l & 0 \\ m & 0 \\ n & 0 \\ 0 & l \\ 0 & m \\ 0 & n \end{bmatrix} \begin{bmatrix} F_{ij} \\ F_{ji} \end{bmatrix} \tag{2-16}$$

$$\boldsymbol{F}_{ij} = \boldsymbol{T} \cdot \overline{\boldsymbol{F}} \tag{2-17}$$

式中:$l = \cos \alpha = \dfrac{x_j - x_i}{l_{ij}}, m = \cos \beta = \dfrac{y_j - y_i}{l_{ij}}, n = \cos \gamma = \dfrac{z_j - z_i}{l_{ij}}$;

　　$\overline{\boldsymbol{F}}$——$ij$ 杆在局部坐标系下的杆端力列矩阵:$\overline{\boldsymbol{F}} = \begin{bmatrix} F_{ij} & F_{ji} \end{bmatrix}^{\mathrm{T}}$;

　　$\boldsymbol{F}_{ij}$——$ij$ 杆在整体坐标系下的杆端力列矩阵:

$$\boldsymbol{F}_{ij} = \begin{bmatrix} F_{ix}^j & F_{iy}^j & F_{iz}^j & F_{jx}^i & F_{jy}^i & F_{jz}^i \end{bmatrix}^{\mathrm{T}}$$

　　$\boldsymbol{T}$—— 坐标转换矩阵:

$$\boldsymbol{T} = \begin{bmatrix} l & m & n & 0 & 0 & 0 \\ 0 & 0 & 0 & l & m & n \end{bmatrix}^{\mathrm{T}}$$

同理,设杆端位移 $\Delta_i$ 和 $\Delta_j$ 在 $x$、$y$、$z$ 轴上的位移分量分别为 $u_i^j$、$v_i^j$、$w_i^j$ 和 $u_j^i$、$v_j^i$、$w_j^i$,则:

$$\boldsymbol{\delta}_{ij} = \boldsymbol{T} \cdot \overline{\boldsymbol{\delta}} \tag{2-18}$$

$$\overline{\boldsymbol{\delta}} = \boldsymbol{T}^{\mathrm{T}} \cdot \boldsymbol{\delta}_{ij} \tag{2-19}$$

式中:$\overline{\boldsymbol{\delta}}$——$ij$ 杆在局部坐标系下的杆端位移列矩阵:$\overline{\boldsymbol{\delta}} = \begin{bmatrix} \Delta_i & \Delta_j \end{bmatrix}^{\mathrm{T}}$;

　　$\boldsymbol{\delta}_{ij}$——$ij$ 杆在整体坐标系下的杆端位移列矩阵:

$$\boldsymbol{\delta}_{ij} = \begin{bmatrix} u_i^i & v_i^i & w_i^i & u_j^i & v_j^i & w_j^i \end{bmatrix}^{\mathrm{T}} \tag{2-20}$$

代入,由此可得:

$$\boldsymbol{F}_{ij} = \boldsymbol{T} \cdot \overline{\boldsymbol{K}} \cdot \boldsymbol{T}^{\mathrm{T}} \cdot \boldsymbol{\delta}_{ij} = \boldsymbol{K}_{ij} \cdot \boldsymbol{\delta}_{ij} \tag{2-21}$$

式中:$\boldsymbol{K}_{ij}$——杆件 $ij$ 在整体坐标系下的单元刚度矩阵:

$$\boldsymbol{K}_{ij} = \frac{EA_{ij}}{l_{ij}} \begin{bmatrix} l^2 & & & & & \\ ml & m^2 & & & 对 & \\ nl & mn & n^2 & & & 称 \\ -l^2 & -ml & -nl & l^2 & & \\ -ml & -m^2 & -mn & ml & m^2 & \\ -nl & -mn & -n^2 & nl & mn & n^2 \end{bmatrix} \tag{2-22}$$

### 2.2.4.3 总体刚度矩阵

建立了杆件的单元刚度矩阵后,即可遵循节点处位移相容条件和内力条件建立结构的总刚度矩阵。以图 2-20 所示 $i$ 节点为例说明其总刚度矩阵建立原理。设 $i$ 节点有 $ij,ik,\cdots,im,in$ 杆件汇交,作用于 $i$ 节点上的外荷载为 $P_{ix}$、$P_{iy}$、$P_{iz}$,写成矩阵形式:

$$\boldsymbol{P}_i = \begin{bmatrix} P_{ix} & P_{iy} & P_{iz} \end{bmatrix}^{\mathrm{T}} \tag{2-23}$$

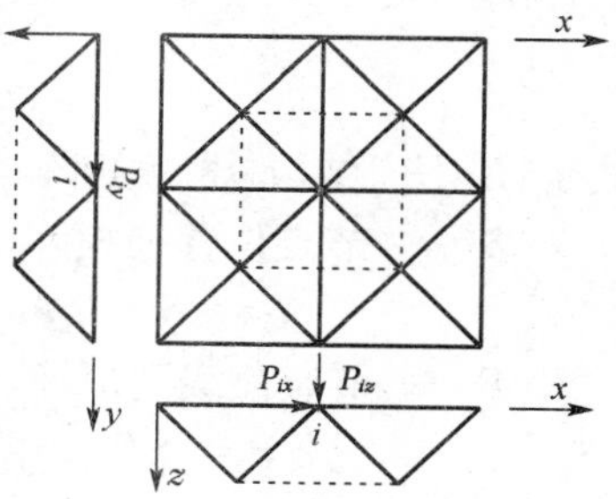

图 2-20 汇交 $i$ 节点的杆件和内力

根据变形协调条件,连接在同一 $i$ 节点上的所有杆件的 $i$ 端位移都相等,即:

$$\boldsymbol{\delta}_{ij} = \boldsymbol{\delta}_{ik} = \cdots = \boldsymbol{\delta}_{im} = \boldsymbol{\delta}_{in} = \boldsymbol{\delta}_i$$

式中:$\boldsymbol{\delta}_{ij},\boldsymbol{\delta}_{ik},\cdots,\boldsymbol{\delta}_{im},\boldsymbol{\delta}_{in}$——杆件 $ij,ik,\cdots,im,in$ 的 $i$ 端位移列矩阵;

$\boldsymbol{\delta}_i$——节点 $i$ 的位移列矩阵,$\boldsymbol{\delta}_i = \begin{bmatrix} u_i & v_i & w_i \end{bmatrix}^{\mathrm{T}}$。

根据内外力的平衡条件,汇交于节点 $i$ 上的所有杆件 $i$ 端的内力之和等于作用在节点 $i$ 上的外荷载:

$$\boldsymbol{F}_{ij} + \boldsymbol{F}_{ik} + \cdots + \boldsymbol{F}_{in} + \boldsymbol{F}_{in} = \boldsymbol{P}_i \tag{2-24}$$

由式(2-24)可写出各杆件杆端的内力与位移关系,即

$ij$ 杆

$$\boldsymbol{F}_{ij} = \boldsymbol{K}_{ii}^j \cdot \boldsymbol{\delta}_i + \boldsymbol{K}_{ij} \cdot \boldsymbol{\delta}_j$$

$ik$ 杆

$$\boldsymbol{F}_{ik} = \boldsymbol{K}_{ii}^k \cdot \boldsymbol{\delta}_i + \boldsymbol{K}_{ik} \cdot \boldsymbol{\delta}_k$$

$\vdots$

$\vdots$

$im$ 杆

$$F_{in} = K_{ii}^m \cdot \boldsymbol{\delta}_i + K_{im} \cdot \boldsymbol{\delta}_m$$

$in$ 杆

$$F_{in} = K_{ii}^n \cdot \boldsymbol{\delta}_i + K_{in} \cdot \boldsymbol{\delta}_n$$

将以上各式代入 $i$ 节点力平衡式,整理得:

$$\sum_{n=1}^c K_{ii}^n \cdot \boldsymbol{\delta}_i + K_{ij} \cdot \boldsymbol{\delta}_j + K_{ik} \cdot \boldsymbol{\delta}_k + \cdots + K_{im} \cdot \boldsymbol{\delta}_m + K_{in} \cdot \boldsymbol{\delta}_n = P_i \tag{2-25}$$

式中:$c$—— 汇交于 $i$ 节点的杆件数;

$\sum\limits_{n=1}^c K_{ii}^n$—— 汇交于 $i$ 节点的各杆单元刚度矩阵中各分块矩阵之和,以下简记为 $K_{ii}$,可按

照以下公式计算:

$$K_{ii} = K_{ii}^j + K_{ii}^k + \cdots + K_{ii}^m + K_{ii}^n$$

对网架结构的所有节点写出力平衡方程,联立起来就形成了结构总刚度方程。如网架有 $n$ 个节点,便可建立 $3n$ 个方程,写成矩阵为:

$$K \cdot \boldsymbol{\delta} = P \tag{2-26}$$

式中:$K$—— 结构总刚度矩阵,由各杆单元刚度矩阵按节点对号入座叠加而成,它是 $3n \times 3n$ 方阵;

$\boldsymbol{\delta}$—— 节点位移列矩阵,即

$$\boldsymbol{\delta} = \begin{bmatrix} u_1 & v_1 & w_1 & \cdots & u_i & v_i & w_i & \cdots & u_n & v_n & w_n \end{bmatrix}^T$$

$P$—— 节点荷载列矩阵,即

$$P = \begin{bmatrix} P_{1x} & P_{1y} & P_{1z} & \cdots & P_{ix} & P_{iy} & P_{iz} & \cdots & P_{nx} & P_{ny} & P_{nz} \end{bmatrix}^T$$

### 2.2.4.4 求解计算

结构总刚度矩阵 $K$ 是奇异的,尚需引入边界条件以消除刚体位移,使总刚度矩阵为正定矩阵。网架的边界约束根据网架的支承情况、支承刚度和支座节点的实际构造决定,有自由、弹性、固定及强迫位移等。某方向自由表示在该方向位移无约束,某方向为弹性边界表示在该方向位移受弹簧刚度约束,某方向固定表示在该方向位移为零,某方向为强迫位移边界表示在该方向位移为一固定值。

经过边界条件处理后的总刚度方程是一个线性方程组,求解这个方程组可得各节点的位移值。求解的方法一般分为两类:直接法和迭代法。计算机计算常用直接法,计算量小,不存在收敛性问题。直接法主要有高斯消去法、直接分解法(LU 分解法)、平方根法(Cholesky 分解法)和改进平方根法。

有了各节点的位移值,就可由式(2-21)得:

$$\begin{bmatrix} F_{ij} \\ F_{ji} \end{bmatrix} = \frac{EA_{ij}}{l_{ij}} \begin{bmatrix} 1 & -1 \\ -1 & 1 \end{bmatrix} \begin{bmatrix} l & m & n & 0 & 0 & 0 \\ 0 & 0 & 0 & l & m & n \end{bmatrix} \begin{bmatrix} u_i \\ v_i \\ w_i \\ u_j \\ v_j \\ w_j \end{bmatrix} \tag{2-27}$$

上式中 $F_{ij}$、$F_{ji}$ 均代表 $ij$ 杆件内力,且两者绝对值相等。因 $F_{ij}$ 正负号与杆件受拉为正、受压为负相一致,故 $F_{ij}$ 作为杆件内力。将式(2-27)展开,得杆件内力:

$$F_{ij} = \frac{EA_{ij}}{l}\left[(u_j - u_i)\cos\alpha + (v_j - v_i)\cos\beta + (w_j - w_i)\cos\gamma\right] \tag{2-28}$$

### 2.2.4.5 网架结构设计验算

网架结构的杆件可采用普通型钢或薄壁型钢,其中圆截面钢管应用最为广泛,因为在截面积相同的条件下,圆管截面具有回转半径大、截面特性无方向性、承载力高等优点。管材应采用高频焊接管或无缝钢管。杆件截面的最小尺寸应根据结构的跨度与网架大小按计算确定,钢管不宜小于 $\phi 48 \times 3$,对大、中跨度网架结构,钢管不宜小于 $\phi 60 \times 3.5$。网架结构杆件分布应保证刚度的连续性,受力方向相邻的弦杆其杆件截面面积之比不宜超过 1.8 倍,多点支承的网架其反弯点处的上、下弦杆宜按构造要求增大截面。

杆件验算包括正应力验算和稳定应力验算。

轴心受拉构件和轴心受压构件的强度,应按下式计算:

$$\sigma = \frac{N}{A_n} \leqslant f \tag{2-29}$$

式中:$\sigma$—— 杆件正应力;

$N$—— 轴心拉力或轴心压力;

$A_n$—— 净截面面积;

$f$—— 钢材的抗拉强度设计值。

轴心受压构件的稳定性验算应按下式计算:

$$\frac{N}{\varphi A} \leqslant f \tag{2-30}$$

式中:$A$—— 构件的毛截面面积;

$\varphi$—— 轴心受压构件的稳定系数。

应根据构件的长细比 $\lambda$、钢材屈服强度以及构件截面分类,查阅《钢结构设计规范》(GB 50017—2003)附录 C 采用。

由于网架(网壳)杆件和节点都是在工厂加工现场安装,而网架(网壳)又是高次超定静结构,在结构中会产生很大的安装应力和其他缺陷,影响结构承载力,建议对应力比($\sigma/f$)进行控制,一般不应超过 0.9。重要结构应做专门研究。

在网架结构杆件验算时,需要验算杆件的长细比,构件长细比计算如下:

$$\lambda = \frac{l_0}{i}$$

式中:$l_0$—— 杆件的计算长度,按照表 2-4 采用;

$i$—— 杆件截面的回转半径,$i = \sqrt{I/A}$,$I$ 为杆件截面的惯性矩。

表 2-4　杆件的计算长度 $l_0$

| 结构体系 | 构件形式 | 节点形式 | | | | |
|---|---|---|---|---|---|---|
| | | 螺栓球 | 焊接空心球 | 板节点 | 毂节点 | 相贯节点 |
| 网架 | 弦杆及支座腹杆 | $1.0l$ | $0.9l$ | $1.0l$ | — | — |
| | 腹杆 | $1.0l$ | $0.8l$ | $1.0l$ | — | — |

注：$l$ 为杆件的几何长度(即节点中心间距离)。

杆件的长细比应有一定的限值,这主要是由于杆件过大长细比会导致杆件产生较大的初弯曲,而初弯曲的存在会导致压杆过早地丧失稳定。为了避免较小受力导致截面选择过小,《网格规程》对杆件的长细比 $\lambda$ 做了要求：

$$\lambda \leqslant [\lambda] \tag{2-31}$$

式中：$[\lambda]$——杆件容许长细比,按表 2-5 采用。

表 2-5　杆件的容许长细比 $[\lambda]$

| 结构体系 | 杆件形式 | 杆件受拉 | 杆件受压 | 杆件受压与压弯 | 杆件受拉与拉弯 |
|---|---|---|---|---|---|
| 网架 | 一般杆件 | 300 | 180 | — | — |
| | 支座附近杆件 | 250 | | | |
| | 直接承受动力荷载杆件 | 250 | | | |

此外,为了避免网架结构整体发生过大的变形,综合近年来国内外的工程设计与使用经验,《网格规程》规定：网架结构在恒荷载与活荷载标准值作用下的最大挠度值不宜超过表 2-6 的容许挠度。

表 2-6　网架结构的容许挠度

| 结构体系 | 屋盖结构(短向跨度) | 楼盖结构(短向跨度) | 悬挑结构(悬挑跨度) |
|---|---|---|---|
| 网架 | 1/250 | 1/300 | 1/125 |

## 2.2.5　网架节点设计

在网架结构中,节点起着连接汇交杆件、传递屋面荷载和吊车荷载的作用。网架又属于空间杆件体系,汇交于一个节点上的杆件至少有 3 根,多的可达 13 根,这给节点设计增加了一定难度。网架的节点数量多,节点用钢量占整个网架杆件用钢量的 1/5~1/4。合理设计节点对网格的安全度、制作安装、工程进度、用钢量指标以及工程造价都有直接影响。节点设计是网架设计的重要环节之一。

网架结构的节点形式有很多,常用的节点有下列几种：

### 2.2.5.1　螺栓球节点

螺栓球节点是国内常用节点形式之一。它由实心球、销子、套筒、锥头或封板、高强螺栓等零件组成,如图 2-21 所示。

　　螺栓球节点除具有对汇交空间杆件适用性强、杆件对中方便和连接不产生偏心等优点外，还可避免大量的现场焊接工作；零配件工厂加工，使产品工厂化，保证工程质量；运输和安装方便，可以根据工地施工情况，采用散装、分条拼装等安装方法。它可用于任何形式的网格，螺栓球节点在构造上比较接近于铰接计算模型，因此适用于双层以及双层以上的空间网格结构中圆钢管杆件的节点连接，目前常用于角锥体系的网架。

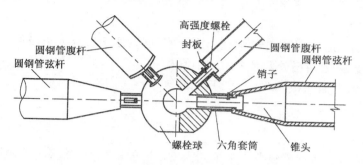

图 2-21　螺栓球节点示意图

　　螺栓球节点的连接构造原理是：先将置有高强螺栓的锥头或封板焊在钢管杆件的两端，在伸出锥头或封板的螺杆上套入长形六角套筒（或称长形六角无纹螺母），并以销子或紧固螺钉将螺栓与套筒卡在一起，拼装时直接拧动长形六角套筒，通过销钉或紧固螺钉带动螺栓转动，从而使螺栓旋入球体，直至螺栓与封板或锥头贴紧为止，见图 2-21。螺栓拧紧程度通过销钉或螺钉来控制。

## 1）高强螺栓设计

　　对于 M12～M36 的高强度螺栓（如图 2-22），其强度等级应按 10.9 级选用；对于 M39～M64 的高强度螺栓，其强度等级应按 9.8 级选用。螺栓的形式和尺寸应符合现行国家标准《钢网架螺栓球节点用高强度螺栓》（GB/T 16939）的要求。

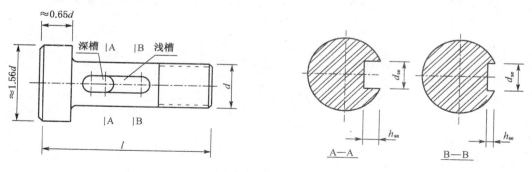

图 2-22　高强螺栓示意图

　　每个高强螺栓的受拉承载力设计值应按下式计算：

$$N_t^b \leqslant A_{\text{eff}} f_t^b \tag{2-32}$$

式中：$N_t^b$——高强螺栓拉力设计值；

　　　$f_t^b$——高强螺栓经热处理后的抗拉强度设计值，10.9 级，取 430 N/mm²。

　　对 9.8 级，为了使其与 10.9 具有相同的抗力分项系数，取 385 N/mm²，设计规程已经考虑螺栓直径对性能等级的影响,在计算高强度螺栓抗拉设计承载力时,不必再乘以螺栓直径对承载力影响系数;$A_{\text{eff}}$为螺栓在螺纹处的有效截面面积:

$$A_{\text{eff}} = \frac{\pi}{4}(d - 0.9382p)^2$$

式中:$p$—— 螺距,随直径变化而变化;

$\quad\quad d$—— 螺栓直径。

《网格规程》给出了常用螺栓的承载力设计值,可以便于设计人员查阅。当螺栓上开有滑槽时,$A_{\text{eff}}$应取螺纹处或滑槽处两者中的较小值。

滑槽处的有效截面面积(如图 2-22 所示):

$$A_{\text{ns}} = \frac{\pi d^2}{4} - d_{\text{se}}h_{\text{se}}$$

式中:$d_{\text{se}}$、$h_{\text{se}}$ 分别为螺栓无螺纹段处滑槽的深槽部位的槽宽度、槽深度,如图 2-22 所示。

螺栓长度 $l_{\text{b}}$ 由构造决定,其值为:

$$l_{\text{b}} = \xi d + l_{\text{s}} + \delta \tag{2-33}$$

式中:$\xi$—— 螺栓伸入钢球的长度与螺栓直径之比,一般取 1.1;

$\quad\quad d$—— 螺栓直径;

$\quad\quad l_{\text{s}}$—— 套筒长度;

$\quad\quad \delta$—— 锥头底板厚度或封板厚度(mm)。

### 2)螺栓球设计

螺栓球按其加工成型方法可分为锻压球和铸钢球两种。铸造钢球质量不易保证,故多用锻压的钢球,其受力状态为多向受力,试验表明,不存在螺栓球破损问题。

在螺栓球直径计算时,《网格规程》给出了空间网格结构螺栓球最小直径控制公式如下所示:

$$D \geqslant \sqrt{\left(\frac{d_2}{\sin\theta} + \frac{d_1}{\tan\theta} + 2\xi d_1\right)^2 + \eta^2 d_1^2} \tag{2-34}$$

$$D \geqslant \sqrt{\left(\frac{\eta d_2}{\sin\theta} + \frac{\eta d_1}{\tan\theta}\right)^2 + \eta^2 d_1^2} \tag{2-35}$$

式中:$D$—— 螺栓球直径;

$\quad\quad d_1, d_2$—— 螺栓直径,且有 $d_1 > d_2$;

$\quad\quad \theta$—— 两相邻杆件夹角;

$\quad\quad \xi$—— 螺栓深入螺栓球的长度与螺栓直径之比,取 $\xi = 1.1$;

$\quad\quad \eta$—— 套筒外接圆直径与螺栓直径之比,取 $\eta = 1.8$。

《网格规程》给出的控制推导不准确,一些参考文献中给出了 $\theta < 30°$ 时避免封板相碰的控制公式,但并未被《网格规程》采纳,节点设计时仍缺少杆件相碰控制公式,也没有考虑螺栓球节点配件尺寸的制作误差。

螺栓球的大小取决于螺栓的直径、杆件直径、相邻杆件的夹角和螺栓伸入球体的长度等因素,目的是避免 3 种节点零部件相碰的情况:螺栓相碰、套筒相碰和杆件相碰,杆件相碰又包含封板和杆件相碰、锥头和杆件相碰、锥头和锥头相碰。下面将对所有相碰情况进行推导,得到相应的螺栓球直径控制公式。

(1)螺栓球直径由螺栓相碰控制

螺栓相碰示意图如图 2-23 所示,$R = OH$ 为螺栓球半径,等于 $OF + FG + GH$;又有 $FG = \xi d_2$ 为螺栓深入长度,$GH = R - OG = R - \sqrt{R^2 - 0.25a_2^2}$ 为螺栓球削面量,$OG$ 为削面中心距。建议以削面中心距控制削面量,以消除螺栓球几何误差影响。

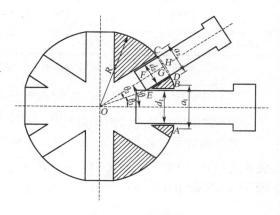

**图 2-23 螺栓相碰**

利用角度关系式:

$$\frac{d_2}{2\sin\theta_2} = \frac{d_1}{2\sin\theta_1}$$

又 $\theta_1 = \theta - \theta_2$,故:

$$d_2(\sin\theta\cos\theta_2 - \cos\theta\sin\theta_2) = d_1\sin\theta_2$$

将两边同时除以 $\cos\theta_2$,化简后可得:

$$\tan\theta_2 = \frac{d_2\sin\theta}{d_2\cos\theta + d_1}$$

故:

$$OF = \frac{d_2}{2\tan\theta_2} = \frac{d_2}{2\tan\theta} + \frac{d_1}{2\sin\theta}$$

将 $OF$、$FG$、$GH$ 代入几何关系式得:

$$R = \frac{d_2}{2\tan\theta} + \frac{d_1}{2\sin\theta} + \xi d_2 + R - \sqrt{R^2 - 0.25a_2^2}$$

式中:$a_2$ 为削面直径,即较小直径螺栓对应的套筒的内切圆直径。整理得到螺栓球直径:

$$D = \sqrt{\left(\frac{d_2}{\tan\theta} + \frac{d_1}{\sin\theta} + 2\xi d_2\right)^2 + a_2^2} \tag{2-36}$$

螺栓球节点零配件在制作时会产生误差,为了保证节点设计的准确应考虑误差影响,各误差取值如表 2-7 所示。考虑误差之后,$d' = d + \Delta_d$(参数带上标"$'$"表示考虑误差,其他参数类似),最终得到由螺栓控制的螺栓球最小直径公式如下:

$$D \geqslant \sqrt{\left(\frac{d_2'}{\tan\theta'} + \frac{d_1'}{\sin\theta'} + 2\xi d_2'\right)^2 + a_2'^2} \tag{2-37}$$

表 2-7  节点零配件误差取值

| 参数 | 螺栓直径 $\Delta_d$ (mm) | 套筒内切圆直径 $\Delta_a$ (mm) | 套筒外接圆直径 $\Delta_b$ (mm) | 套筒长度 $\Delta_s$ (mm) | 杆件夹角 $\Delta_\theta$ (′) | 锥头长度 $\Delta_c$ (mm) | 杆件锥头直径 $\Delta_{Di}$ (mm) | 锥头小端直径 $\Delta_e$ (mm) |
|---|---|---|---|---|---|---|---|---|
| 误差值 | 0.35[①] | 1 | 1 | −0.2 | −30[②] | −1.5 | 1.5 | 0.5 |

注：① M12 至 M16 螺栓取 $\Delta_d = 0.35$，M20 至 M30 螺栓取 $\Delta_d = 0.42$，M33 至 M48 螺栓取 $\Delta_d = 0.5$，M52 至 M64 螺栓取 $\Delta_d = 0.6$；

② $\theta$ 越小直径 $D$ 越大，计算时 $\Delta_\theta$ 取负值能使计算结果偏安全。

（2）螺栓球直径由套筒相碰控制

套筒相碰示意图如图 2-24 所示，有如下几何关系式：$OI = OF + FI$。又 $OF = \sqrt{R^2 - 0.25a_1^2}$，$FI = r$，根据角度关系：

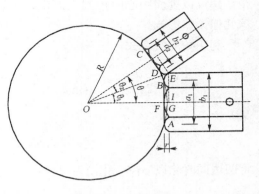

$$\frac{b_2}{2\sin\theta_2} = \frac{b_1}{2\sin\theta_1}$$

又 $\theta_2 = \theta - \theta_1$，将两边同时除以 $\cos\theta_1$ 得：

$$\tan\theta_1 = \frac{b_1\sin\theta}{b_2 + b_1\cos\theta}$$

图 2-24  套筒相碰

故 $OI = \dfrac{b_1}{2\tan\theta_1} = \dfrac{b_2}{2\sin\theta} + \dfrac{b_1}{2\tan\theta}$

将 $OF$、$FI$、$OI$ 代入几何关系式得：

$$\frac{b_2}{2\sin\theta} + \frac{b_1}{2\tan\theta} = \sqrt{R^2 - 0.25a_1^2} + r$$

整理得：

$$D = \sqrt{\left(\frac{b_2}{\sin\theta} + \frac{b_1}{\tan\theta} - 2r\right)^2 + a_1^2} \tag{2-38}$$

式中：$r$——套筒倒角长度；

$a_1$——较大直径螺栓对应的套筒的内切圆直径；

$b_1$、$b_2$——套筒外接圆直径，且 $b_1 > b_2$。

套筒倒角长度 $r$ 一般不会在螺栓球配件库中给出，若 $r = 0$，则计算结果将偏安全，由此可得由套筒控制的螺栓球最小直径公式为：

$$D \geqslant \sqrt{\left(\frac{b_2'}{\sin\theta'} + \frac{b_1'}{\tan\theta'}\right)^2 + a_1'^2} \tag{2-39}$$

（3）螺栓球直径由锥头（封板）和杆件相碰控制

a. 封板和杆件相碰控制

封板和杆件相碰示意图如图 2-25 所示，有如下几何关系：

$$OC^2 + IC^2 = OG^2 + GI^2$$

其中：

$$OC = OA + AC = \sqrt{R^2 - 0.25a_1^2} + S_1$$
$$IC = 0.5D_1 \qquad GI = 0.5D_2$$
$$OH = OC + CH = \sqrt{R^2 - 0.25a_1^2} + S_1 + 0.5D_1\tan\theta$$

又 $OG = OH\cos\theta$，令 $\Delta = \sqrt{R^2 - 0.25a_1^2} + S_1$，将以上各参数代入几何关系公式整理得：

$$\Delta^2 \cdot \sin^2\theta - \Delta \cdot D_1\sin\theta\cos\theta + 0.25D_1^2\cos^2\theta - 0.25D_2^2 = 0$$

解以上一元二次方程可得：$\Delta = \dfrac{D_1\cos\theta \pm D_2}{2\sin\theta}$

通过整理，得到控制公式如下：

$$D \geqslant \sqrt{\left(\frac{D_1'}{\tan\theta'} + \frac{D_2'}{\sin\theta'} - 2S_1'\right)^2 + a_1'^2} \tag{2-40}$$

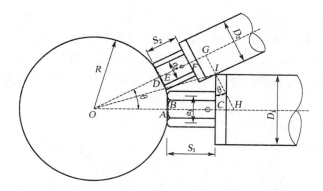

图 2-25　封板和杆件相碰

b. 锥头和杆件相碰控制

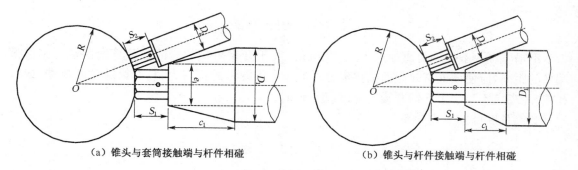

（a）锥头与套筒接触端与杆件相碰　　　　　（b）锥头与杆件接触端与杆件相碰

图 2-26　锥头和杆件相碰

锥头和杆件相碰有两种情况，相碰示意图如图 2-26 所示。第一种情况和第二种情况都可以看作锥头和杆件相碰。第一种情况，锥头与套筒接触端与杆件相碰（图 2-26（a）所示），可以把锥头看作直径为 $e_1$ 的封板，代入式（2-40）得到由锥头和杆件控制的螺栓球最小直径公式为：

$$D \geqslant \sqrt{\left(\frac{e_1'}{\tan\theta'} + \frac{D_2'}{\sin\theta'} - 2S_1'\right)^2 + a_1'^2} \qquad (2\text{-}41)$$

式中：$e_1$——锥头与套筒接触端锥头直径。

第二种情况，锥头与杆件接触端与杆件相碰（图 2-26（b）所示），可以把锥头看作直径为 $D_1$ 的封板，但此时套筒长度应是 $S_1 + c_1$，代入式（2-41）得由锥头和杆件控制的螺栓球最小直径公式为：

$$D \geqslant \sqrt{\left[\frac{D_1'}{\tan\theta'} + \frac{D_2'}{\sin\theta'} - 2(S_1' + c_1')\right]^2 + a_1'^2} \qquad (2\text{-}42)$$

螺栓球直径的增大将使节点用钢量显著增加，因此，减小球体直径，改进球体形式，对降低节点用钢量有很好的效果。由以上推导可知，本书公式较之《网格规程》公式更加全面，更加精确，两者有较大的差异。

### 3）套筒设计

套筒是六角形的无纹螺母（图 2-27），主要作用是拧紧螺栓和传递杆件轴向压力，设计时其外形尺寸应符合扳手开口尺寸系列，端部应保持平整。套筒内孔径一般比螺栓直径大 1 mm。套筒可按现行国家标准《钢网架螺栓球节点用高强度螺栓》的规定与高强螺栓配套使用，对于受压杆件的套筒应根据其传递的最大压力值验算其抗压承载力和端部有效截面积的局部承压力。

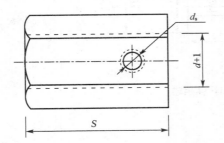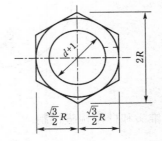

图 2-27　套筒示意图

滑槽宽度一般比销钉直径大 1.5～2 mm。对于开设滑槽的套筒应验算套筒端部到滑槽端部的距离，应使该处有效截面的抗剪力不低于紧固螺钉的抗剪力，且套筒端到开槽端（或钉孔端）距离应不小于 1.5 倍开槽的宽度或 6 mm。

套筒长度可按下式计算：

$$S = a + b_1 + b_2 \qquad (2\text{-}43)$$

式中：$a$——螺栓杆上的滑槽长度：$a = (\xi d - c + d_s + 4)$ mm；

$\quad b_1$——套筒右端至螺栓杆上最近端距离，通常取 $b_1 = 4$ mm；

$\quad b_2$——套筒左端至螺钉孔距离，通常取 $b_2 = 6$ mm；

$\quad \xi d$——螺栓深入钢球的长度；

$\quad c$——螺栓露出套筒的长度，可取 $c = 4 \sim 5$ mm，但不应小于 2 个螺距；

$\quad d_s$——紧固螺钉直径。

套筒作用是将杆件轴向压力传给螺栓球,套筒应进行承压验算,其验算公式为:

$$\sigma_c = \frac{N_c}{A_n} \leqslant f \tag{2-44}$$

式中:$N_c$——被连接杆件的轴心压力;

$f$——套筒所用钢材的抗压强度设计值。

$A_n$——套筒在紧固螺钉孔处的净截面面积,可按下式计算:

$$A_n = \left[\frac{3\sqrt{3}}{2}R^2 - \frac{\pi(d+1)^2}{4}\right] - \left[\frac{\sqrt{3}}{2}R - \frac{(d+1)}{2}\right]d_s \tag{2-45}$$

式中:$R$——套筒的外接圆半径,可取 $R \approx 0.9d$;

$d$——销钉直径;

$d_s$——螺钉直径。

对于承受圆钢管杆件传来轴心压力的套筒,还应验算套筒端部的承压强度:

$$\sigma_{ce} = \frac{N}{A_{ce}} \leqslant f_{ce} \tag{2-46}$$

式中:$f_{ce}$——套筒所用钢材的端面承压强度设计值;

$A_{ce}$——套筒端部的实际承压面积,对于套筒开螺钉孔,可以按照下式进行计算:

$$A_{ce} = \frac{\pi}{4}\left[3R^2 - (d+1)^2\right] \tag{2-47}$$

式中:$d$——高强螺栓直径。

**4) 锥头和封板设计**

封板和锥头(如图 2-28 所示)主要起连接钢管和螺栓的作用,承受杆件传来的拉力和压力。当杆件管径大于或等于 76 mm 时,宜采用锥头连接;当杆件管径小于 76 mm 时,可采用封板连接。

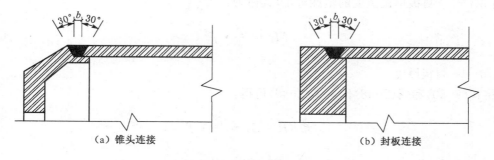

(a) 锥头连接　　　　　　　　　　(b) 封板连接

图 2-28　封板和锥头示意图

锥头强度应与连接钢管等强。封板或锥头与杆件的连接焊缝,应满足构造要求,焊缝宽度 $b$ 可根据连接钢管壁厚取 2~5 mm,当钢管壁厚小于 10 mm 时,取 $b = 2$ mm。锥头任何截面的承载力不应低于连接钢管,封板厚度应按实际受力大小计算确定,并不应小于表 2-8 中数值。锥头底板外径宜较套筒外接圆直径大 1~2 mm,锥头底板内平台直径宜比螺栓头直径大

2 mm。锥头倾角应小于 40°。锥头或封板内径与钢管内径相匹配,不允许有正公差,要求公差 -1.0~0.0 mm;台阶长度 5~8 mm,锥头或封板台阶外圆端部开 30°剖口,钢管端部应开 30° 剖口,并在此处采用 V 形对接二级焊缝,以使焊缝与管材等强。

表 2-8 封板及锥头底板厚度

| 高强度螺栓规格 | 封板/锥头底厚(mm) | 高强度螺栓规格 | 锥头底厚(mm) |
|---|---|---|---|
| M12、M14 | 12 | M36~M42 | 30 |
| M16 | 14 | M45~M52 | 35 |
| M20~M24 | 16 | M56×4~M60×4 | 40 |
| M27~M33 | 20 | M64×4 | 45 |

(1)封板

假定封板周边固定,按塑性理论进行设计。假定封板为开口圆板,螺栓受力 $N$ 通过螺头均匀地传给封板开口边,其单位宽度板承受的集中力 $Q_0$ 为:

$$Q_0 = \frac{N}{2\pi S} \tag{2-48}$$

式中:$S$—— 螺头中心至板的中心距离;

$N$—— 杆件的拉力。

封板周边径向弯矩 $M_r$ 为:

$$M_r = Q_0(R - S) \tag{2-49}$$

式中:$R$—— 封板的半径。

当周边径向弯矩 $M_r$ 达到塑性铰弯矩 $M_T$ 时,封板失去承载力,即:

$$M_r = M_T \tag{2-50}$$

式中:$M_T$—— 封板单位宽度的塑性弯矩,其值为:

$$M_T = \frac{\delta^2}{4} \cdot f_y \tag{2-51}$$

式中:$\delta$—— 封板厚度。

将式(2-50)和式(2-48)代入式(2-49)可得:

$$Q_0(R - S) = \frac{\delta^2}{4} \cdot f_y$$

$$\frac{N}{2\pi S}(R - S) = \frac{\delta^2}{4} \cdot f_y$$

考虑了材料抗力分项系数后,封板厚度与拉力关系为:

$$\delta = \sqrt{\frac{2N(R - S)}{\pi R f}} \tag{2-52}$$

式中:$f$—— 钢板强度设计值。

《网格规程》规定封板厚度不宜小于钢管外径的 1/5。这里考虑式（2-52）求出的板厚，对小管径杆件偏小，故对最小厚度加以限制。

（2）锥头

锥头主要承受来自螺栓的拉力或来自套筒的压力，是杆件与螺栓（或套筒）之间过渡的零配件，也是螺栓球节点的重要组成部分。理论分析表明：锥头的承载力主要与锥顶厚度、连接杆件外径、锥头斜率等有关，采用回归分析方法，当钢管直径为 75～219 mm，锥头材料采用 Q235 时，锥头受拉承载力设计值可按下式验算：

$$N_t \leqslant 0.33 \left(\frac{k}{D}\right)^{0.22} \cdot h_1^{0.56} \cdot d_1^{1.35} \cdot D_1^{0.67} \cdot f \tag{2-53}$$

式中：$N_t$——锥头受拉承载力设计值（kN）；

$D$——钢管外径（mm）；

$D_1$——锥顶外径（mm）；

$h_1$——锥顶厚度（mm）；

$k$——锥头斜率，$k = \dfrac{D - D_1}{2h_2}$；

$h_2$——锥头高度（mm）；

$d_1$——锥头顶板孔径（mm），$d_1 = (d + 1)$ mm；

$d$——螺栓直径（mm）；

$f$——钢材强度设计值（kN/mm²）。

上式必须满足 $D > D_1$，且 $5 \geqslant r \geqslant 2 \left(r = \dfrac{1}{k}\right)$，$\dfrac{h_2}{D_1} \geqslant \dfrac{1}{5}$。

### 5）紧固螺钉

紧固螺钉（如图 2-29 所示）是套筒和螺栓联系的媒介，通过它使套筒旋转时推动螺栓拧入螺栓球球内。在旋转套筒过程中，紧固螺钉承受剪力，剪力大小与螺栓伸入钢球的摩阻力有关。为减少滑槽对螺栓有效截面的削弱，紧固螺钉直径应尽可能小些，宜采用高强钢制作，其销子直径一般取螺栓直径的 1/8～1/7，不宜小于 3 mm，也不宜大于 8 mm。采用螺钉的直径为螺栓直径的 1/5～1/3，不宜小于 4 mm，也不宜大于 10 mm，螺纹按 3 级精度加工。

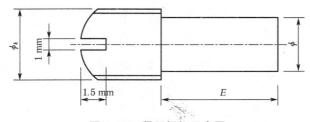

**图 2-29  紧固螺钉示意图**

紧固螺钉的尺寸应根据套筒的厚度和高强螺栓杆上的浅槽深度、深槽深度及其构造要求来确定。

#### 2.2.5.2 焊接空心球节点

网架杆件内力很大时（一般大于 750 kN），若仍采用螺栓球节点，会造成钢球过大导致用钢量增多，此时宜考虑使用焊接空心球节点。焊接空心球节点是我国采用最早也是目前应用较广的一种节点。它是由两个半球对焊而成，分成不加肋（图 2-30）和加肋（图 2-31）两种。半球有冷压和热压两种成型方法，热压成型简单，不需很大压力，用得最多；而冷压不但需要较大压力，要求材质好，而且对磨具磨损较大，目前已很少采用。热压成型时，首先将钢板剪成圆板，再将圆板加热后放在模具上，再用冲压机压成半球，最后对半圆球进行机械加工和焊接。

焊接空心球适用于圆钢管连接，具有构造简单，传力明确，连接方便的优点，只要切割面垂直杆件轴线，杆件就能在空心球上自然对中而不产生节点偏心。由于球体无方向性，可与任意方向的杆件相连，当汇交杆件较多时，其优点更为突出，因此它的适应性强，可用于各种形式的网格结构。

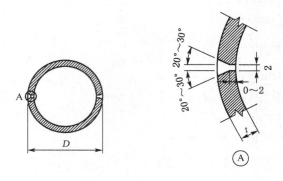

图 2-30　不加肋空心球

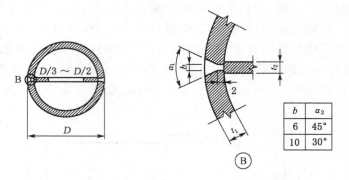

图 2-31　加肋空心球

#### 1）构造要求

（1）空心球外径 $D$

在确定空心球外径时，球面上相邻杆件之间的净距 $a$ 不宜小于 10 mm，空心球直径可按下式估算：

$$D = (d_1 + 2a + d_2)/\theta \tag{2-54}$$

式中：$d_1$、$d_2$—— 组成 $\theta$ 角两钢管的外径(mm)；

　　$\theta$—— 汇集于球节点任意两相邻钢管杆件间的夹角(rad)；

　　$a$—— 球面上相邻杆件之间的净距(mm)。

从式(2-54)可知，空心球外径 $D$ 与钢管外径 $d$ 成线性关系。设计中为提高压杆的承载力，常选用管径大、管壁薄的杆件，管径的加大也势必会引起空心球外径的增大，而一般空心球的造价是钢管造价的 2~3 倍，可能会使网架总造价提高；反之，管径减小，球径相应减小，但钢管用钢量增大，网架总造价也不一定经济。研究表明，钢管直径 $d$ 与球径 $D$ 存在合理匹配问题，它反映在压杆长度 $l$ 与空心球外径的合理比值，即：

$$\frac{l}{D} = k \tag{2-55}$$

式中：$l$—— 压杆计算长度；

　　$D$—— 空心球外径；

　　$k$—— 合理系数。

从式(2-55)估算出合理的空心球外径后，再根据构造要求或按下式确定钢管外径：

$$d = \frac{D}{2.7} \tag{2-56}$$

从空心球受力角度出发，两个相邻杆件相汇交对空心球受力有利，但会增加钢管端部加工难度。因此，当空心球直径过大，其连接杆件又较多时，为了减小空心球直径，允许部分腹杆与腹杆或腹杆与弦杆相汇交，但应当满足下列构造要求：

① 所有汇交杆件的轴线必须通过空心球球心；

② 汇交两杆中，截面积大的杆件必须全截面焊在球上（当两杆截面面积相等时，取拉杆，称为主杆），另一杆坡口焊在主杆上，但必须保证有 3/4 截面焊在球上，并按图 2-32 设置加劲肋；

③ 受力大的杆件，可以增设支托板，如图 2-33 所示。

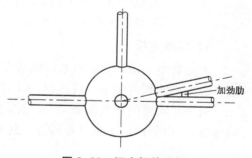

图 2-32　汇交杆件连接

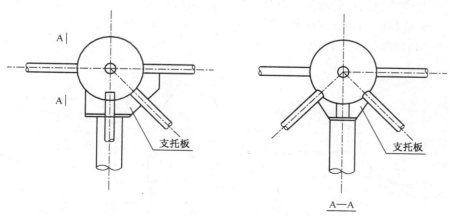

图 2-33　汇交杆件连接增设支托板

（2）空心球的壁厚

应根据杆件内力由计算确定。在构造上根据《网格规程》要求，空心球的外径与壁厚之比宜取 25～45；空心球外径与主钢管外径之比宜取 2.4～3.0；空心球壁厚与主钢管壁厚宜取 1.5～2.0；空心球壁厚不宜小于 4 mm。

（3）肋板

当空心球外径大于或等于 300 mm 且杆件内力较大需要提高承载能力时，球内可加设肋板。当空心球外径大于或等于 500 mm 时，应在球内加肋。肋板必须设在轴力最大杆件的轴线平面内，其厚度不应小于球壁厚。

**2）承载力计算**

当空心球直径为 120～900 mm 时，其受压和受拉承载力设计值的计算公式为：

$$N_{\mathrm{R}} = \eta_0 \left( 0.29 + 0.54 \frac{d}{D} \right) \pi t d f \tag{2-57}$$

式中：$D$—— 空心球的外径（mm）；

$\quad d$—— 与空心球相连的圆钢管杆件的外径（mm）；

$\quad t$—— 空心球壁厚（mm）；

$\quad f$—— 钢材的抗拉强度设计值（N/mm²）；

$\quad \eta_0$—— 大直径空心球节点承载力调整系数，当空心球直径 ≤ 500 mm 时，$\eta_0 = 1.0$；

$\qquad$ 当空心球直径 > 500 mm 时，$\eta_0 = 0.9$。

**3）焊缝连接**

不加肋空心球和加肋空心球的成型对接焊缝，应分别满足图 2-30 和图 2-31 的要求。加肋空心球的肋板可用平台或凸台，采用凸台时，其高度不得大于 1 mm。

对于小跨度的轻型网架，当管壁厚度 $t < 6$ mm 时，圆钢管杆件与空心球之间可采用角焊缝连接，圆钢管内可不加设短衬管。此时按与杆件截面等强的条件计算所需角焊缝尺寸 $h_{\mathrm{f}}$：

$$h_{\mathrm{f}} \geqslant \frac{A_{\mathrm{st}} f}{0.7 \pi d f_{\mathrm{f}}^{w}} \tag{2-58}$$

式中：$A_{\mathrm{st}}$—— 被连接圆钢管杆件的截面面积；

$\quad f$—— 杆件所用钢材的强度设计值；

$\quad d$—— 被连接圆钢管杆件的外直径；

$\quad f_{\mathrm{f}}^{w}$—— 角焊缝强度设计值。

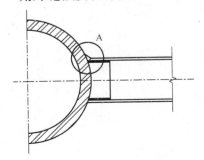
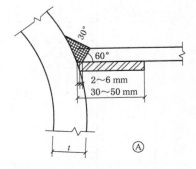

图 2-34　钢管加套管的连接

对于中跨度以上的网架结构,与空心球相连的杆件内力较大,且管壁厚度 $t \geqslant 6$ mm 时,钢管端面应作坡口,并增设短衬管,在钢管与空心球之间应采用留有一定缝隙并予以完全焊透的对接焊缝连接,焊缝质量等级为二级,以实现焊缝与钢管等强。钢管端头可加套管与空心球焊接,其构造如图 2-34 所示。套管壁厚不应小于 3 mm,长度可为 30~50 mm。除了对接焊缝之外,还应采用部分角焊缝予以加强,角焊缝尺寸的取值为:$t \geqslant 10$ mm 时,$h_f = 6$ mm;$t < 10$ mm 时,$h_f = 4$ mm,此处的 $t$ 为球体与圆钢管杆件壁厚中的较小值。

### 2.2.5.3 焊接钢板节点

当网架杆件采用角钢或薄壁型钢时,应采用焊接钢板节点,这种节点适用于弦杆呈两向布置的各类网格结构,如图 2-35 所示。这种节点沿受力方向设节点板,节点板间则以焊缝连成整体,从而形成焊接钢板节点。各杆件连接在相应节点板上,即可形成各种形式的网格结构。这种焊接钢板节点是由在空间呈正交的十字节点板和设于底部或顶部的水平盖板所组成(图 2-35)。

在焊接钢板节点中,十字节点板一般用两块具有企口的钢板对插焊成(图 2-35(a)),也可由两块半板与一块整板正交焊接而成(图 2-35(b))。前者易于保证十字节点板间的正交,但需对板件进行再加工;后者为保证十字节点板的正交,施焊时必须采取相应措施。有时为增加节点的强度和刚度,也可在节点中心加设一段圆钢管,将十字节点板直接焊于中心钢管,从而形成一个由中心钢管加强的焊接钢板节点。

对于双向受力的十字节点板,设计时只需要考虑自身平面内作用力的影响,另一方向作用力的影响可以忽略。当无盖板时,十字板节点可按平截面假定进行设计;当有盖板时,则应考虑十字节点板与盖板的共同工作。它们之间作用力的大小与其抗拉、抗压刚度的比值有关。

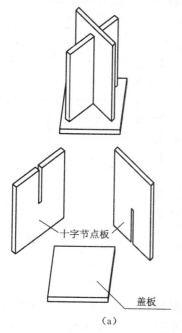

十字节点板

盖板

(a)

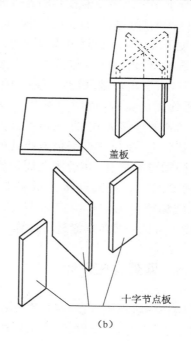

盖板

十字节点板

(b)

图 2-35 焊接钢板节点

　　节点板的厚度一般可参考平面桁架节点板厚度的选择方法选用,可根据网架最大内力参考表 2-9 取值。对于中间节点,可选用表中较小厚度;对于支座节点,可选用表中较大厚度。然后根据网架跨度、工作情况以及节点构造等因素综合考虑决定。节点板太薄易出现焊接咬肉和较大的焊接变形,也容易造成节点的侧向屈曲。

表 2-9　节点板厚度选用表

| 杆件内力(kN) | ≤150 | 160～245 | 260～390 | 400～590 | 600～880 | 890～1 275 |
|---|---|---|---|---|---|---|
| 节点板厚度(mm) | 8 | 8～10 | 10～12 | 12～14 | 14～16 | 16～18 |

　　在设计坡口焊的十字节点板的中间竖向焊缝时,应根据两个方向节点板传来的应力符号是否相同而区别对待。当两个方向应力符号相同时,可近似地按节点板传来的最大应力进行焊缝强度验算,验算时可采用对接焊缝的抗拉、抗压强度设计值。当两个方向节点板传来的应力符号不同时,除按上述方法进行抗拉、抗压强度验算外,尚应验算其抗剪强度。剪应力值可近似地按两个方向节点板传来的绝对值最大的应力乘以系数 $\beta_v$ 求得,即:

$$\tau_{max} = |\sigma_{max}| \cdot \beta_v \tag{2-59}$$

式中:$\sigma_{max}$、$\sigma_{min}$——分别为两个方向节点板传来的最大、最小应力;

　　　　$\beta_v$——随两个方向传来应力的正比值而变化的系数,可由表 2-10 查得。

表 2-10　$\beta_v$ 系数表

| $\sigma_{min}/\sigma_{max}$ | -0.2 | -0.4 | -0.6 | -0.8 | -1.0 |
|---|---|---|---|---|---|
| $\beta_v$ | 0.533 | 0.620 | 0.707 | 0.795 | 0.833 |

　　杆件与十字节点板及盖板间的连接焊缝,一般采用角焊缝,在无盖板的焊接钢板节点中,一般采用两面侧焊,也可采用三面围焊或 L 形围焊(连接强度可根据角焊缝的受剪进行)。当角焊缝强度不足,节点板尺寸又不宜增大,或当没有盖板,且角钢同时与盖板及十字节点板相连时,由于角焊缝只能设置在角钢肢尖处,肢背处无法施焊,此时可采用槽焊与角焊缝相结合的连接方式,即在角钢肢尖处的角焊缝基础上,在与节点钢板连接处的角钢上开设椭圆形的槽孔,并沿槽孔周边施加角焊缝(图 2-36)以提高连接的承载能力。它的基本破坏特征为沿焊缝有效剪切而破坏,承载能力可按一般角焊缝进行计算。

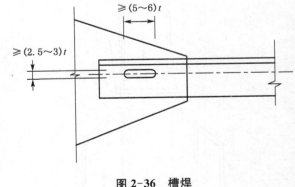

图 2-36　槽焊

## 2.2.6　网架支座设计

　　网架结构一般都搁置在柱顶、圈梁等下部支承结构上。所谓支座节点是指支承结构上的网架结构节点,它是网架结构与支承结构之间联系的纽带,也是整个结构的重要部位。

　　支座节点必须具有足够的强度和刚度,在荷载作用下不先于杆件和其他节点而破坏,也不可产生较大的变形。支座节点构造形式应做到受力明确,连接构造简单,安装方便,安全可靠,经济合理,并应符合计算假定。

支座节点除考虑传递竖向反力给下部支承结构外,根据工程设计需要,还应考虑由于温度、荷载变化而产生水平方向线位移和水平反力的影响。

### 2.2.6.1 支座假定

一般而言,网架搁置在柱或者梁上时,可以认为梁和柱的竖向刚度很大,忽略梁的竖向变形和柱子轴向变形,因此,网架支座竖向位移为零。

当网架跨度较小时(30~40 m),柱子平面内可按不动支座,柱子平面外可按弹性支座,角柱支座两个方向均不动,如图 2-37 所示。不动支座可通过焊死实现,虽然不能反映柱子刚度变化,但也会使各柱间产生约束力及温度应力。然而,由于跨度小荷载轻,这种简化设计在工程中是可以允许的。此外,角柱部位往往有拔力,但拔力不大,角柱部位的焊接支座能够承担。

当网架跨度超过 40 m 时,如果假定柱平面内为不动支座,就会使支座反力误差太大。因此,必须采用仅在设置了柱间支撑处的部位为不动支座,其他支座均为弹性支座,柱平面外仍然为弹性支座,角柱则应为双向弹性支座,否则约束力、温度力太大。另外空间结构

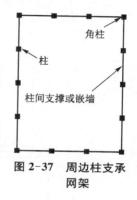

**图 2-37　周边柱支承网架**

受力后会产生空间转动,如限制转动,将使结构产生附加次应力,对螺栓球节点的螺栓受弯产生不利影响。因此,50 m 以上的跨度应考虑采用能转动的支座。支座安装前只允许拧螺栓,等到安装完成后再进行焊接,以避免由于转动而引起的次应力。

### 2.2.6.2 支座节点形式

支座节点形式的选用应根据网架结构的类型、跨度大小、作用荷载情况、杆件截面形状和节点形式等情况合理选择。

网架在竖向荷载作用下,支座节点一般都受压,但有些支座也有可能要承受拉力。根据受力状态,支座节点一般分为压力支座节点和拉力支座节点两大类。压力支座包括平板压力支座节点、单面弧形压力支座节点、双面弧形压力支座节点、球铰压力支座节点等;拉力支座包括平板拉力支座节点、单面弧形拉力支座节点等。

#### 1) 平板压力支座

如图 2-38 所示,适用于较小跨度网格。图 2-38(a)用于焊接钢板节点的网格,图 2-38(b)用于球节点(焊接空心球或螺栓球)的网格。它们通过十字节点板及底板将支座反力传给下部结构。这种节点的预埋锚栓仅起定位作用,安装就位后,应将底板与下部支承面板焊牢。这种节点构造简单,加工方便,用钢量省,但支座底板下应力分布不均匀,与计算假定相差较大,一般适用于较小跨度的网架支座。

节点设计主要过程如下:

(1) 首先需要计算确定底板尺寸和厚度(如图 2-39 所示)。平板支座节点设计与平面桁架支座节点设计相类似,设支座反力为 $R$,验算时支座底板面积按下式计算:

$$A_n = \frac{R}{1.5\beta f_c} \qquad (2-60)$$

式中：$f_c$—— 支座底板下的钢筋混凝土轴心抗压强度设计值；

　　　$\beta$—— 混凝土局部受压时的强度提高系数；

　　　$A_n$—— 支座底板净面积，按下式计算：

$$A_n = a \times b - A_0$$

式中：$A_0$—— 锚栓孔面积，按实际开孔形状计算；

　　　$a$、$b$—— 分别为底板的长度和宽度。

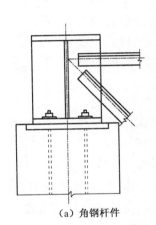 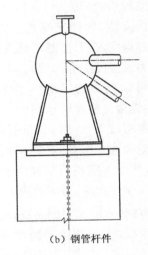

（a）角钢杆件　　　　　　　　　　（b）钢管杆件

**图 2-38　平板压力支座节点**

底板最小尺寸一般不小于 200 mm。

底板的厚度由板的抗弯强度决定。底板可视为一个支承在十字板上面的平板，它承受下部柱支承传来的均匀反力。十字板的端面可视为底板的支承边，并将底板分隔成两相邻边支承区格。在均匀分布的底部反力作用下，各区格单位跨度上的弯矩为：

$$M = \beta_1 q a_1^2$$

$$q = \frac{R}{A_n}$$

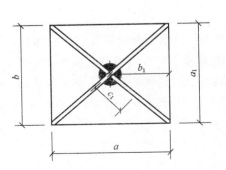 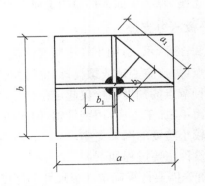

**图 2-39　底板尺寸**

式中：$M$——带加劲肋底板弯矩；

$\beta_1$——系数，由 $b_1/a_1$ 查表 2-11 求得；

$a_1$——两相邻支承边的对角线长度，如图 2-39 所示；

$b_1$——内角顶点至对角线的垂直距离，如图 2-39 所示。

表 2-11　两相邻支承边的矩形板 $\beta_1$ 系数

| $b_1/a_1$ | 0.3 | 0.4 | 0.5 | 0.6 | 0.7 |
|---|---|---|---|---|---|
| $\beta_1$ | 0.026 | 0.042 | 0.056 | 0.072 | 0.085 |

选取各区格的最大弯矩，底板厚度按下式计算：

$$\delta \geqslant \sqrt{\frac{6M_{max}}{f}} \tag{2-61}$$

支座底板不宜太薄，一般不小于 12 mm。

（2）十字板的焊缝验算

支座节点板的侧向垂直加劲肋（即十字板）厚度，一般可以按支座底板厚度的 0.7 倍采用。十字板的焊缝（图 2-39）按下式计算：

$$\sqrt{\tau^2 + \left(\frac{\sigma_f}{\beta_f}\right)^2} = \sqrt{\left(\frac{V}{2 \times 0.7h_f l_w}\right)^2 + \left(\frac{6M}{2 \times 0.7h_f l_w^2 \beta_f}\right)^2} \leqslant f_f^w \tag{2-62}$$

$$V = \frac{R}{4} \tag{2-63}$$

$$M = \frac{R}{4} \cdot c_1 \tag{2-64}$$

式中：$h_f$——十字板竖向焊缝的焊脚尺寸；

$l_w$——十字板竖向焊缝长度；

$c_1$——作用点至竖向焊缝距离，见图 2-39，可取十字板与底板连接焊缝长度的一半；

$\beta_f$——端缝提高系数，当静荷载作用时，$\beta_f = 1.22$；当直接承受动力荷载时，$\beta_f = 1.0$。

（3）十字板与支座底板连接焊缝计算

$$\sigma = \frac{R}{0.7\beta_f h_f \sum l_w} \leqslant f_f^w \tag{2-65}$$

式中：$\sum l_w$——十字板与底板连接焊缝总长。

（4）过渡钢板

在实际设计中要求将支座节点底板上的锚栓孔精确对准已埋入支承柱内的锚栓，对土建施工精度要求较高，因此对传递压力为主的压力支座节点中也可以在支座底板与支承面顶板间增设过渡钢板，如图 2-40 所示。

过渡钢板上设埋头螺栓与支座底板相连，过渡钢板可通过侧焊缝与支承面顶板相连，这种构造支座底板传力虽较间接，但可简化施工。当支座底板面积较大时可

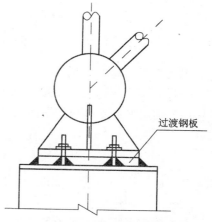

图 2-40　采用过渡钢板的压力支座节点

在过渡钢板上开设椭圆形孔,以槽焊与支承面顶板相连,确保钢板间的紧密接触。

(5) 其他

支座与下部支承结构的连接一般采用锚栓连接,在压力支座情况下可以按构造要求设置,其直径宜在 20~25 mm 范围内采用。锚栓在混凝土中的锚固长度参照《混凝土结构设计规范》(GB 50010—2010)选用,锚固长度不应小于 25 倍锚栓直径,并设置双螺母。支座底板上的锚栓孔径一般取锚栓直径的两倍左右。锚栓孔上应设置垫板,其厚度一般取支座底板厚度的 0.7~1.0 倍,其上锚栓孔径一般比锚栓直径大 1~2 mm。

十字板高度宜尽量减小,其构造高度视支座球直径大小取 100~250 mm,并防止斜杆与支座边缘相碰。十字板与螺栓球节点相连时,应将球体预热至 150~200℃,并以小直径焊条分层对称施焊,并保温缓慢冷却。

**2) 单、双面弧形压力支座**

如图 2-41(a)所示,适用于要求支座节点沿单方向转动的中小跨度网架结构。它是在平板压力支座节点的基础上,在支座底板下设一弧形垫块而成,使沿弧形方向可转动。弧形垫块一般用铸钢制成,也可用厚钢板加工而成。底板反力比较均匀,一般设两个锚栓,而且安置于弧形垫块中心线上。当支座反力较大,支座节点体量较大时,需设四个锚栓,它们置于支座底板的四角,并在锚栓上部加设弹簧盒,见图 2-41(b)。这种节点比较符合不动圆柱铰支承约束条件。

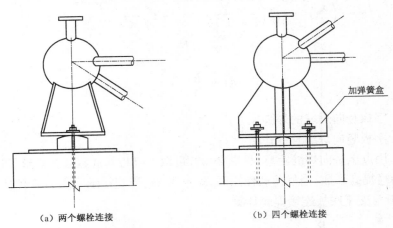

(a) 两个螺栓连接　　　　　(b) 四个螺栓连接

图 2-41　单面弧形压力支座节点

单面弧形支座的底板尺寸和厚度、焊缝计算同平板支座一样。弧形支座板可以按下列内容进行。

(1) 确定弧形支座板的平面尺寸,见图 2-42。

$$a_1 b_1 \geqslant \frac{R}{f} \qquad (2\text{-}66)$$

式中:$a_1$、$b_1$—— 支座板的宽度和长度;

　　　$R$—— 支座垂直反力。

(2) 确定弧形支座板的厚度 $t_1$

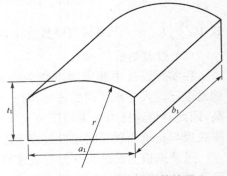

图 2-42　弧形支座板计算简图

支座板反力为 $\dfrac{R}{a_1 b_1}$，按双悬臂梁计算支座板中央截面弯矩，即：

$$M_a = \frac{1}{2}\left(\frac{R}{a_1 b_1}\right) \cdot \left(\frac{a_1}{2}\right)^2 \cdot b_1 = \frac{Ra_1}{8} \tag{2-67}$$

该截面应满足强度条件，即：

$$\sigma_{\max} = \frac{M_a}{W} = \frac{\dfrac{Ra_1}{8}}{\dfrac{b_1 t_1^2}{6}} = \frac{3Ra_1}{4b_1 t_1^2} \leqslant f \tag{2-68}$$

$$t_1 \geqslant \sqrt{\frac{3Ra_1}{4b_1 f}} \ \text{且应满足} \ t_1 \geqslant 50 \text{ mm} \tag{2-69}$$

式中：$f$—— 表示铸钢或钢材的抗弯强度设计值。

　　弧形支座两侧的竖直面高度通常不宜小于 15 mm，一般可以取 30～40 mm。

（3）确定弧形支座板圆弧面半径 $r$

计算公式如下：

$$r \geqslant \frac{(0.42)^2 RE}{b_1 (f_p)^2} \ \text{且应满足} \ r \geqslant 2b_1 \tag{2-70}$$

式中：$E$—— 钢材弹性模量；

　　$f_p$—— 弧形板的承压强度设计值，可按下式计算：

$$f_p = 2.62 f_y$$

$f_y$—— 钢材的屈服强度，当弧形板与支座上支承板采用不同钢种时 $f_y$ 取较小值。

双面弧形压力支座又称摇摆支座节点，适用于温度应力较大且下部支承结构刚度较大的大跨度空间网格结构。它是在支座底板与柱顶板之间设一块上下均为弧形的铸钢块，在它两侧设有从支座底板与支承面顶板上分别焊两块带椭圆孔的梯形钢板，然后用螺栓将它们连成整体。这种节点既可沿弧形转动，又可产生水平移动。但其构造较复杂，加工麻烦，造价较高，对下部结构抗震不利，因此，用于下部支承结构刚度较大的结构。

### 3）橡胶板式支座

如图 2-43 所示，可用于支座反力较大、有抗震要求、温度影响、水平位移较大与有转动要求的大、中跨度空间网格结构。它是在支座底板与支承面之间设置橡胶垫板。橡胶垫板是由多层橡胶片与薄钢板粘合、压制而成。橡胶垫板具有良好的弹性，也可产生较大的剪切变形，因而既可满足支座节点的转动要求，又可在外界水平作用下产生一定变位。

这种节点具有构造简单、安装方便、节省钢材、造价较低等优点，目前使用较广泛，但这种节点橡胶老化、下部支承结构抗震计算等问题有待进一步研究解决。

目前国内的橡胶垫板采用的胶料主要有氯丁橡胶和天然橡胶等，其物理性能和力学性能应分别满足表 2-12 和表 2-13 的要求。

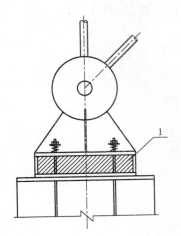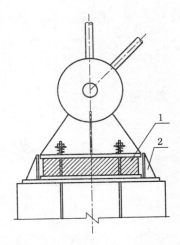

图 2-43 橡胶板式支座节点

注:1——橡胶垫块;2——限位件

表 2-12 胶料的物理性能

| 胶料类型 | 硬度<br>(邵氏) | 扯断力<br>(MPa) | 伸长率<br>(%) | 300%<br>定伸强度<br>(MPa) | 扯断永<br>久变形<br>(%) | 适用温度<br>不低于 |
|---|---|---|---|---|---|---|
| 氯丁橡胶<br>天然橡胶 | 60°±5°<br>60°±5° | ≥18.63<br>≥18.63 | ≥4.50<br>≥5.00 | ≥7.84<br>≥8.82 | ≤25<br>≤20 | −25℃<br>−40℃ |

表 2-13 橡胶垫板的力学性能

| 允许抗压强度[σ]<br>(MPa) | 极限破坏强度<br>(MPa) | 抗压弹性模量 E<br>(MPa) | 抗剪弹性模量 G<br>(MPa) | 摩擦系数 μ |
|---|---|---|---|---|
| 7.84~9.80 | >58.52 | 由支座形状系数<br>β 按表 2-14 查得 | 0.98~1.47 | (与钢)0.2<br>(与混凝土)0.3 |

表 2-14 "E—β"关系

| $\beta$ | 4 | 5 | 6 | 7 | 8 | 9 | 10 | 11 | 12 |
|---|---|---|---|---|---|---|---|---|---|
| $E$(MPa) | 196 | 265 | 333 | 412 | 490 | 579 | 657 | 745 | 843 |
| $\beta$ | 13 | 14 | 15 | 16 | 17 | 18 | 19 | 20 | |
| $E$(MPa) | 932 | 1 040 | 1 157 | 1 285 | 1 422 | 1 559 | 1 706 | 1 863 | |

注:支座形状系数 $\beta = \dfrac{ab}{2(a+b)d_i}$;$a$、$b$ 为支座短边、长边长度(m);$d_i$ 为中间橡胶层厚度(m)。

(1) 橡胶垫板的平面尺寸

橡胶垫板的平面尺寸可根据承压条件按下式计算:

$$\sigma_{max} = \frac{R_{max}}{A} \leqslant [\sigma] \qquad (2\text{-}71)$$

即：

$$A \geqslant \frac{R_{\max}}{[\sigma]} \tag{2-72}$$

式中：$R_{\max}$—— 网架全部荷载标准值作用下引起的支座反力；

$\quad [\sigma]$—— 橡胶板的容许抗压强度，由表 2-13 取用；

$\quad A$—— 垫板承压面积，$A = a \times b$；

$\quad a$、$b$—— 分别为橡胶垫板短边与长边的边长。

（2）橡胶垫板的厚度

橡胶垫板的厚度应根据橡胶层厚度与中间各层钢板厚度确定，如图 2-44 所示。橡胶垫板的厚度可由上、下表层及各钢板间的橡胶片厚度之和确定：

$$d_0 = 2d_t + nd_i \tag{2-73}$$

式中：$d_0$—— 橡胶层厚度；

$\quad d_t$、$d_i$—— 分别为上（下）表层及中间层橡胶片厚度；

$\quad n$—— 表示中间橡胶片层数。

上、下表层橡胶片宜取 2.5 mm，中间橡胶层常用厚度宜取 5 mm、8 mm、11 mm，钢板厚度宜取 2～3 mm。板式橡胶支座短边与长边之比一般可在 1：1.5～1：1 的范围内采用。

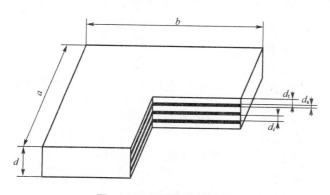

图 2-44　橡胶垫板的构造

$d_0$ 应根据网架跨度方向的伸缩量和网架支座转角的要求来确定，一般可在短边长度的 $1/15～1/10$ 的范围内采用，且不宜小于 40 mm，为了满足稳定性要求不应大于短边长度的 $1/5$，其表达式为：

$$u \leqslant d_0 \tan\alpha \tag{2-74}$$

式中：$\tan\alpha$—— 橡胶垫板容许剪切角，取 $\tan\alpha = 0.7$。

根据橡胶剪切变形条件，橡胶层厚度还应同时满足下列公式的要求：

$$1.43u \leqslant d_0 \leqslant 0.2a \tag{2-75}$$

式中：$u$—— 由温度变化或地震作用使网架支座沿跨度方向产生的最大水平位移（由计算确定），由温度变化产生 $u$ 值近似取：

$$u = \Delta t \alpha E l \tag{2-76}$$

式中：$\Delta t$—— 气温变化值；

$\alpha$—— 钢材的线膨胀系数；

$E$—— 钢材的弹性模量；

$l$—— 验算方向跨度。

（3）橡胶垫板的压缩变形验算

橡胶垫板的弹性模量较低，在外力作用下支座会发生转动，从而引起较大压缩变形，橡胶板平均压缩变形 $w_m$ 可以按照下式计算：

$$w_m = \frac{\sigma_m d_0}{E} \tag{2-77}$$

式中：$\sigma_m$—— 平均压应力，$\sigma_m = \dfrac{R_{max}}{A}$。

平均压缩变形构造要求如下：

$$\frac{1}{2}\theta_{max}a \leqslant w_m \leqslant 0.05d_0 \tag{2-78}$$

式中：$\theta_{max}$—— 结构在支座处的最大转角（rad）。

式（2-78）的物理意义是：平均压缩变形不应超过橡胶垫板总厚度的 1/20，过大压缩变形会破坏橡胶与薄板连接构造；也不应小于 $\theta_{max}a/2$，这是避免压缩变形后，使橡胶垫板与支座底板局部脱空，而形成垫板局部承压。

（4）橡胶垫板的抗滑移验算

橡胶垫板在水平力作用下不会发生滑移，此时按下式进行抗滑移验算：

$$\mu R_g \geqslant GA \cdot \frac{u}{d_0} \tag{2-79}$$

式中：$\mu$—— 橡胶垫板与接触面之间的摩擦系数，按表 2-13 取值；

$R_g$—— 乘以荷载分项系数 0.9 的永久荷载标准值引起支座反力；

$G$—— 橡胶垫板的抗剪弹性模量，按表 2-13 取值。

（5）弹性刚度

分析计算时应把橡胶垫板看作一个弹性元件，其竖向刚度 $K_{z0}$ 和两个方向的侧向刚度 $K_{n0}$ 和 $K_{s0}$ 分别可取为：

$$K_{z0} = \frac{EA}{d_0},\ K_{n0} = K_{s0} = \frac{GA}{d_0} \tag{2-80}$$

当橡胶垫板搁置在网架支承结构上时，应计算橡胶垫板与支承结构的组合刚度。如支承结构为独立柱时，悬臂独立柱的竖向刚度 $K_{z1}$ 和两个方向的侧向刚度 $K_{n1}$、$K_{s1}$ 应分别为：

$$K_{z1} = \frac{E_1 A_1}{l},\ K_{n1} = \frac{3E_1 I_{n1}}{l^3},\ K_{s1} = \frac{3E_1 I_{s1}}{l^3} \tag{2-81}$$

式中：$E_1$—— 支承柱的弹性模量；

$I_{n1}$、$I_{s1}$—— 支承柱截面两个方向的惯性矩；

$l$—— 支承柱的高度。

橡胶垫板与支承结构的组合刚度,可根据串联弹性元件的原理,分别求得相应的组合竖向与侧向刚度 $K_z$、$K_n$、$K_s$,即:

$$K_z = \frac{K_{z0}K_{z1}}{K_{z0} + K_{z1}}, K_n = \frac{K_{n0}K_{n1}}{K_{n0} + K_{n1}}, K_s = \frac{K_{s0}K_{s1}}{K_{s0} + K_{s1}} \tag{2-82}$$

(6)构造要求

对于气温不低于 −25℃ 地区,可采用氯丁橡胶垫板;对于气温不低于 −30℃ 地区,可采用耐寒氯丁橡胶垫板;对于气温不低于 −40℃ 地区,可采用天然橡胶垫板。橡胶垫板的长边应顺网架支座切线方向平衡放置,与支柱或基座的钢板或混凝土间可用 502 胶等胶粘剂粘贴固定。橡胶垫板上的螺栓直径应大于螺栓直径 10~20 mm,并应与支座可能产生的水平位移相适应。橡胶垫板外宜设置限位装置,防止发生超限位移。设计时宜考虑长期使用后因橡胶老化而需要更换的条件,在橡胶垫板四周可涂以防止老化的酚醛树脂,并粘结泡沫塑料。橡胶垫板在安装、使用过程中,应避免与油脂等油类物质以及其他对橡胶有害的物质发生接触。

# 2.3  网壳结构

## 2.3.1  网壳结构特点

网架结构就整体受力而言类似于受弯的平板,反映了很多平面结构的特性,大跨度的网架设计对沿跨度方向的网架刚度要求很大,因为总弯矩基本上是随着跨度二次方增加的。因此,普通的大跨度平板网架需要增加许多材料用量。网壳结构则是主要承受薄膜内力的壳体,主要以其合理的形体来抵抗外荷载的作用。因此在一般情况下,特别是大跨度时,同等条件下网壳要比网架节约许多钢材。网壳结构得到迅速发展的另外一个重要因素是,其外形美观,富于表现,充满变化,改善、丰富了人类的居住环境。

## 2.3.2  网壳结构形式及选型

网壳结构可按层数和曲面外形进行分类。当按层数划分时,网壳结构包括有单层网壳和双层网壳两种,如图 2-45 所示;当按曲面外形划分时,主要可以分为以下几种形式:球面网壳、

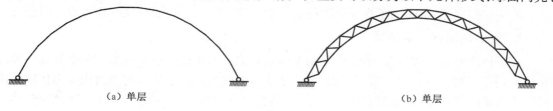

(a)单层                              (b)单层

图 2-45  单层和双层网壳

双曲扁网壳、柱面网壳、圆锥面网壳、扭曲面网壳、单块扭网壳、双曲抛物面网壳、切割或组合形成曲面网壳。工程上应用较多的主要有柱面网壳结构和球面网壳结构。

### 2.3.2.1　柱面网壳结构

柱面网壳是国内目前常见的形式之一,广泛用于工业和民用建筑中。它可以分为单层(见图 2-46)和双层两类,现按照柱面上网格划分分述它们的形式。

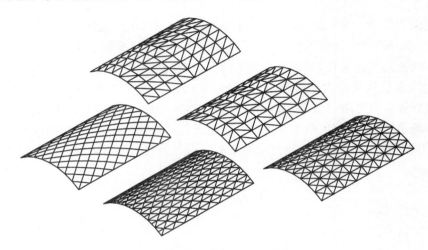

图 2-46　单层柱面网壳

**1) 单层柱面网壳的形式**

单层柱面网壳按柱面上的网格划分形式有:

(1) 单斜杆柱面网壳,首先对曲线进行等弧长划分,连接相邻曲线的等分点形成纵向杆件,依次用直线连接曲线上的所有等分点,从而用直线对曲线进行拟合。形成方格之后,对各方格加单斜杆即完成建模。

(2) 弗普尔型柱面网壳,与单斜杆型不同之处在于斜杆布置成人字形,亦称人字形柱面网壳。

(3) 双斜杆型柱面网壳,它是在方格内设置交叉斜杆,可提高网壳的整体刚度。

(4) 联方网格型柱面网壳,其杆件组成菱形网格,杆件夹角宜为 30°～50°之间。

(5) 三向网格型柱面网壳,三向网格可理解为联方网格上再加纵向杆件,使菱形成为三角形。

单斜杆型与双斜杆型相比,前者杆件数量少,杆件连接易处理,但刚度差一些,适用于小跨度、小荷载轻型屋面。联方网格杆件数量最少,杆件长度统一,每个节点上仅有 4 根杆件,节点构造相对简单,但是刚度较差。同时,联方网格并非平面,屋面板制作和安装较困难。三向网格型刚度最好,杆件种类也较少,是一种较经济合理的形式。

单层柱面网壳,有时为了提高整体稳定性和刚度,部分区段设横向肋(变为双层网壳)。

**2) 双层柱面网壳的形式**

双层柱面网壳形式很多,主要由四角锥体系构成。四角锥体系在网架结构中共有六种,这几种类型是否都可以应用于双层网壳中,应从受力合理性角度分析。网架结构受力比较明确,对周边支承网架,上弦杆总是受压,下弦杆总是受拉,而双层网壳的上层杆和下层杆都可能出现受压的情况。因此,通常考虑时,对于上弦杆短、下弦杆长的这种类型网架形式,在双层柱面

网壳中,并不一定适用。四角锥体系组成的双层柱面网壳主要有:

（1）正放四角锥柱面网壳,如图 2-47 所示。它由正放四角锥体,按一定规律组合而成。杆件品种少,节点构造简单,刚度大,是目前最常见的形式之一。

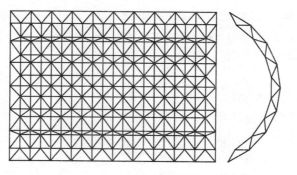

图 2-47　正放四角锥柱面网壳

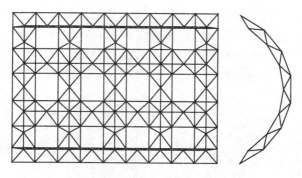

图 2-48　正放抽空四角锥柱面网壳

（2）正放抽空四角锥柱面网壳,如图 2-48 所示。这类网壳在正放四角锥网壳基础上,适当抽掉一些四角锥单元的腹杆和下层杆而成,整体刚度较抽空前弱,适用于小跨度、轻荷载屋面。同时,网格数应为奇数。

（3）正交斜放四角锥柱面网壳,如图 2-49 所示。

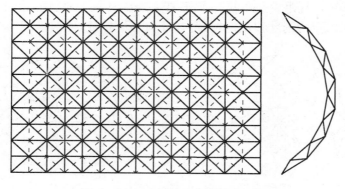

图 2-49　正交斜放四角锥柱面网壳

### 2.3.2.2 球面网壳结构

**1）单层球面网壳结构**

球面网壳又称穹顶,是目前比较常见的形式之一,可以分为单层和双层两大类。现按照球面上网格划分方法分述其类型。

单层球面网壳的形式,按网格划分方式主要有:

（1）肋环型球面网壳

肋环型球面网壳是由径肋和环杆组成,如图 2-50 所示。径肋汇交于球顶,该处节点构造复杂。如环杆能与檩条共同工作,可降低网壳整体用钢量。肋环型球面网壳的大部分网格呈梯形,每个节点只汇交四根杆件,节点构造简单,但整体刚度较差,一般只适用于中、小跨度屋盖。

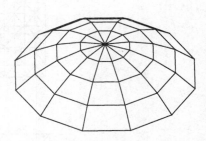

**图 2-50 肋环型球面网壳**

（2）施威德勒型球面网壳

如图 2-51 所示,这种网壳是在肋环型球面网壳基础上加斜杆而组成的,它大大提高了网壳的刚度,提高了承受非对称荷载的能力。根据斜杆布置不同有:单斜杆、交叉斜杆和无环杆等。除无环杆型外,其余网壳网格均为三角形,刚度好,适用于中、小跨度。

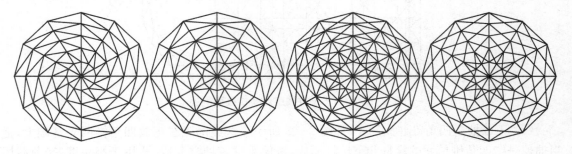

**图 2-51 施威德勒型球面网壳**

（3）联方型球面网壳

这种网壳由人字斜杆组成菱形网格,两斜杆夹角在 30°～50° 之间,如图 2-52 所示,造型比较美观。为了增强网壳的刚度和稳定性,可在环向加设杆件,使网格成为三角形。它适用于中、小跨度。

 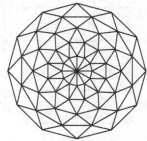

（a）无环向杆　　　　　　　　（b）有环向杆

**图 2-52 联方型球面网壳**

（4）三向网格型球面网壳

这种网壳的网格是通过在球面上用三个方向的大圆构成尽可能均匀的三角形格子，通常也称为格子穹顶，网格在水平面上投影为正三角形，如图 2-53 所示，它主要适用于中、小跨度。

（5）扇形三向网格型球面网壳

这种网壳是由 $n$ 根径肋把球面分为 $n$ 个对称的扇形曲面。每个扇形面内，再由环杆和斜杆组成大小较均匀的三向网格，如图 2-54 所示。这种网壳受力分布均匀，适用于大、中跨度。

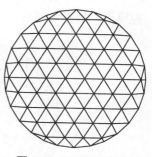

图 2-53　三向网格型球面网壳

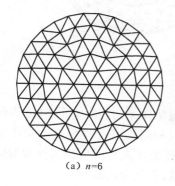  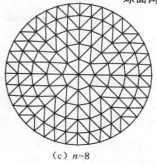

(a) $n=6$　　　　　　(b) $n=7$　　　　　　(c) $n=8$

图 2-54　扇形三向网格型球面网壳

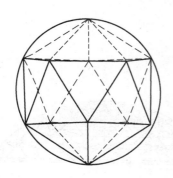 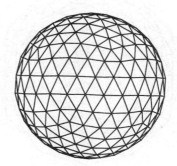

图 2-55　短程线型球面网壳

（6）短程线型球面网壳

用过球心的平面截球，在球面上所得截线称为大圆，在大圆上两点连线为球面上两点的最短距离，称短程线。用球的内接正二十面体在球面上划分网格，把球面先划分为 20 个等边球面三角形（如图 2-55）。在实际工程中，等边球面三角形的边长太大，形成的杆件太长，需要再划分，至所有杆件长度在制作、安装较为方便并能满足受力要求，这就形成了短程线型球面网壳。

（7）六方格穹顶

六方格球面网壳又称格子穹顶，它是在球面上采用三个方向的大圆构成尽可能均匀的三角形网格。由于用大圆均匀分割球面时，靠近网壳顶部的三角形网格相比网壳中部的网格尺寸会小很多，造成杆件长度和夹角不协调。为了避免上述情况的发生，六方格穹顶顶部被设计为扇形(见图 2-56)。

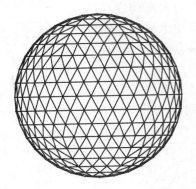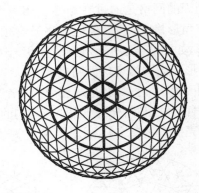

图 2-56 六方格球面网壳

### 2) 双层球面网壳

大部分单层球面网壳均可做成双层,依次分类为交叉桁架体系、角锥体系(包括肋环型四角锥、联方型四角锥、联方型三角锥和平板组合式球面网壳)和双层短程线网壳。肋环型四角锥双层网壳如图 2-57 所示。双层球面网壳整体刚度较大,受力性能与网架结构较为类似。在进行有限元建模时,可以采用杆单元建立双层球面网壳模型,节点为铰接点。

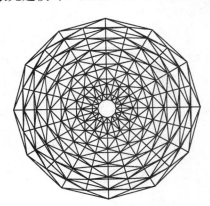

图 2-57 肋环型四角锥球面网壳

### 2.3.2.3 网壳结构的选型

网壳结构的设计应根据建筑物的功能、平面形状和尺寸、网壳的支承方式、荷载大小、建筑构造与要求,综合考虑材料供应和施工条件以及制作安装方法,选择合理的网壳结构形式,以取得良好的技术经济效果。

一般情况下,单层网壳结构由于稳定性较差,只适合中、小跨度的建筑,而双层网壳适合于跨度大于 40 m 的建筑。当网壳结构承受较大的非对称荷载或集中荷载时,对于单层网壳结构应选用球面短程线型、凯威特型、柱面双斜杆型和联方型等稳定性好的网格形式。

球面网壳结构设计宜符合下列规定:①球面网壳的矢跨比不宜小于 1/7;②双层球面网壳的厚度可取跨度(平面直径)的 1/60~1/30;③单层球面网壳的跨度(平面直径)不宜大于 80 m。

对圆柱面网壳,两端边之间的距离称之为跨度 $L$,两纵向边之间的距离称之为宽度 $B$。圆柱面网壳结构设计宜符合下列规定:①两端边支承的圆柱面网壳,其宽度 $B$ 与跨度 $L$ 之比宜小于 1.0,壳体的矢高可取宽度的 1/6～1/3;②沿两纵向边支承或四边支承的圆柱面网壳,壳体的矢高可取跨度 $L$(宽度 $B$)的 1/5～1/2;③双层圆柱面网壳的厚度可取宽度 $B$ 的 1/50～1/20;④两端边支承的单层圆柱面网壳,其跨度 $L$ 不宜大于 35 m;沿两纵向边支承的单层圆柱面网壳,其跨度(此时为宽度 $B$)不宜大于 30 m。

双曲抛物面网壳结构设计宜符合下列规定:①双曲抛物面网壳底面的两对角线长度之比不宜大于 2;②单块双曲抛物面壳体的矢高可取跨度的 1/4～1/2(跨度为两个对角支承点之间的距离),四块组合双曲抛物面壳体每个方向的矢高可取相应跨度的 1/8～1/4;③双层双曲抛物面网壳的厚度可取短向跨度的 1/50～1/20;④单层双曲抛物面网壳的跨度不宜大于 60 m。

椭圆抛物面网壳结构设计宜符合下列规定:①椭圆抛物面网壳的底边两跨度之比不宜大于 1.5;②壳体每个方向的矢高可取短向跨度的 1/9～1/6;③双层椭圆抛物面网壳的厚度可取短向跨度的 1/50～1/20;④单层椭圆抛物面网壳的跨度不宜大于 50 m。

### 2.3.2.4 荷载和作用

与网架结构相同,作用在网壳结构上的荷载和作用主要有永久荷载、可变荷载、温度作用和地震作用。

(1)永久荷载:作用在网壳结构上的永久荷载有网壳结构、楼面或屋面材料、吊顶、设备管道等材料自重,材料自重按《建筑结构荷载规范》取用。

(2)可变荷载:作用在网壳结构上的可变荷载有活荷载、雪荷载和风荷载。雪荷载与屋面活荷载不必同时考虑,取两者的较大值参与荷载组合。雪荷载除应按《建筑结构荷载规范》中规定取值外,还要就不同地区、不同环境、不同房屋形状及有关资料,做出必要的分析。

对柱面网壳结构或拱形屋面结构,其积雪分布系数可按图 2-58 中的第 3、10 项取用。

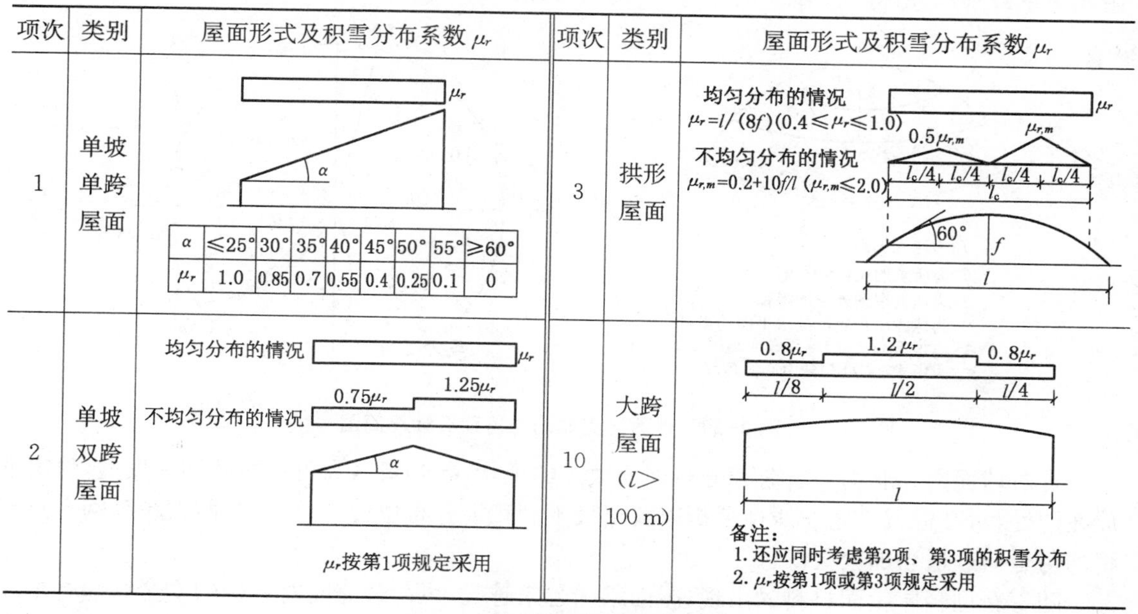

| 项次 | 类别 | 屋面形式及积雪分布系数 $\mu_r$ | 项次 | 类别 | 屋面形式及积雪分布系数 $\mu_r$ |
|---|---|---|---|---|---|
| 1 | 单坡单跨屋面 | α ≤25° 30° 35° 40° 45° 50° 55° ≥60°<br>$\mu_r$ 1.0 0.85 0.7 0.55 0.4 0.25 0.1 0 | 3 | 拱形屋面 | 均匀分布的情况 $\mu_r=l/(8f)(0.4\leq\mu_r\leq1.0)$<br>不均匀分布的情况 $\mu_{r,m}=0.2+10f/l$ $(\mu_{r,m}\leq2.0)$ |
| 2 | 单坡双跨屋面 | 均匀分布的情况 $\mu_r$<br>不均匀分布的情况 $0.75\mu_r$ $1.25\mu_r$<br>$\mu_r$ 按第1项规定采用 | 10 | 大跨屋面 $(l>100\text{ m})$ | $0.8\mu_r$ $1.2\mu_r$ $0.8\mu_r$<br>$l/8$ $l/2$ $l/4$<br>备注:<br>1. 还应同时考虑第2项、第3项的积雪分布<br>2. $\mu_r$ 按第1项或第3项规定采用 |

图 2-58 网格结构积雪分布系数

对球面网壳形式的积雪分布系数,我国规范没有做出规定,因此在初步确定球面网壳屋顶的雪荷载时,可参照《荷载规范》给出的拱形屋面积雪分布系数(如图 2-58 的第 3、10 项)。对于自由曲面的空间网格结构,更应充分考虑雪荷载的不利分布情形,确保结构安全。

不均匀的雪荷载对网架影响小些,但对网壳影响较大,很多事故都是由于不均匀雪荷载引起的,对于不均匀雪荷载我国没有明确规定,设计人员可以参考国外的相关经验进行处理。我国规范值给出了拱形屋面积雪均匀分布时的分布系数,并且规定当 $\alpha \leqslant 25°$ 时或 $f/l \leqslant 0.1$ 时只考虑积雪均匀分布的情况。

柱面网壳的雪荷载,在风吹过时,屋脊附近风速增大,屋脊处积雪易吹走,因此在均匀时 $\mu_r < 1.0$,美国取 $\mu_r = 0.8$。球面穹顶的雪荷载,我国规范对此没有规定,只能进行风洞试验。球面体的积雪有向其一边积聚的可能,非均匀积雪对穹顶来说是非常危险的。1963 年,罗马尼亚加勒斯特展览中心网壳倒塌就是雪荷载过于不均匀造成的,当时雪荷载未达到设计荷载的 30%,但因局部过大而倒塌。

英国瑟雷大学学者奥尔法和柯劳雷对英国斯温登游泳馆提出了球面积雪非均匀的理论简化图可以作为设计参考。非均匀分布雪荷载为均匀分布荷载 $q_1$ 的 2 倍,并提出了公式:

$$Q = q_1 \frac{a}{r} \times \left[ \frac{1}{2} \sin \varphi \cos \theta + \frac{\sin \alpha (r \cos \varphi)}{2(1 - \cos \alpha)} \right] \tag{2-83}$$

式中:$a$ —— 球面形屋顶外形的半径;

$\quad\quad r$ —— 球面形屋顶底部处水平面的半径;

$\quad\quad \theta$ —— 所求点水平投影角,$\varphi$ 为所求点处于球中心的角度;

$\quad\quad \alpha$ —— 球壳地面圆周上的点与球中心的角度。

以上公式计算相对复杂,设计时可近似参考其屋顶处水平面所示意的各种转角的屋面雪荷载分布百分比,即假定系数为 1.0 的部位雪荷载为 $q_1$(如图 2-59 所示),其他部位的雪荷载由相应系数乘以 $q_1$ 得到。

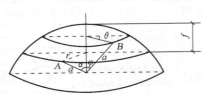
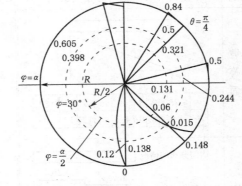

$f$ 为球壳矢高
$\theta$ 为所求的 $B$ 点水平投影角
$a$ 为球壳屋顶外形的半径
$r$ 为球壳屋顶底部处水平面的半径
$A$ 点为矢高为 $f$ 的球壳底面圆周上的一点
$\varphi$ 为所求 $B$ 点处与球中心的角度

**图 2-59　球面网壳非均匀雪荷载计算简图**

针对球面网壳非均匀雪荷载分布理论缺乏的现状,有学者认为可以按照第一振型,将雪堆放在凹处,对其进行稳定非线性分析以找出最不利积雪分布位置。总之,当前大跨度网壳只能将均匀雪荷载适当加大些。

随着新型轻质屋面材料的出现,屋面结构越来越轻,风荷载有时对结构的安全性起着主导型作用,特别是对大跨度网壳结构,我国在此方面研究成果不多,特别对大跨度网壳结构应进行风洞试验,以得出较为准确的风压分布,有利于设计出安全耐久的结构。

（3）温度作用:网壳结构在温度变化时,网壳杆件也会产生附加温度应力,在计算和构造措施中应加以考虑。与网架结构一样,网壳结构在符合一定条件下可不考虑温度应力的影响。网壳的温度应力可采用有限单元法进行计算。

（4）地震作用:在设防烈度为7度的地区,网壳结构可不进行竖向抗震计算,但必须进行水平抗震计算;在设防烈度为8度、9度的地区必须进行网壳结构水平与竖向抗震计算。对网壳结构进行地震效应计算时可采用振型分解反应谱法;对于体型复杂或重要的大跨度网壳结构,应采用时程分析法进行补充计算。

### 2.3.3　网壳结构计算

#### 2.3.3.1　一般计算原则

网壳结构在不同的荷载组合情况下,应对其内力、位移和稳定性进行计算,并应根据具体情况,对地震、温度变化、支座沉降及施工安装荷载作用下的内力、位移进行计算。

网壳结构的内力和位移一般按线弹性阶段进行计算;对稳定计算则应考虑结构的几何非线性影响。

目前,在网壳结构的分析计算中,多采用杆系有限单元法。对双层网壳宜采用空间杆系有限元法,对单层网壳宜采用空间梁系有限元法,前者的节点考虑成铰接,而后者因其稳定性的需要,节点必须设计成刚接,以保证安全传递弯矩。

对于空间梁系有限单元,计算步骤与网架结构的空间桁架位移法相似,但每个节点有六个自由度,包括三个线位移 $u_i$、$v_i$、$w_i$ 和三个角位移 $\theta_x$、$\theta_y$、$\theta_z$。此外,梁单元除了有节点荷载,还存在单元荷载,因此需要进行等效节点荷载处理。

#### 2.3.3.2　刚度矩阵

梁端位移列阵$\bar{\boldsymbol{\delta}}^e$ 和杆端力列阵$\bar{\boldsymbol{F}}^e$ 如公式(2-84)、(2-85)所示,其中 $\overline{X}$、$\overline{Y}$、$\overline{Z}$ 表示杆件沿$x$、$y$、$z$ 方向的轴力,$\overline{M_x}$、$\overline{M_y}$、$\overline{M_z}$ 表示作用在梁端的力偶矩,梁单元示意图如图2-60所示。

$$\bar{\boldsymbol{\delta}}^e = \begin{bmatrix} \overline{u}_i & \overline{v}_i & \overline{w}_i & \overline{\theta}_{xi} & \overline{\theta}_{yi} & \overline{\theta}_{zi} \cdots \overline{u}_j & \overline{v}_j & \overline{w}_j & \overline{\theta}_{xj} & \overline{\theta}_{yj} & \overline{\theta}_{zj} \end{bmatrix}^{\mathrm{T}} \tag{2-84}$$

$$\bar{\boldsymbol{F}}^e = \begin{bmatrix} \overline{X}_i & \overline{Y}_i & \overline{Z}_i & \overline{M}_{xi} & \overline{M}_{yi} & \overline{M}_{zi} \cdots \overline{X}_j & \overline{Y}_j & \overline{Z}_j & \overline{M}_{xj} & \overline{M}_{yj} & \overline{M}_{zj} \end{bmatrix}^{\mathrm{T}} \tag{2-85}$$

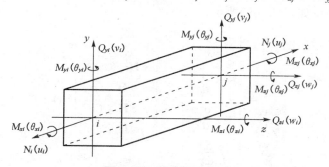

图 2-60　梁单元示意图

由材料力学知道,对于轴向位移 $u$ 的位移模式可以取 $x$ 的线性函数,而对于挠度 $v$、$w$ 可用三次多项式来表示,扭转角 $\theta_x$ 的位移模式可以取为 $x$ 的线性函数,于是可得:

$$\begin{cases} u = a_0 + a_1 x = \begin{bmatrix} 1 & x \end{bmatrix}\begin{bmatrix} a_0 & a_1 \end{bmatrix}^T \\ v = b_0 + b_1 x + b_2 x^2 + b_3 x^3 = \begin{bmatrix} 1 & x & x^2 & x^3 \end{bmatrix}\begin{bmatrix} b_0 & b_1 & b_2 & b_3 \end{bmatrix}^T \\ w = c_0 + c_1 x + c_2 x^2 + c_3 x^3 = \begin{bmatrix} 1 & x & x^2 & x^3 \end{bmatrix}\begin{bmatrix} c_0 & c_1 & c_2 & c_3 \end{bmatrix}^T \\ \theta_x = d_0 + d_1 x = \begin{bmatrix} 1 & x \end{bmatrix}\begin{bmatrix} d_0 & d_1 \end{bmatrix}^T \\ \theta_y = \dfrac{\mathrm{d}w}{\mathrm{d}x} = c_1 + 2c_2 x + 3c_3 x^2 \\ \theta_z = \dfrac{\mathrm{d}v}{\mathrm{d}x} = b_1 + 2b_2 x + 3b_3 x^2 \end{cases} \tag{2-86}$$

将 $x = 0$ 和 $x = L$ 的位移条件代入其中,即可将位移模式用边界位移表示:

$$\begin{cases} u = \boldsymbol{N}_\mathrm{u} \cdot \begin{bmatrix} u_i & u_j \end{bmatrix}^T \\ v = \boldsymbol{N}_\mathrm{v} \cdot \begin{bmatrix} v_i & \theta_{zi} & v_j & \theta_{zj} \end{bmatrix}^T \\ w = \boldsymbol{N}_\mathrm{v} \cdot \begin{bmatrix} w_i & \theta_{yi} & w_j & \theta_{yj} \end{bmatrix}^T \\ \theta_x = \boldsymbol{N}_\mathrm{u} \cdot \begin{bmatrix} \theta_{xi} & \theta_{xj} \end{bmatrix}^T \end{cases} \tag{2-87}$$

式中:$\boldsymbol{N}_\mathrm{u} = \begin{bmatrix} 1 & x \end{bmatrix}\begin{bmatrix} 1 & 0 \\ 1 & L \end{bmatrix}^{-1}$,$\boldsymbol{N}_\mathrm{v} = \begin{bmatrix} 1 & x & x^2 & x^3 \end{bmatrix}\begin{bmatrix} 1 & 0 & 0 & 0 \\ 0 & 1 & 0 & 0 \\ 1 & L & L^2 & L^3 \\ 0 & 1 & 2L & 3L^2 \end{bmatrix}^{-1}$,即是位移的形函

数矩阵。由式(2-87),利用结点位移列(2-84)。则位移模式的表达式可以改写成矩阵形式:

$$\begin{Bmatrix} u \\ v \\ w \\ \theta_x \end{Bmatrix} = \begin{Bmatrix} \boldsymbol{H}_\mathrm{u}(x) \\ \boldsymbol{H}_\mathrm{v}(x) \\ \boldsymbol{H}_\mathrm{w}(x) \\ \boldsymbol{H}_\theta(x) \end{Bmatrix} \cdot \boldsymbol{A} \cdot \boldsymbol{\delta}^e \tag{2-88}$$

式(2-88)中的各参数数值为:$\boldsymbol{H}_\mathrm{u}(x) = \begin{bmatrix} 1 & 0 & 0 & 0 & 0 & x & 0 & 0 & 0 & 0 & 0 & 0 \end{bmatrix}$,$\boldsymbol{H}_\mathrm{v}(x) = \begin{bmatrix} 0 & 1 & 0 & 0 & 0 & x & 0 & x^2 & 0 & 0 & 0 & x^3 \end{bmatrix}$,$\boldsymbol{H}_\mathrm{w}(x) = \begin{bmatrix} 0 & 0 & 1 & 0 & x & 0 & 0 & 0 & x^2 & 0 & x^3 & 0 \end{bmatrix}$,$\boldsymbol{H}_\theta(x) = \begin{bmatrix} 0 & 0 & 0 & 1 & 0 & 0 & 0 & 0 & 0 & x & 0 & 0 \end{bmatrix}$。$\boldsymbol{A}$ 矩阵如式(2-90)所示。

空间杆件的线应变分成两部分,拉压应变 $\varepsilon_0$,弯曲应变 $\varepsilon_\mathrm{b}$、$\varepsilon_\mathrm{c}$,剪应变 $\gamma$ 是由扭转产生的,将所有应变用矩阵表示如式(2-89)所示。

$$\boldsymbol{\varepsilon} = \begin{Bmatrix} \varepsilon_0 \\ \varepsilon_\mathrm{b} \\ \varepsilon_\mathrm{c} \\ \gamma \end{Bmatrix} = \begin{Bmatrix} \dfrac{\mathrm{d}u}{\mathrm{d}x} \\ -y\dfrac{\mathrm{d}^2 v}{\mathrm{d}x^2} \\ -z\dfrac{\mathrm{d}^2 w}{\mathrm{d}x^2} \\ \rho\dfrac{\mathrm{d}\theta}{\mathrm{d}x} \end{Bmatrix} = \begin{Bmatrix} \boldsymbol{H}'_\mathrm{u}(x) \\ -y\boldsymbol{H}''_\mathrm{v}(x) \\ -z\boldsymbol{H}''_\mathrm{w}(x) \\ \rho\boldsymbol{H}'_\theta(x) \end{Bmatrix} \cdot \boldsymbol{A} \cdot \boldsymbol{\delta}^e \tag{2-89}$$

式(2-89)中的各参数数值为：$H'_u(x) = [0\ 0\ 0\ 0\ 0\ 0\ 1\ 0\ 0\ 0\ 0\ 0]$，$H''_v(x) = [0\ 0\ 0\ 0\ 0\ 0\ 0\ 2\ 0\ 0\ 0\ 6x]$，$H''_w(x) = [0\ 0\ 1\ 0\ x\ 0\ 0\ 0\ 2\ 0\ 6x\ 0]$，$H'_\theta(x) = [0\ 0\ 0\ 0\ 0\ 0\ 0\ 0\ 0\ 1\ 0\ 0]$。

$$
A = \begin{pmatrix}
1 & 0 & 0 & 0 & 0 & 0 & 0 & 0 & 0 & 0 & 0 & 0 \\
0 & 1 & 0 & 0 & 0 & 0 & 0 & 0 & 0 & 0 & 0 & 0 \\
0 & 0 & 1 & 0 & 0 & 0 & 0 & 0 & 0 & 0 & 0 & 0 \\
0 & 0 & 0 & 1 & 0 & 0 & 0 & 0 & 0 & 0 & 0 & 0 \\
0 & 0 & 0 & 0 & 1 & 0 & 0 & 0 & 0 & 0 & 0 & 0 \\
0 & 0 & 0 & 0 & 0 & 1 & 0 & 0 & 0 & 0 & 0 & 0 \\
-\dfrac{1}{L} & 0 & 0 & 0 & 0 & 0 & \dfrac{1}{L} & 0 & 0 & 0 & 0 & 0 \\
0 & -\dfrac{3}{L^2} & 0 & 0 & 0 & -\dfrac{2}{L} & 0 & \dfrac{3}{L^2} & 0 & 0 & 0 & -\dfrac{1}{L} \\
0 & 0 & -\dfrac{3}{L^2} & 0 & \dfrac{2}{L} & 0 & 0 & 0 & \dfrac{3}{L^2} & 0 & -\dfrac{1}{L} & 0 \\
0 & 0 & 0 & -\dfrac{1}{L} & 0 & 0 & 0 & 0 & 0 & \dfrac{1}{L} & 0 & 0 \\
0 & 0 & \dfrac{2}{L^2} & 0 & \dfrac{1}{L} & 0 & 0 & 0 & -\dfrac{2}{L^2} & 0 & \dfrac{1}{L^2} & 0 \\
0 & \dfrac{2}{L^2} & 0 & 0 & 0 & \dfrac{1}{L^2} & 0 & -\dfrac{2}{L^2} & 0 & 0 & 0 & \dfrac{1}{L^2}
\end{pmatrix}
\tag{2-90}
$$

由胡克定律可得到节点位移表示单元的应力应变关系：

$$
\boldsymbol{\sigma} = \boldsymbol{D} \cdot \boldsymbol{B} \cdot \boldsymbol{\delta}^e
\tag{2-91}
$$

式中：$\boldsymbol{D}$——弹性矩阵。

$$
\boldsymbol{D} = \begin{pmatrix}
E & 0 & 0 & 0 \\
0 & E & 0 & 0 \\
0 & 0 & E & 0 \\
0 & 0 & 0 & G
\end{pmatrix}
\tag{2-92}
$$

由弹性理论可知，梁单元内应力由于虚应变做的虚功是：

$$
\delta U^e = \iiint \boldsymbol{\varepsilon}^{*\mathrm{T}} \cdot \boldsymbol{\sigma} \mathrm{d}V = (\boldsymbol{\delta}^{*e})^{\mathrm{T}} \iiint \boldsymbol{B}^{\mathrm{T}} \cdot \boldsymbol{D} \cdot \boldsymbol{B} \mathrm{d}V \cdot \boldsymbol{\delta}^e
$$

单元节点力如式(2-85)。且考虑梁单元沿轴线作用着分布荷载 $q$，于是单元外力由虚位移所做的虚功是：

$$
\delta W^e = \int \boldsymbol{f}^{*\mathrm{T}} \cdot \boldsymbol{q} \cdot \mathrm{d}x + (\boldsymbol{\delta}^{*e})^{\mathrm{T}} \cdot \boldsymbol{F}^e = (\boldsymbol{\delta}^{*e})^{\mathrm{T}} \left( \int \boldsymbol{N}^{\mathrm{T}} \cdot \boldsymbol{q} \cdot \mathrm{d}x + \boldsymbol{F}^e \right)
$$

由虚位移原理 $\delta U^e = \delta W^e$，经推导可得：

$$
\bar{\boldsymbol{k}}^e \cdot \boldsymbol{\delta}^e = \overline{\boldsymbol{P}}^e
\tag{2-93}
$$

式中：$\bar{\boldsymbol{k}}^e = \iiint \boldsymbol{B}^T \cdot \boldsymbol{D} \cdot \boldsymbol{B} \cdot dV$ 就是局部坐标系下的空间梁单元的刚度矩阵。通过计算可得到其具体表达式如式（2-94）所示。已知梁单元长度为 $L$，杆件截面面积为 $A$，在 $xOz$ 平面的抗弯刚度矩阵为 $\boldsymbol{EI}_y$，线刚度 $\boldsymbol{i}_y = \dfrac{\boldsymbol{EI}_z}{L}$；在 $xOy$ 平面内的抗弯刚度为 $\boldsymbol{EI}_x$，线刚度 $\boldsymbol{i}_x = \dfrac{\boldsymbol{EI}_x}{L}$，杆件的扭转刚度为 $\dfrac{\boldsymbol{GJ}}{L}$。$\bar{\boldsymbol{P}}^e = \int \bar{\boldsymbol{N}}^T \cdot \boldsymbol{q} \cdot dx + \bar{\boldsymbol{F}}^e = \bar{\boldsymbol{Q}}^e + \bar{\boldsymbol{F}}^e$，$\bar{\boldsymbol{Q}}^e$ 是由于分布荷载移置的等效节点力。

作用在梁单元上的荷载按其作用位置不同，可分为节点荷载和非节点荷载两种。由于用有限元法分析结构时，整体平衡方程本质上是各节点的平衡方程，因此必须把非节点荷载按静力等效的原则移置到节点上，形成等效节点荷载。单元上的非节点荷载向节点移置时应遵循静力等效原则，而静力等效移置的结果是唯一的，荷载移置后的结构与荷载移置前相比，所有节点位移无变化，且除进行过荷载移置的单元外，其他单元的内力分布均不受影响。这在一般情况下，需要利用形函数如前面几章那样去进行。但是对于梁单元不必进行这种计算，可以采用固端反力推得等效节点力，因为一般荷载作用下的固端反力，在结构计算手册中都可以查到，因此要比利用形函数的方法简便些。

$$
\begin{bmatrix} \bar{X}_i \\ \bar{Y}_i \\ \bar{Z}_i \\ \bar{M}_{xi} \\ \bar{M}_{yi} \\ \bar{M}_{zi} \\ \bar{X}_j \\ \bar{Y}_j \\ \bar{Z}_j \\ \bar{M}_{xj} \\ \bar{M}_{yj} \\ \bar{M}_{zj} \end{bmatrix}
=
\begin{bmatrix}
\frac{EA}{L} & 0 & 0 & 0 & 0 & 0 & -\frac{EA}{L} & 0 & 0 & 0 & 0 & 0 \\
0 & \frac{12EI_z}{L^3} & 0 & 0 & 0 & \frac{6EI_z}{L^2} & 0 & -\frac{12EI_z}{L^3} & 0 & 0 & 0 & -\frac{6EI_z}{L^2} \\
0 & 0 & \frac{12EI_y}{L^3} & 0 & -\frac{6EI_y}{L^2} & 0 & 0 & 0 & -\frac{12EI_y}{L^3} & 0 & -\frac{6EI_y}{L^2} & 0 \\
0 & 0 & 0 & \frac{GJ}{L} & 0 & 0 & 0 & 0 & 0 & -\frac{GJ}{L} & 0 & 0 \\
0 & 0 & -\frac{6EI_y}{L^2} & 0 & \frac{4EI_y}{L} & 0 & 0 & 0 & \frac{6EI_y}{L^2} & 0 & \frac{2EI_y}{L} & 0 \\
0 & \frac{6EI_z}{L^2} & 0 & 0 & 0 & \frac{4EI_z}{L} & 0 & -\frac{6EI_z}{L^2} & 0 & 0 & 0 & \frac{2EI_z}{L} \\
-\frac{EA}{L} & 0 & 0 & 0 & 0 & 0 & \frac{EA}{L} & 0 & 0 & 0 & 0 & 0 \\
0 & -\frac{12EI_z}{L^3} & 0 & 0 & 0 & -\frac{6EI_z}{L^2} & 0 & \frac{12EI_z}{L^3} & 0 & 0 & 0 & -\frac{6EI_z}{L^2} \\
0 & 0 & -\frac{12EI_y}{L^3} & 0 & \frac{6EI_y}{L^2} & 0 & 0 & 0 & \frac{12EI_y}{L^3} & 0 & \frac{6EI_y}{L^2} & 0 \\
0 & 0 & 0 & -\frac{GJ}{L} & 0 & 0 & 0 & 0 & 0 & \frac{GJ}{L} & 0 & 0 \\
0 & 0 & -\frac{6EI_y}{L^2} & 0 & \frac{2EI_y}{L} & 0 & 0 & 0 & \frac{6EI_y}{L^2} & 0 & \frac{4EI_y}{L} & 0 \\
0 & \frac{6EI_z}{L^2} & 0 & 0 & 0 & \frac{2EI_z}{L} & 0 & -\frac{6EI_z}{L^2} & 0 & 0 & 0 & \frac{4EI_z}{L}
\end{bmatrix}
\begin{bmatrix} \bar{u}_i \\ \bar{v}_i \\ \bar{w}_i \\ \bar{\theta}_{xi} \\ \bar{\theta}_{yi} \\ \bar{\theta}_{zi} \\ \bar{u}_j \\ \bar{v}_j \\ \bar{w}_j \\ \bar{\theta}_{xj} \\ \bar{\theta}_{yj} \\ \bar{\theta}_{zj} \end{bmatrix}
$$

（列向量上方标注：$\bar{u}_i$，$\bar{v}_i$，$\bar{w}_i$，$\bar{\theta}_{xi}$，$\bar{\theta}_{yi}$，$\bar{\theta}_{zi}$，$\bar{u}_j$，$\bar{v}_j$，$\bar{w}_j$，$\bar{\theta}_{xj}$，$\bar{\theta}_{yj}$，$\bar{\theta}_{zj}$）

$$（2-94）$$

设局部坐标系的三个轴 $x$、$y$、$z$ 在整体坐标系 $O-XYZ$ 中的方向余弦 $(l_x, m_x, n_x)$、$(l_y, m_y, n_y)$、$(l_z, m_z, n_z)$，则在局部坐标系中定义的向量与它在相应的整体坐标系下的向量的坐标转换矩阵为：

$$T^e = \begin{bmatrix} T & & & 0 \\ & T & & \\ & & T & \\ 0 & & & T \end{bmatrix} \tag{2-95}$$

当利用式(2-95)计算转换矩阵时,要已知局部坐标系 $O\text{-}xyz$ 对于整体坐标系 $O\text{-}XYZ$ 的方向余弦。对于梁的轴线方向 $x'$ 轴,方向余弦能够通过两个节点的坐标直接求得,但是对于截面主轴 $y'$ 和 $z'$ 的方向余弦,必须给出附加信息,才能确定。整体坐标系下的单元节点力和节点位移的关系可表示为:

$$P^e = T^{eT} \cdot \overline{P}^e = T^{eT} \cdot \overline{k}^e \cdot T^e \cdot \delta^e \tag{2-96}$$

其中 $k^e = T^{eT} \cdot \overline{k}^e \cdot T^e$,即为整体坐标系中的单元刚度矩阵。

结构在整体坐标系下的单元有限元基本方程为:

$$K \cdot U = P \tag{2-97}$$

其中 $K = R^T \cdot k^e \cdot R$ 为整体坐标系的单元刚度矩阵,$R$ 为单元定位向量。

### 2.3.3.3 求解计算

由于网壳结构的曲面特征,大部分的边界采用的是斜边界。这样,就不能在总刚度方程中直接引入斜边界的约束条件,可以采用以下两种方法进行处理:①在边界点沿着斜边界方向设一个具有一定截面的杆;②将斜边界处的节点位移向量作一变换,使在整体坐标下的节点位移向量变换到任意的斜方向,然后按一般边界条件处理。

对总刚度矩阵方程(2-97)修正并分解,即可求得节点位移和各杆件的内力值。单元的杆端内力由两部分组成,即由单元的杆端位移引起的杆端内力和由作用在单元上荷载引起的杆端内力 $\overline{Q}^e$ 叠加而成,即:

$$\overline{P}^e = \overline{Q}^e + \overline{k}^e \cdot \delta^e$$

相应地,当梁单元存在非节点荷载时,梁截面的挠度等于有限元计算挠度与荷载移置产生的挠度相加,荷载移置产生的梁的挠度可参照结构力学计算手册获得。

此外,根据支座节点处的平衡条件,支座节点的反力等于与支座节点直接相连的各单元在支座一端内力与作用在支座节点上的节点力的合力的负值。

### 2.3.3.4 网壳的稳定性

单层网壳结构和厚度较小的双层网壳结构均存在整体失稳(包括局部壳体失稳)的可能性;设计某些单层网壳时,稳定性还可能起控制作用,所以对这些网壳应进行稳定性计算。《空间网格结构设计规程》(JGJ 7—2010)规定:单层网壳以及厚度小于跨度1/50的双层网壳均应进行稳定性计算。

网壳的稳定性可按考虑几何非线性的有限单元法(即荷载-位移全过程分析)进行计算,分析中可假定材料为弹性,也可考虑材料的弹塑性。对于大型和形状复杂的网壳结构宜采用考虑材料弹塑性的全过程分析方法。全过程分析的迭代方法可采用下式:

$$K_t\Delta U^{(i)} = F_{t+\Delta t} - N_{t+\Delta t}^{(i-1)} \tag{2-98}$$

式中：$K_t$——$t$ 时刻结构的切线刚度矩阵；

$\Delta U^{(i)}$——当前位移的迭代增量；

$F_{t+\Delta t}$——$t+\Delta t$ 时刻外部所施加的节点荷载向量；

$N_{t+\Delta t}^{(i-1)}$——$t+\Delta t$ 时刻相应的杆件节点内力向量。

以非线性有限元分析为基础的结构荷载-位移全过程分析可以把结构强度、稳定乃至刚度等性能的整体变化历程表示得十分清楚，因而可以从全局意义上来研究网壳结构的稳定性问题。球面网壳的全过程分析可按满跨均布荷载进行，圆柱面网壳和椭圆抛物面网壳还应考虑半跨活荷载分布的情况。进行网壳全过程分析时，应考虑初始几何缺陷（即初始曲面形状的安装偏差）的影响，初始几何缺陷分布可采用结构的最低阶屈曲模态，其缺陷最大值可按网壳跨度的 1/300 取值。

网壳结构全过程分析求得的第一个临界点处的荷载值，可作为网壳的稳定承载力。网壳稳定容许承载力（荷载取标准值）应等于网壳稳定极限荷载除以安全系数 $K$。当按弹塑性全过程分析时，安全系数 $K$ 可取 2.0；当按弹性全过程分析且为单层球面网壳、柱面网壳和椭圆抛物面网壳时，安全系数 $K$ 可取 4.2。

### 2.3.4  网壳结构设计验算

网壳杆件中的计算长度和容许长细比可按表 2-15 和表 2-16 采用。

表 2-15  杆件计算长度 $l_0$

| 结构体系 | 构件形式 | 节点形式 | | | | |
|---|---|---|---|---|---|---|
| | | 螺栓球 | 焊接空心球 | 板节点 | 毂节点 | 相贯节点 |
| 双层网壳 | 弦杆及支座腹杆 | $1.0l$ | $1.0l$ | $1.0l$ | — | — |
| | 腹杆 | $1.0l$ | $0.9l$ | $0.9l$ | — | — |
| 单层网壳 | 壳体曲面内 | — | $0.9l$ | — | $1.0l$ | $0.9l$ |
| | 壳体曲面外 | — | $1.6l$ | — | $1.6l$ | $1.6l$ |

注：$l$ 为杆件的几何长度（即节点中心间距离）。

表 2-16  杆件的容许长细比 $[\lambda]$

| 结构体系 | 杆件形式 | 杆件受拉 | 杆件受压 | 杆件受压与压弯 | 杆件受拉与拉弯 |
|---|---|---|---|---|---|
| 双层网壳 | 一般杆件 | 300 | 180 | — | — |
| | 支座附近杆件 | 250 | | — | — |
| | 直接承受动力荷载杆件 | 250 | | — | — |
| 单层网壳 | 一般杆件 | — | — | 150 | 250 |

网壳结构在恒荷载与活荷载标准值作用下的最大挠度值不宜超过表 2-17 的容许挠度。

表 2-17   空间网壳结构的容许挠度

| 结构体系 | 屋盖结构（短向跨度） | 楼盖结构（短向跨度） | 悬挑结构（悬挑跨度） |
|---|---|---|---|
| 单层网壳 | 1/400 | — | 1/200 |
| 双层网壳 | 1/250 | — | 1/125 |

### 2.3.5   网壳节点设计

网壳杆件采用圆钢管时，铰接节点可采用螺栓球节点、焊接空心球节点，刚接可采用焊接空心球节点。跨度不大于 50 m 的单层球面网壳以及跨度不大于 25 m 的单层圆柱面网壳可采用毂节点。杆件采用角钢组合截面时，可采用钢板节点，节点构造和计算可参考 2.2.5 节网架节点设计。

#### 2.3.5.1   焊接空心球节点

单层网壳的杆端除了承受轴向力以外，尚有弯矩、扭矩及剪力作用。在单层球面网壳及柱面网壳中，由于弯矩作用在杆与球接触面产生的附加正应力在不同部分出入较大，一般可增加 20%～50% 左右。对于单层网壳结构，圆钢管焊接空心球节点承受压弯或拉弯的承载力设计值 $N_m$ 可按下式计算：

$$N_m = \eta_m N_R \tag{2-99}$$

式中：$N_R$——空心球受压和受拉承载力设计值（N）；

$\eta_m$——考虑空心球受压弯或拉弯作用的影响系数，应按图 2-61 确定，图中偏心系数 $c$ 应按下式确定：

$$c = \frac{2M}{Nd} \tag{2-100}$$

式中：$M$——杆件作用于空心球节点的弯矩（N·mm）；

$N$——杆件作用于空心球节点的轴力（N）；

$d$——杆件的外径（mm）。

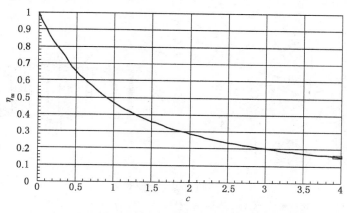

图 2-61   考虑空心球受拉弯或压弯作用的影响系数 $\eta_m$

《网壳结构技术规程》(JGJ 61-2003)根据经验给出了考虑空心球承受压弯或拉弯作用的影响系数 $\eta_m = 0.8$。《网格规程》根据试验结果、有限元分析和简化理论分析,得到了 $\eta_m$ 与偏心系数 $c$ 相应的计算公式,不再限定统一的 0.8。$\eta_m$ 可以按照图 2-61 取值,也可以采用系数方法确定:

(1) 当 $0 \leqslant c \leqslant 0.3$ 时

$$\eta_m = \frac{1}{1+c} \tag{2-101}$$

(2) 当 $0.3 < c < 2.0$ 时

$$\eta_m = \frac{2}{\pi}\sqrt{3 + 0.6c + 2c^2} - \frac{2}{\pi}(1 + \sqrt{2}c) + 0.5 \tag{2-102}$$

(3) 当 $c \geqslant 2.0$ 时

$$\eta_m = \frac{2}{\pi}\sqrt{c^2 + 2} - \frac{2c}{\pi} \tag{2-103}$$

对加肋空心球,当仅承受轴力或轴力与弯矩共同作用当以轴力为主($\eta_m \geqslant 0.8$)且轴力方向和加肋方向一致时,其承载力可乘以加肋空心球承载力提高系数 $\eta_d$,受压球取 $\eta_d = 1.4$,受拉球取 $\eta_d = 1.1$。

《网格规程》规定上述公式仅适用于焊接空心球连接圆钢管,如需应用焊接空心球连接其他类型截面的钢管,应进行专门的研究。目前,董石麟等对承受轴力和双向弯矩共同作用的圆钢管、矩形钢管、方钢管焊接空心球节点进行了有意义的研究。

空心球的加工方法、材质要求、设肋要求、无肋空心球和有肋空心球的成型对接焊缝、钢管杆件与空心球的连接要求及空心球直径的确定可参见本章第 2.2.5.2 节。

### 2.3.5.2　螺栓球节点

螺栓球节点构造,加工方法,钢球直径确定,套筒、螺栓、锥头(封板)、销钉的材质要求及设计计算可参考本章第 2.2.5.1 节。

### 2.3.5.3　嵌入式毂节点

嵌入式毂节点是 20 世纪 80 年代我国自行开发研制的装配式节点系统(如图 2-62 所示),

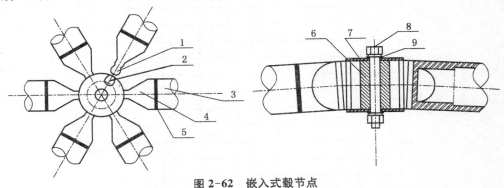

**图 2-62　嵌入式毂节点**
1—嵌入榫;2—毂体嵌入槽;3—杆件;4—杆端嵌入件;5—连接焊缝;
6—毂体;7—盖板;8—中心螺体;9—平垫圈、弹簧垫圈

又称为三极型节点,它的体积小而轻,上、下弦都可应用,圆截面杆件和工字形杆件或者其他对称轴截面的型钢均可以使用,安装方便,制作也不太复杂,同时全部避免了电焊连接,但钢管头加工较麻烦。对嵌入式毂节点的足尺模型及采用此节点装配成的单层球面网壳的试验结果证明,结构本身具有足够的强度、刚度和安全保证。2001 年,针对该种节点形式,我国出台了行业标准《单层网壳嵌入式毂节点》(JG/T 136—2001),规范并促进了该节点在工程中的应用。

嵌入式毂节点可用于跨度不大于 60 m 的单层球面网壳及跨度不大于 30 m 的单层柱面网壳。嵌入式毂节点是由柱状毂体、杆端嵌入件、上下盖板、中心螺栓、平垫圈、弹簧垫圈等零部件组成的机械装配式节点,其外形与旧式车轮中心安装辐条的木毂相似。毂体用铝合金制成,上有三组九道带凹齿的锁槽。钢管端头压扁并压成与锁槽凹齿相应的凸齿,将钢管插入锁槽,然后再用上下盖板和穿心螺栓予以固定,就构成了一个毂式节点。若加长螺栓,可在上弦固定檩条或屋面结构,它也可用作支座节点。

表 2-18  嵌入式毂节点零件推荐材料

| 零件名称 | 推荐材料 | 材料标准编号 | 备注 |
|---|---|---|---|
| 毂体 | Q235B | 《碳素结构钢》<br>(GB/T 700) | 毂直径宜采用<br>100～165 mm |
| 盖板 | | | |
| 中心螺栓 | | | — |
| 杆端嵌入件 | ZG230～450H | 《焊接结构用碳素钢铸件》<br>(GB 7659) | 精密铸造 |

嵌入式毂节点的产品质量应符合相应材料标准的技术条件,如表 2-18 所示。杆端嵌入件的形式比较复杂,嵌入榫的倾角也各不相同,采用机械加工工艺难以实现,一般铸钢件又不能满足精度要求,故选择精密铸造工艺生产嵌入件。嵌入式毂节点的细部构造及设计计算可参见《网格规程》。

## 2.3.6  网壳支座设计

网壳支座节点的构造和网架支座相似,可以传递压力和拉力。不同的是网壳有时要用能够传递弯矩的支座,如刚性支座节点。

如图 2-63 所示,可用于中、小跨度空间网格结构中承受轴力、弯矩与剪力的支座节点。它是将刚度较大的支座节点板直接焊于支承顶面的预埋钢板上,并将十字节点板与节点球体焊成整体,利用焊缝传力。

刚性支座节点除了本身应具有足够刚度外,支座的下部支承结构也应具有较大刚度,使下部结构在支座反力作用下所产生的位移和转动都能控制在允许范围内。支座节点竖向支承板厚度应大于焊接空心球壁厚度 2 mm,球体置入深度应大于 2/3 球径。锚栓设计时应考虑支座节点弯矩的影响。

图 2-63  刚性支座节点

## 2.4　悬索结构

### 2.4.1　悬索结构特点

悬索结构是空间结构的一种,以一系列受拉钢索作为主要承重构件,并将其按照一定的规律布置成各种形式的体系,悬挂在相应的边缘构件或支承结构上。悬索一般采用由高强钢丝组成的高强钢丝束、钢绞线或钢丝绳,也可采用圆钢筋、带钢或薄钢板等。悬索结构的特点在于它的钢索只承受拉力,因而能够充分发挥钢材的抗拉强度,这样就可以减轻屋盖的自重,在保证经济性的前提下增大结构的跨度。与桁架、刚架、拱和网架等常规结构相比,悬索结构的几何非线性程度较高,即荷载与位移、荷载与索力的关系呈现较强的非线性特性。另外,悬索结构设计中还需要注意形状稳定性问题。

### 2.4.2　悬索结构形式及选型

#### 2.4.2.1　悬索结构的常用形式

悬索结构形式丰富多彩,按照受力特点,可将悬索结构分为单层悬索体系、双层悬索体系、索网体系、劲性索结构、组合悬索结构和混合悬挂结构体系。

**1) 单层悬索体系**

单层悬索体系的优点是传力明确,构造简单;缺点是屋面稳定性差,抗风(上吸力)能力小。为此常采用重屋面,适用于中小跨度建筑的屋盖。单层悬索体系包括单曲面单层拉索体系和双曲面单层拉索体系,也可以呈网状布置。

单曲面单层拉索体系又称为单层平行索系(图 2-64),由许多平行的单根拉索组成,适用于矩形平面建筑,但屋面排水较困难。拉索两端的支点可以等高,也可以不等高;拉索可以是单跨的,也可以是多跨连续的。索的水平拉力必须通过适当的形式传至基础,一般可采用以下三种方式:拉索水平力通过竖向承重结构传至基础,或通过锚固传至基础,或通过刚性水平构件集中传至抗侧力结构。

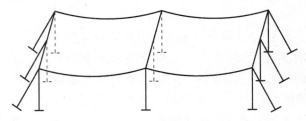

**图 2-64　单曲面单层拉索体系**

双曲面单层拉索体系也称单层辐射索系(图 2-65)。这种索系较适用于圆形的建筑平面。此时各拉索按辐射状布置,整个屋面形成一个旋转曲面。双曲面单层拉索体系有蝶形和伞形两种。

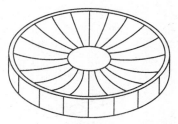

图 2-65　双曲面单层拉索体系

### 2) 双层悬索体系

双层悬索体系是由承重索和曲率相反的稳定索组成(图 2-66)。承重索和稳定索一般位于同一竖向平面内,两者之间通过受拉钢索或受压撑杆连系。连系杆可以斜向布置,构成犹如桁架的结构体系,常称为桁架索,连杆也可以布置成竖腹杆的形式,常称为索梁。根据承重索与稳定索位置关系的不同,连系腹杆可能受拉,也可能受压。当为圆形平面建筑时,常设中心内环梁。

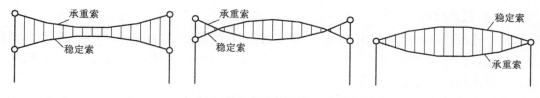

图 2-66　双层悬索体系的一般形式

双层悬索体系的特点是稳定性好,整体刚度大,反向曲率的索系可以对整个屋盖体系施加预应力,增强了屋盖的整体性。因此,双层悬索体系适宜采用轻屋面。按屋面几何形状的不同,双层悬索体系也可分为单曲面双层拉索体系和双曲面双层拉索体系。

### 3) 索网体系

索网体系通常由两组相互正交的、曲率相反的钢索直接交叠组成,形成负高斯曲率的曲面,这种体系常被称为鞍形索网。两组钢索中,下凹者为承重索(主索),上凸者为稳定索(副索),两组钢索在交点处相互连接。沿索网边缘需设置强大的边缘构件,以锚固两组钢索。边缘构件可以做成截面尺寸较大的边拱或闭合环梁的形式,将推力直接传给基础,还可以用拉索作为边缘构件。

不难看出,索网体系的工作原理同双层索系极为相似。当预应力值足够大时,索网体系具有相当好的稳定性和刚度,因而可采用轻屋面。

鞍形索网体系形式多样,适用于适应各种建筑功能和建筑造型方面的要求,屋面排水也较易处理。鞍形索网一般应用于圆形、椭圆形、菱形等建筑平面。正是由于这些优点,使得这种体系获得了相当广泛的应用。

### 4) 劲性索结构

劲性索结构是以具有一定抗弯刚度的曲线型实腹或格构式构件来替代柔性索的悬挂结构(图 2-67)。受力仍然以受拉为主,保留了柔索能充分利用钢材强度、用料经济的优点。与柔索相比,劲性索还具有一定的抗弯刚度,结构刚度和形状稳定性都有了大幅度的提高。如在半跨活荷载作用下,劲性索的最大竖向位移比相同荷载、相同跨度的双层索系要小 5～7 倍。所以,劲性索结构无需施加预应力即有良好的承载结构性能。此外,劲性索结构还具有取材容易、对支承结构的作用较小的优点。劲性索屋盖宜采用轻质屋面材料。

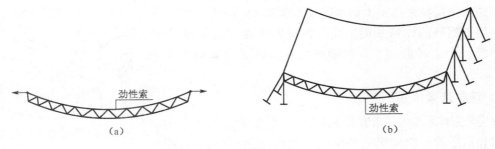

图 2-67　劲性索与劲性索结构

当建筑平面为矩形时,劲性索宜平行布置;当为圆形、椭圆平面时宜辐射式布置。劲性索还可以沿鞍形索网中的承载索方向布置,形成双曲抛物面形式。

**5) 组合悬索结构**

将两片或两片以上的悬索体系(索网、单层索系、双层索系等)和刚度较大的中间支承结构组合在一起,可形成各种形式的组合悬索结构。例如,亚运会朝阳体育馆组合悬索结构、美国耶鲁大学溜冰场组合悬索结构等。

采用组合悬索结构,往往出于满足建筑功能和建筑造型的需要。例如,在体育建筑中通过设置中央支承结构,适当提高体育比赛场地上方的净空高度,两侧下垂的悬索屋面正好与看台升起坡度一致,可使所形成的内部空间体积最小;利用中央支承结构还可以设置天窗满足室内采光要求。

**6) 混合悬挂结构体系**

实际工程中,经常采用柔性的悬索体系与刚性的受弯构件(梁格、平板、桁架等)相结合共同抵抗外荷载的各种混合体系。在这类体系中,或用钢索悬挂其他构件,或由钢索对其他构件提供附加支点,减轻这些构件的负担,或用刚性的受弯构件来加强悬索的稳定性。这类体系形式多样且富于变化,大体上包括下面几类:

(1) 横向加劲单层索系

在平行布置的单层悬索上,把索锚固好以后,在索上敷设与索方向垂直的实腹梁或桁架等横向加劲构件,下压这些横向构件的两端,使之产生强迫位移后固定其位置,便在整个索与横向构件组成的体系内建立起预应力,形成了横向加劲单层索系屋盖结构,如图 2-68。

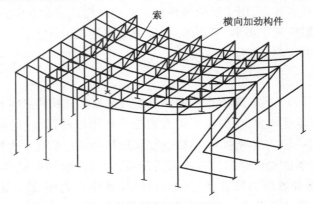

图 2-68　横向加劲单层索系

（2）索拱体系

在双层索系或鞍形索网中，以实腹或格构式劲性构件替代上凸的稳定索，通过张拉承重索或对拱的两端下压产生强迫位移，使索与拱互相压紧，便形成了预应力索拱体系（图2-69）。与柔性悬索结构相比，索拱体系具有较大的刚度，尤其是抵抗不均匀荷载作用的形状稳定性有较大幅度提高，由于刚性拱的存在，不论是平面索拱体系还是鞍形索拱体系，均不需施加很大的预应力，从而使支承结构的负担得以减轻。与单拱相比，索拱体系内的拱与张紧的索相连，不易发生整体失稳，因而所需拱的截面较小。

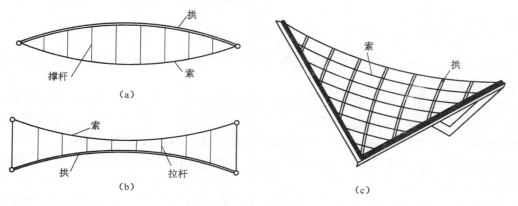

图 2-69　索拱体系

（3）吊挂式混合悬挂结构体系

如图2-70所示，吊挂式混合悬挂结构体系运用悬索桥的结构原理，一般采用一系列的竖向吊杆把刚性的屋面构件连于其上方的悬索，悬索通过吊杆为刚性屋面提供了一系列的弹性支承，作用于刚性屋盖的部分荷载由悬索分担，使刚性屋盖构件的尺寸和用料相应减少。被吊挂的刚性构件可以是梁、桁架、刚架、网架、网壳等。由于悬索和吊杆都是以轴心受拉来抵抗荷载作用，因而比刚性屋盖构件单纯受弯工作合理、经济。

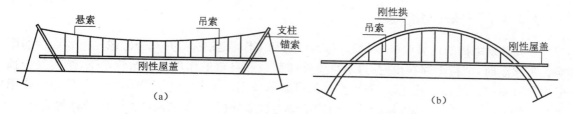

图 2-70　吊挂式混合悬挂结构体系

（4）斜拉式混合悬挂结构体系

如图2-71所示，斜拉式混合悬挂结构体系应用斜拉桥的结构原理，由塔柱顶部拉下斜拉索直接与刚性屋盖构件相连。斜拉索体系的结构受力特点与吊挂式体系基本相同，斜拉索为刚性屋面构件提供一系列中间弹性支承，可使刚性构件以较少材料做到较大的跨度。斜拉索承担的部分荷载直接经塔柱传至基础，比吊挂式体系传力路径简捷。此外，斜拉索体系中索的制作、安装也较简便，是房屋结构中应用较多的一种混合悬挂体系。

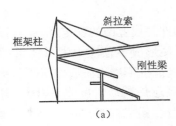 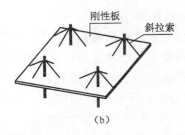

(a)　　　　　　　　　　　　(b)

图 2-71　斜拉式混合悬挂结构体系

### 2.4.2.2　悬索结构的选型

悬索结构在设计选型时,建筑物的功能、平面形状、结构跨度以及荷载大小等将是结构选型的主要考虑因素。

通常矩形平面可采用单层单向悬索,承重索沿短边方向布置,或双层单向悬索,索沿短边方向布置;在圆形平面中可采用单层或双层辐射状悬索及索网结构;在接近方形的平面和椭圆形平面中则选用索网结构较为合适。当平面为梯形或扇形,采用单层或双层悬索体系时,索的两端支点应按等距离设置,索系可按不平行布置。索网的曲面几何形状较为丰富,宜依据外形要求和索力分布均匀的原则,进行形态分析来确定索网的几何形状。

一般情况下,单层悬索结构体系由于形状稳定性较差宜采用重屋面或通过设置横向加劲构件来改善其工作性能。双层悬索体系、索网结构宜采用轻屋面,也可采用重屋面。

双层单向悬索微结构应设置足够的边缘支撑构件来加强结构的整体性。辐射状悬索结构布索时为了不使外环锚固孔过密而削弱环截面,上、下索宜错开布置,因此上、下索数量相等或成倍数,以使外环受力均匀。

## 2.4.3　悬索结构计算

### 2.4.3.1　一般计算原则

(1)悬索结构的计算应按零状态、初始状态和工作状态进行,并充分考虑几何非线性的影响。零状态时,结构不存在预应力,不承受外部荷载和自重的作用。初始状态下,结构处于预应力和自重作用的自平衡状态,不承受外部荷载的作用。工作状态是指结构在外部效应作用下所达到的平衡状态。结构初始状态的确定即为找形分析,这是悬索结构设计计算的关键。

(2)在确定初始状态后,应对悬索结构在各种工况的永久荷载与可变荷载作用下进行内力、位移计算;并根据具体情况,分别对施工安装荷载,地震和温度变化等作用下的内力、位移进行验算。在计算各个阶段各种荷载情况的效应时应考虑加载次序的影响。悬索结构内力和位移可按弹性阶段进行计算。结构在外部荷载作用下,从初始状态变为工作状态过程的受力分析,一般采用非线性有限元法进行求解。

(3)钢索宜采用钢丝、钢绞线、热处理钢筋,质量要求应分别符合国家现行有关标准。

### 2.4.3.2　索结构的有限元法

索结构由于在实际应用中垂度大,具有高度非线性,给结构分析带来了很多的困难。近年来,随着计算能力的提高以及计算方法的不断发展,有限元模拟已成了结构分析中的一个重要手段,但是由于索结构的高度非线性,会产生精度不够、收敛困难等问题。近三十年来,很多学者提出了不同的解决方法和单元构造形式,它们大致可以分为以下两类:

**1)杆单元**

由于索结构横截面尺寸远远小于索长,在通常分析中不考虑索结构在垂直于索长方向的弯曲、剪切等影响,即只考虑沿索长方向的拉伸。杆单元作为有限元中最简单的一类单元,恰可用以表征沿轴向的拉伸变形,因此早期索结构分析中就常采用类似于杆单元的有限单元形式。

目前在实际应用中,较为常用的两种应用形式是采用多段杆单元和多节点杆单元的方法,前者需要将悬索划分为若干杆单元,且为了满足精度要求,需要对单元矢跨比有一规定,通常会导致较多的单元和自由度,而后者虽然需要的单元数相对较少,但由于采用了高阶插值,通常形式较为复杂,且单元间的连续性条件通常不能得到满足。

**2)基于悬链线的索单元**

基于悬链线的索单元是一种基于悬链线方程的精确理论解而构造的索单元,相比于一般有限元单元采用多项式插值函数来模拟变形,悬链线本身就能很好地表征悬索在自重下的悬垂形态,因此,即使采用很少的单元,例如对一条悬索仅采用一个悬链线索单元,也能够达到令人满意的结果。

由于悬链线索单元所具有的这一优异性能,很长一段时间甚至直至现今,依然是索单元开发和研究的主要方向之一,然而悬链线索单元本身也具有一些缺点:①悬链线本身是对悬索静态悬垂状态的模拟,但如果在复杂荷载情况下,特别是动力学分析中,悬索不再是悬垂状态,这时如继续采用悬链线单元,精度不可避免地会受到影响;②悬链线单元与单元之间只能满足 $C_0$ 连续,不能满足 $C_1$ 连续条件,因此通常对一条悬索只能采用一个索单元来模拟,不能很好地通过增加单元数的方式来提高精度。

工程实践中,较细较短的索,自重影响不大,将索的自重等效作用到两端节点处,可采用直线两节点线单元;较粗较长的索,自重影响较大,宜采用能考虑跨中自重的单元,例如:多段直线两节点单元、近似两节点单元、悬链线单元。

### 2.4.3.3 悬链线索单元刚度矩阵

悬链线索单元,是建立在解析分析基础上的有限元模型,只需要节点位置和索原长或初张力就能进行分析,同其他模型比较,计算精度高,工作量小。随着计算机软、硬件的迅速发展,该模型对精度要求比较高的大型索结构尤为适用。

**1)基本假定**

①索是理想柔性的,即不能受压,也不能抗弯;
②索的材料性质符合胡克定律,且始终处于弹性工作阶段;③各个索元所受的荷载沿索长曲线均布;
④考虑大位移、小应变。

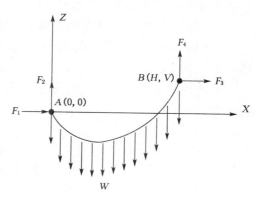

图 2-72 悬链线索单元

**2）索单元刚度矩阵**

设 $L_u$ 为索元无应力时的原长，$L$ 为索变形后的曲线长度，$w$ 为沿索曲线均布的荷载，$E$ 为索元的弹性模量，$A$ 为索元的截面面积，$F_1$、$F_2$、$F_3$ 和 $F_4$ 分别是索两端切向张力沿坐标轴方向的分量。

悬链线端节点力 $T_i$、$T_j$、$F_1$、$F_2$、$F_3$、$F_4$ 之间的关系如下：

$$F_3 = -F_1 \tag{2-104}$$

$$F_4 = -F_2 + wL_u \tag{2-105}$$

$$T_i = \sqrt{F_1^2 + F_2^2} \tag{2-106}$$

$$T_j = \sqrt{F_3^2 + F_4^2} \tag{2-107}$$

$$L^2 = V^2 + H^2 \frac{\sin h^2 \lambda}{\lambda^2} \tag{2-108}$$

$$\lambda = \frac{wH}{2 \mid F_1 \mid} \tag{2-109}$$

$$F_2 = \frac{w}{2}\left(-V\frac{\cos h\lambda}{\sin h\lambda} + L\right) \tag{2-110}$$

$$H = -F_1\left(\frac{L_u}{EA} + \frac{1}{w}\ln\frac{F_4 + T_j}{T_i - F_2}\right) \tag{2-111}$$

$$V = \frac{1}{2EAw}(T_j^2 - T_i^2) + \frac{T_j - T_i}{w} \tag{2-112}$$

$$L = L_u + \frac{1}{2EAw}\left(F_4 T_j + F_2 T_i + F_1^2 \ln\frac{F_4 + T_j}{T_i - F_2}\right) \tag{2-113}$$

已知索原长 $L_u$ 和单位长度重力 $w$ 时，$F_1$、$F_2$、$F_3$、$F_4$ 只是 $H$ 和 $V$ 的函数，可按以下步骤求解给定初始状态下的索段内力：

（1）假定 $F_1$；

（2）根据式（2-109）计算 $\lambda$，根据式（2-108）得到 $L$，根据式（2-110）得到 $F_2$，根据式（2-106）得到 $T_i$；

（3）根据式（2-104）、（2-105）由 $F_1$、$F_2$ 的值得到 $F_3$、$F_4$，再根据式（2-107）得到 $T_j$，至此，悬链线索单元两端节点力全部得到；

（4）根据式（2-113）求与假定的 $F_1$ 对应的索段原长 $L_{um}$；

（5）检查 $L_{um}$ 是否满足给定索段原长 $L_u$ 的要求，不满足重新假定 $F_1$ 从步骤（1）开始，直到得到 $L_{um}$ 与 $L_u$ 足够接近时的索段内力 $F_1$、$F_2$、$F_3$、$F_4$ 以及 $T_i$、$T_j$。

通过对式（2-111）、（2-112）进行微分，得到在迭代过程中索端位移增量和索端力增量的关系为：

$$\begin{bmatrix} \delta H \\ \delta V \end{bmatrix} = \begin{bmatrix} \dfrac{\partial H}{\partial F_1} & \dfrac{\partial H}{\partial F_2} \\ \dfrac{\partial V}{\partial F_1} & \dfrac{\partial V}{\partial F_2} \end{bmatrix} \begin{bmatrix} \delta F_1 \\ \delta F_2 \end{bmatrix} = \begin{bmatrix} \xi_1 & \xi_2 \\ \xi_3 & \xi_4 \end{bmatrix} \begin{bmatrix} \delta F_1 \\ \delta F_2 \end{bmatrix} = f \begin{bmatrix} \delta F_1 \\ \delta F_2 \end{bmatrix} \tag{2-114}$$

公式（2-114）中柔度矩阵 $f$ 中的元素分别为：

$$\xi_1 = \frac{H}{F_1} + \frac{1}{w}\left[\frac{F_4}{T_j} + \frac{F_2}{T_i}\right]; \xi_2 = \xi_3 = \frac{F_1}{w}\left[\frac{1}{T_j} - \frac{1}{T_i}\right]; \xi_4 = -\frac{L_u}{EA} - \frac{1}{w}\left[\frac{F_4}{T_j} + \frac{F_2}{T_i}\right]$$

上面公式(2-114)即给出了局部坐标下单元柔度矩阵 $f$,对 $f$ 求逆,便可得出索单元在局部坐标内的单元刚度矩阵 $K$,再由转换矩阵将 $K$ 转化为整体坐标下的单元刚度矩阵 $K^e$,即:

$$K^e = \begin{bmatrix} S & -S \\ -S & S \end{bmatrix} \tag{2-115}$$

其中,$S = \begin{bmatrix} -\frac{F_1}{H}m^2 - k_{11}l^2 & \frac{F_1}{H}lm - k_{11}lm & -k_{12}l \\ & -\frac{F_1}{H}l^2 - k_{11}m^2 & -k_{12}m \\ SYM & & -k_{22} \end{bmatrix}$, $\begin{bmatrix} k_{11} & k_{12} \\ k_{12} & k_{22} \end{bmatrix} = \frac{1}{(\xi_1\xi_4 - \xi_2^2)}\begin{bmatrix} \xi_4 & -\xi_2 \\ -\xi_2 & \xi_1 \end{bmatrix}$

式中:$l, m$——局部坐标系的 $x$ 轴和 $y$ 轴在整体坐标系下的方向余弦。

将悬链线单元刚度矩阵进行组装,即可得到结构体系的刚度矩阵和非线性平衡方程,迭代求解非线性平衡方程就可得到结构体系的荷载-位移关系。

### 2.4.4 预应力索节点

预应力索可采用钢绞线拉索、扭绞型平行钢丝拉索或钢拉杆,相应的拉索形式与端部节点可采用下列方式:

(1)钢绞线拉索,索体应由带有防护涂层的钢绞线制成,外加防护套管。固定端可采用挤压锚,张拉端可采用夹片锚,锚板应外带螺母用于微调整拉索力(如图 2-73 所示)。

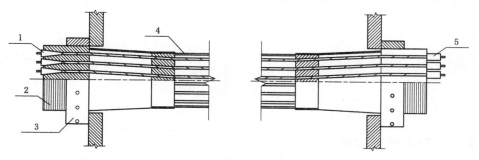

**图 2-73　钢绞线拉索**

1—夹片锚;2—锚板;3—外螺母;4—护套;5—挤压锚

(2)扭绞型平行钢丝拉索,索体应为平行钢丝束扭绞成型,外加防护层。钢索直径较小时可采用压接方式锚固,钢索直径大于 30 mm 时宜采用铸锚方式锚固。锚固节点可外带螺母或采用耳板销轴节点(如图 2-74 所示)。

**图 2-74　扭绞型平行钢丝拉索**

1—铸锚;2—压接锚

（3）钢拉杆,拉杆应为带有防护涂层的优质碳素结构钢、低合金高强结构钢、合金结构钢或不锈钢,两端锚固方式应为耳板销轴节点,并宜配有可调节索长的调节套筒(如图 2-75 所示)。

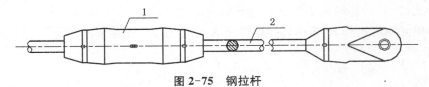

图 2-75　钢拉杆

1—调节套筒;2—钢棒

设计中应采用哪种预应力索应根据具体结构与施工条件来确定。钢绞线拉索施工简便且成本低,但预应力套头尺寸较大并需加防护外套,防护要求高;扭绞型平行钢丝拉索其制索与锚头的加工都必须在工厂完成,质量可靠,但索的长度控制要求严且施工技术要求高;钢棒拉杆是近年开始应用的一种新形式,端部用螺纹连接质量可靠,防护处理容易,当拉杆较长时要 10 m 左右设一个接头。除了小吨位的拉索外,对于大吨位的拉索应有可靠的索长微调系统以确保拉索力的正确。

如图 2-76 所示,预应力体外索在索的转折处应设置鞍形垫板,以保证索的平滑转折,从而保证索在转折处的弯曲半径以免应力集中。

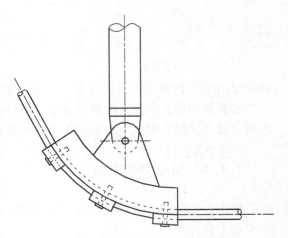

图 2-76　预应力体外索的鞍形垫板

# 2.5　管桁架结构

## 2.5.1　管桁架结构特点

近年来,管桁架结构(也称钢管桁架结构、管桁架、管结构、立体桁架)在大跨度空间结构中得到了广泛应用。管桁架结构的结构体系为平面或空间桁架,与一般桁架的区别在于连接节点的方式不同。管桁架结构在节点处采用与杆件直接焊接的相贯节点。在相贯节点处,只有在同一轴线上的两个主管贯通,其余杆件(即支管)通过端部相贯线加工后,直接焊接在贯通杆件(即主管)的外表面上,非贯通杆件在节点部位可能有一定间隙(间隙型节点),也可能部分重叠(搭接型节点)。

管桁架同网架比,杆件较少,节点美观,不会出现较大的球节点,利用大跨度空间管桁架结构,可以建造出各种体态轻盈的大跨度结构。管桁架结构中的杆件大部分情况下只受轴线拉力或压力,应力在截面上均匀分布,因而容易发挥材料的作用。这些特点使管桁架结构用料省,结构自重小。管桁架易于构成各种外形以适应不同的用途,譬如可以做成简支桁架、拱、框架及塔架等,因而管桁架结构在如今的许多大跨度的场馆建筑,如会展中心、体育场馆或其他的大型公共建筑中有着广泛的应用。

### 2.5.2 管桁架结构形式及选型

#### 1) 管桁架结构形式

空间管桁架结构通常为三角形断面,与平面管桁架结构相比,三角形桁架稳定性更好,抗扭转刚度更大且外表更美观。在不布置或不能布置面外支撑的场合,三角形桁架可提供较大的跨度空间。一组三角形桁架类似于一榀空间刚架,且更为经济。管桁架可以减少侧向支撑构件,提高侧向稳定性和扭转刚度。对于小跨度管桁架结构,可以不布置侧向支撑。

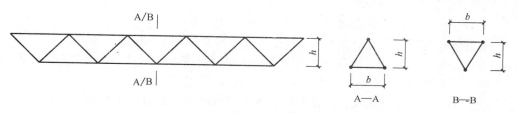

图 2-77 管桁架结构

三角形空间管桁架结构截面分正三角形和倒三角形两种(图 2-77),两种截面形式的桁架各有优缺点。倒三角形截面中,由两根上弦杆通过斜腹杆与下弦杆连接后,再在节点处设置水平连杆,而且支座支点多在上弦处,从而构成了上弦侧向刚度较大的屋架。这种截面形式,上弦有两根杆件,而通常上弦是受压构件,从杆件的稳定性考虑,上弦受压容易失稳,下弦受拉不存在稳定性问题,因而倒三角截面形式是一种合理的截面形式。另外,这种形式的两根上弦贴靠屋面,下弦只有一根杆件,给人以轻巧的感觉。除此之外,这种倒三角截面形式也会减少檩条的跨度。因此,实际工程中大量采用的是倒三角截面形式的桁架。正三角截面桁架的主要优点在于上弦是一根杆件,檩条和天窗架支柱与上弦的连接比较简单,多用于输管栈道。

#### 2) 管桁架结构的选型

根据《网格规程》,立体桁架的高度可取跨度的 $1/20 \sim 1/16$。立体桁架的拱架厚度可取跨度的 $1/30 \sim 1/20$,矢高可取跨度的 $1/6 \sim 1/3$。当按立体拱架计算时,两端下部结构除了可靠传递竖向反力外还应保证抵抗水平位移的约束条件。当立体拱架跨度较大时应进行立体拱架平面内的整体稳定性验算。

张弦立体拱架的拱架厚度可取跨度的 $1/50 \sim 1/30$,结构矢高可取跨度的 $1/10 \sim 1/7$,其中拱架矢高可取跨度的 $1/18 \sim 1/14$,张弦的垂度可取跨度的 $1/30 \sim 1/12$。

对立体桁架、立体拱架或张弦立体拱架应设置平面外的稳定支撑体系。

#### 3) 相贯节点

相贯节点又称简单节点、无加劲节点或直接焊接节点。在其节点处,在同一轴线上的两个最粗的相邻杆件贯通,其余杆件通过端部相贯线加工后,直接焊接在贯通杆件的外表。非贯通杆件在节点处,可能互相分离,也可能部分重叠。按几何形式分类,相贯节点可分为平面节点和空间节点;按截面形式分类,相贯节点可分为圆管节点和方管节点。本书的计算公式主要针对不承受直接动力荷载的圆钢管相贯节点。相贯节点设计的主要内容包括:构造要求验算和节点承载力验算。

（1）构造要求验算

根据《钢结构设计规范》规定,相贯节点需满足下面几个方面的构造设计要求:

① 支管与主管夹角不应小于30°;

② 支管与主管之间的连接可沿全周用角焊缝或部分采用对接焊缝、部分采用角焊缝。支管管壁与主管管壁之间的夹角大于或等于120°的区域宜用对接焊缝或带坡口的角焊缝。角焊缝高度（焊角尺寸）不应大于支管壁厚的2倍;

③ 焊缝承载力大于等于节点承载力;

④ 主管外部尺寸不应小于支管外部尺寸,主管壁厚不应小于支管壁厚,且支管与主管连接处不得将支管插入主管内;

⑤ 支管外径与主管外径之比应在0.2~1范围内;

⑥ 支管外径与壁厚之比不应大于60、主管外径与壁厚之比不应大于100;

⑦ 在有间隙的K形或N形节点中（图2-78(a)、(b)）,支管间隙$a$应不小于两支管壁厚之和;

⑧ 在搭接的K形或N形节点中（图2-78(c)、(d)）,其搭接率$O_v = q/p \times 100\%$ 应满足 $25\% \leqslant O_v \leqslant 100\%$,且应确保在搭接部分的支管之间的连接焊缝能可靠地传递内力;

⑨ 支管与主管的连接节点处,除搭接型节点外,应该尽可能避免偏心;

⑩ 在搭接节点中,当支管厚度不同时,薄壁管应搭在厚壁管上;当支管钢材强度等级不同时,低强度管应搭在高强度管上。

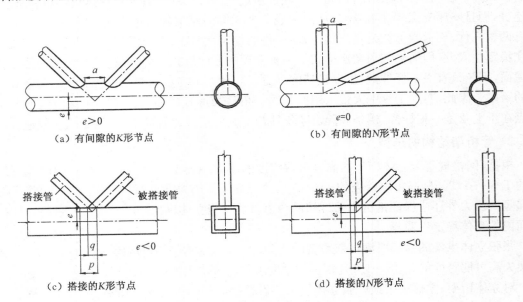

（a）有间隙的K形节点　　　　　　　　　　（b）有间隙的N形节点

（c）搭接的K形节点　　　　　　　　　　（d）搭接的N形节点

图2-78　K形和N形管节点的偏心和间隙

（2）节点承载力验算

此部分内容将在2.5.3节中详细介绍。

### 2.5.3 节点承载力验算

《钢结构设计规范》对相贯节点承载力有以下规定：支管的轴心内力设计值不应超过节点承载力设计值；在节点处，支管沿周边与主管相焊，焊缝承载力应等于或大于节点承载力。节点的承载力随着相贯节点的形式变化。

#### 1）X形节点（图2-79）

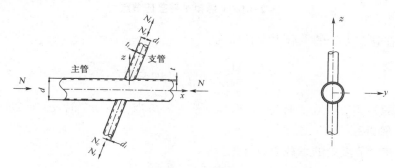

图 2-79  X形节点

受压支管在管节点处的承载力设计值为：

$$N_{cX}^{pj} = \frac{5.45}{(1-0.81\beta)\sin\theta}\varphi_n t^2 f \tag{2-116}$$

式中：$\varphi_n$—— 参数，$\varphi_n = 1 - 0.3 \times \dfrac{\sigma}{f_y} - 0.3 \times \left(\dfrac{\sigma}{f_y}\right)^2$，当节点两侧或一侧主管受拉时，$\varphi_n = 1$；

$f_y$—— 主管钢材的屈服强度；

$\sigma$—— 节点两侧主管轴心压应力的较小绝对值；

$f$—— 主管钢材的抗拉、抗压、抗弯强度设计值；

$\beta$—— 支管外径与主管外径之比；

$t$—— 主管壁厚；

$\theta$—— 支管轴线与主管外径的夹角。

受拉支管在管节点处的承载力设计值为：

$$N_{tX}^{pj} = 0.78\left(\frac{d}{t}\right)^{0.2} N_{cX}^{pj} \tag{2-117}$$

#### 2）T形（或Y形）节点（图2-80、图2-81）

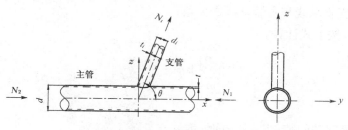

图 2-80  T形和Y形受拉节点

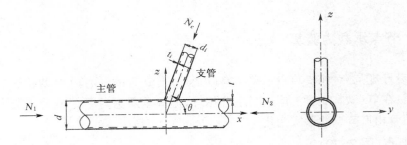

图 2-81　T 形和 Y 形受压节点

受压支管在管节点处的承载力设计值为：

$$N_{cT}^{pj} = \frac{11.51}{\sin\theta}\left(\frac{d}{t}\right)^{0.2}\varphi_n\varphi_d t^2 f \tag{2-118}$$

式中：$\varphi_d$—— 参数；当 $\beta \leqslant 0.7$ 时，$\varphi_d = 0.069 + 0.93\beta$；当 $\beta > 0.7$ 时，$\varphi_d = 2\beta - 0.68$；

　　　$d$—— 主管外径。

受拉支管在管节点处的承载力设计值为：

当 $\beta \leqslant 0.6$ 时，

$$N_{tT}^{pj} = 1.4 N_{cT}^{pj} \tag{2-119}$$

当 $\beta > 0.6$ 时，

$$N_{tT}^{pj} = (2-\beta)N_{cT}^{pj} \tag{2-120}$$

**3）K 形节点（图 2-82）**

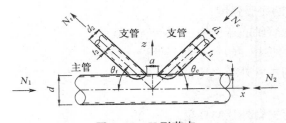

图 2-82　K 形节点

受压支管在管节点处的承载力设计值为：

$$N_{cK}^{pj} = \frac{11.51}{\sin\theta_c}\left(\frac{d}{t}\right)^{0.2}\varphi_n\varphi_d\varphi_a t^2 f \tag{2-121}$$

式中：$\theta_c$—— 受压支管轴线与主管轴线之夹角；

　　　$\varphi_a$—— 参数，按下式计算：

$$\varphi_a = 1 + \frac{2.19}{1 + \dfrac{7.5a}{d}}\left[1 - \frac{20.1}{6.6 + \dfrac{d}{t}}\right](1 - 0.77\beta) \tag{2-122}$$

式中：$a$—— 两支管间的间隙；当 $a < 0$ 时，取 $a = 0$。

受拉支管在管节点处的承载力设计值为：

$$N_{tk}^{pj} = \frac{\sin \theta_c}{\sin \theta_t} N_{ck}^{pj}$$

(2-123)

式中：$\theta_t$——受拉支管轴线与主管轴线之夹角。

**4）TT 形节点**（图 2-83）

受压支管在管节点处的承载力设计值为：

$$N_{cTT}^{pj} = \varphi_g N_{cT}^{pj}$$

(2-124)

式中：$\varphi_g = 1.28 - 0.64 \dfrac{g}{d} \leqslant 1.1$，$g$ 为两支管的横向间距。

受拉支管在管节点处的承载力设计值为：

$$N_{tTT}^{pj} = N_{tT}^{pj}$$

(2-125)

**5）KK 形节点**（图 2-84）

受压或受拉支管在管节点处的承载力设计值 $N_{cKK}^{pj}$ 或 $N_{tKK}^{pj}$ 应等于 K 形节点相应支管承载力设计值 $N_{ck}^{pj}$ 或 $N_{tk}^{pj}$ 的 0.9 倍。

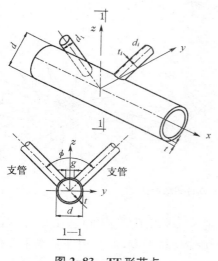

图 2-83　TT 形节点

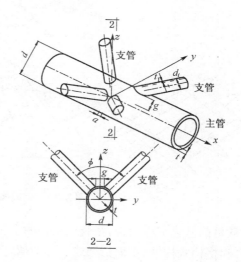

图 2-84　KK 形节点

# 2.6　其他新型空间结构

前几节重点介绍了几种传统的大跨度建筑的结构形式，它们在结构上具有各自的特点，在建筑上具有不同的造型风格。然而随着生产、生活水平的提高，人们不仅要求建筑多样化、多功能性，而且要能更好地表达建筑的文化内涵和精神追求，并且不断满足人类对创新的需求。因而，随着新科技、新材料的出现，世界各地又涌现出很多新颖的大跨度空间结构形式，下面就简略地介绍几种。

### 2.6.1　张弦梁结构

张弦梁结构是近十余年发展起来的一种预应力空间结构体系,它是上弦刚性构件和下弦柔性拉索两类不同类型单元组合而成的一种结构体系,通常将其归类为"杂交结构体系"范畴。从受力形态上来看,张弦梁结构又通常被认为是一种"半刚性"结构。

张弦梁结构由于其结构形式简洁,富于建筑表现力,因此是建筑师乐于采用的一种大跨度结构体系。从结构受力特点来看,由于张弦梁结构的下弦采用高强度拉索,其不仅可以承受结构在荷载作用下的拉力,而且可以适当地对结构施加预应力以改善上弦的受力性能,从而提高结构的跨越能力。

空间张弦梁结构是以平面张弦梁结构为基本组成单元,通过不同形式的空间布置所形成的以空间受力为主的张弦梁结构。空间张弦梁结构的基本形式如图 2-85。

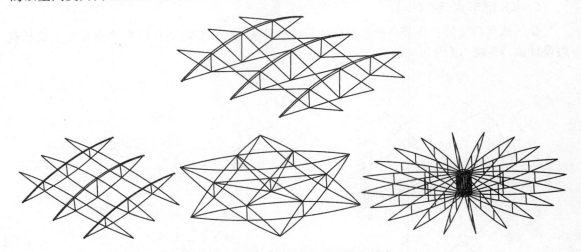

图 2-85　空间张弦梁结构的基本形式

从目前已建工程来看,张弦梁结构的上弦构件通常采用实腹式构件(包括矩形钢管、H 型钢等)和格构式构件(平面桁架或立体桁架等)。从构件材料上看,上弦构件基本采用钢构件,但也有采用混凝土构件;撑杆通常采用圆钢管;下弦拉索以采用高强平行钢丝束居多,当然也可以采用钢绞线。

从结构形式来看,张弦梁结构的工程应用大多采用平面张弦梁结构。其原因是平面张弦梁结构的形式简洁,建筑师都乐于采用。同时平面张弦梁结构受力明确简单,制作加工、施工安装均较为方便。

### 2.6.2　索穹顶结构

索穹顶结构是由美国工程师 Geiger 根据 Fuller 的张拉整体结构思想开发的一种新型空间结构形式。现有索穹顶结构形式主要有肋环型和葵花型两种,由于这两种体系分别由 Geiger 和 Levy 设计并应用到工程中,这两种形式又分别被命名为 Geiger 型和 Levy 型。Geiger 型的代表工程为汉城体操馆索穹顶,结构形式如图 2-86,该图示的 Geiger 型索穹顶是由中心受拉环、径向布置的脊索、斜索、压杆和环索组成,并支承于周边受压环梁上。由于它的几何形状接近平面桁架系结构,总的来说,桁架系平面外刚度较小,在不对称荷载作用下容易出现失稳。

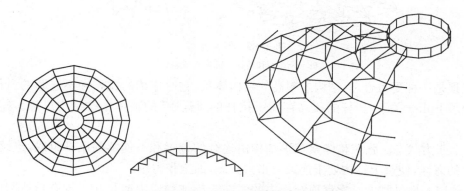

**图 2-86　Geiger 设计的汉城体操馆穹顶结构**

　　Kiewitt 型穹顶(图 2-87)和混合型穹顶是在综合考虑结构构造、几何拓扑和受力机理的基础上提出的新型索穹顶结构形式。其中混合 I 型(图 2-88)为肋环型和葵花型的重叠式组合,混合 II 型(图 2-89)为 Kiewitt 型和葵花型的内外式组合。这些新型穹顶脊索划分较为均匀,可实现刚度分布均匀和较低的预应力水平,同时使薄膜的制作和布设更加简便可行。均匀划分的脊索网格同样为刚性屋面材料,为压型钢板、铝板的使用提供了更大的空间。

**图 2-87　Kiewitt 型穹顶**

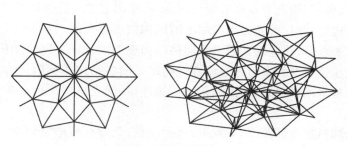

**图 2-88　混合 I 型**
(肋环型和葵花型的重叠式组合)

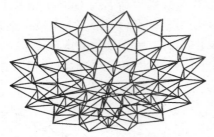

图 2-89　混合Ⅱ型

(Kiewitt 型和葵花型的内外式组合)

索穹顶是一种受力合理、结构效率高的结构体系,它由连续的拉索和不连续的压杆组成,完全体现了 Fuller 关于"压杆的孤岛存在于拉杆的海洋中"的整体张拉结构思想。其主要特点如下:

(1) 全张力状态。张拉整体索穹顶结构由连续的拉索和不连续的压杆组成,连续的拉索构成张力的海洋,使整个结构处于连续的张力状态,即全张力态。

(2) 预应力提供刚度。索穹顶结构中的索在未施加预应力前是几乎没有自然刚度的,它的刚度完全由预应力提供。索穹顶结构的刚度与预应力的分布和大小有密切关系。

(3) 力学性能与形状有关。索穹顶结构的工作机理和力学性能依赖于其自身的拓扑形状。只有合理的结构形状,才能有良好的工作性能。

(4) 力学性能与施工方法有关。索穹顶结构的力学性能很大程度上取决于预应力形态,而预应力的形成又与施工过程有直接关系,所以选择合理、有效的施工方法是实现结构良好的力学性能的保证。

(5) 自平衡系统。无论是在成型态还是受荷态,它都是压力和拉力的有效自平衡体系。

## 2.7　空间结构设计实例

进行空间网格结构理论分析的最终目的是实现空间网格结构的工程实践,从而使之为生产或生活服务。网格结构的工程设计不仅要精确预测结构的力学性能,还要充分考虑业主要求、建筑功能、造价、施工、构造等众多方面的因素,这些因素之间往往是相互关联的。

在进行网格结构设计时,首先必须深刻了解结构的工程概况,包括工程地质条件、气候条件、下部结构、建筑要求等,这些因素通常是网格结构选型的依据。网格结构选型包括网格结构的类型、尺寸、支座位置及约束形式等内容。确定了网格结构类型后,便可建立有限元分析模型。一般网架结构采用杆单元,节点简化为铰接连接,网壳结构采用梁单元,节点简化为刚接连接。

网格结构的荷载目前可按照《荷载规范》进行取值,设计荷载通常包括恒载、活荷载、风荷载、地震荷载、温度作用,并应考虑各种可能的荷载工况组合。

网格结构力学性能分析,包括静力性能和动力性能两部分。首先进行静力性能验算,验算结构在各种工况组合下是否有杆件超过容许应力及强度条件;其次验算结构最大位移是否超过容许位移,即刚度条件,若不满足则重新调整截面直至符合规定。上述两条满足后,再进行动力性能分析,若不满足应修改结构方案。

计算得到结构设计方案满足力学性能要求后,还要考虑实际施工时节点和支座等处的构造做法,使构造做法与理论分析模型尽量一致。最后可进行施工图的绘制工作。

### 2.7.1 网架结构设计实例

#### 2.7.1.1 工程概况

某中学体育馆,建筑平面总长 58.5 m,宽 45.0 m,底层作为风雨操场使用,二层为篮、排球比赛,二层以上两侧设斜板看台夹层。其看台结构平面图和建筑剖面分别如图 2-90、图 2-91 所示。体育馆下层采用现浇钢筋混凝土框架结构,屋盖采用钢网架结构,平面尺寸为 62.8 m×52.0 m,四周悬挑 5 m,柱距 6.6 m,屋面为轻型屋面。本工程结构设计使用年限为 50 年,建筑结构安全等级为二级。

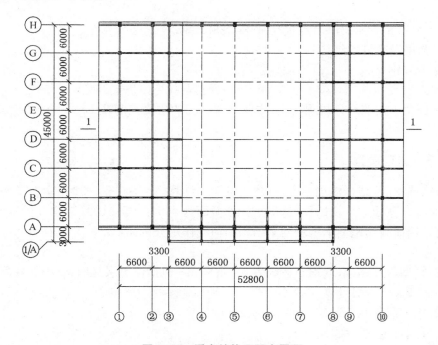

图 2-90 看台结构平面布置图

#### 2.7.1.2 结构选型

本工程采用正放四角锥网架结构。对应于下部结构柱距,网格尺寸采用 3.3 m×3.0 m (为满足建筑要求,悬挑部分为 3.5 m×3.35 m),网架高度为 2.6 m,网架下弦杆件离地面高度为 18.0 m。由于四周悬挑,网架采用下弦支承。

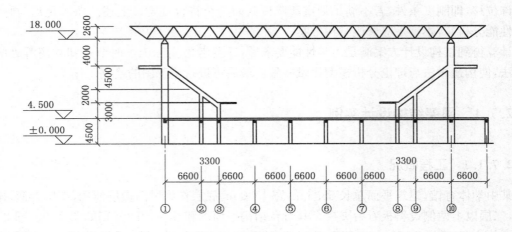

图 2-91　1-1 建筑剖面图

本结构分析采用通用钢结构设计软件 USSCAD 进行计算分析和设计,结构分析的参数如下:

① 材料,所有钢管及支座节点板均采用 Q235B 钢。

② 设计强度及容许长细比:

采用 Q235B 钢材　　　　　设计强度 $f = 215 \text{ N/mm}^2$

容许长细比:受压与压弯$[\lambda] = 180$　　　　受拉与拉弯$[\lambda] = 250$

③ 控制挠度。按照设计规程规定,主体网架结构的挠度控制在 $L/250 = 42\,000/250 \text{ mm} = 168 \text{ mm}$。

### 2.7.1.3　建立模型

确定结构选型后,结合建筑要求,可建立结构的计算模型,如图 2-92 所示。支座假定为不动铰支承,对杆件截面进行初始设定,最小杆件截面为 $\phi 60 \times 3.5$。建立结构分析模型之后,需要确定网架结构荷载作用。本工程网架结构的荷载作用分析如下:

(1) 恒荷载

上弦层:轻型压型钢板,取均布荷载为 $0.3 \text{ kN/m}^2$(包括保温层),檩条、小立柱简化为均布荷载,约为 $0.1 \text{ kN/m}^2$,总计 $0.4 \text{ kN/m}^2$;

下弦层:集中荷载 $0.5 \text{ kN}$,布置在相应的位置;

网架及节点自重:程序自动生成。

(2) 屋面活荷载

上弦层:不上人屋面,屋面均布活荷载 $0.5 \text{ kN/m}^2$(屋面活荷载大于雪荷载,取两者的较大值)。

(3) 风荷载

基本风压按《建筑结构荷载规范》(GB 50009—2012)给出的 50 年一遇的风压采用,为 $0.45 \text{ kN/m}^2$,地面粗糙度为 B 类,风压高度系数 1.19,风荷载体形系数 $-0.6$,风振系数 1.5,作用在上弦层。

$$w_k = 0.45 \times 1.19 \times 1.5 \times (-0.6) \text{ kN/m}^2 = -0.48 \text{ kN/m}^2$$

（4）温度作用

取±20℃的温度变化。

（5）地震作用

抗震设防烈度为8度，设计基本地震加速度0.20$g$，设计地震分组为第一组，场地类别为Ⅱ类。可以不进行水平地震验算，但必须进行竖向抗震验算。由于网架结构各阶自振频率非常接近，故取前15阶振型进行效应组合。

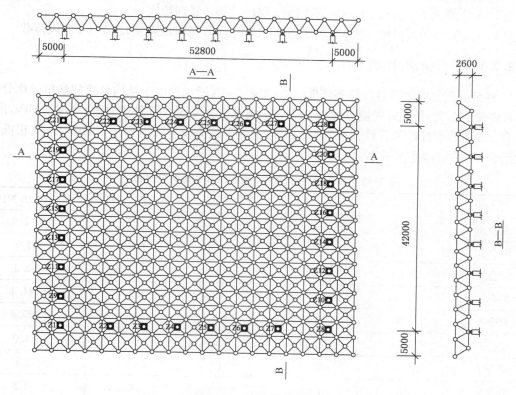

**图 2-92 网架结构模型**

本工程网架计算中考虑了以下15种荷载组合，地震作用采用反力谱法计算，地震工况组合所用的雪荷载用屋面活荷载进行替代。采用满应力方法对网架结构杆件截面进行调整，优化应力比上限为0.8，优化应力比下限为0，计算结果偏于安全。

（1）1.2×恒载＋1.4×1.0×屋面活荷载；

（2）1.2×恒载＋1.4×1.0×屋面活荷载＋1.4×0.6×风荷载＋1.4×0.6×温度作用（＋20℃）；

（3）1.2×恒载＋1.4×1.0×屋面活荷载＋1.4×0.6×风荷载＋1.4×0.6×温度作用（－20℃）；

（4）1.2×恒载＋1.4×1.0×屋面活荷载＋1.4×0.6×温度作用（＋20℃）；

（5）1.2×恒载＋1.4×1.0×屋面活荷载＋1.4×0.6×温度作用（－20℃）；

（6）1.2×恒载＋1.4×1.0×屋面活荷载＋1.4×0.6×风荷载；

（7）1.2×恒载＋1.4×1.0×温度作用（＋20℃）；

（8）$1.2\times$恒载$+1.4\times1.0\times$温度作用（$-20$℃）；

（9）$1.2\times$恒载$+1.4\times1.0\times$温度作用（$+20$℃）$+1.4\times0.7\times$屋面活荷载；

（10）$1.2\times$恒载$+1.4\times1.0\times$温度作用（$-20$℃）$+1.4\times0.7\times$屋面活荷载；

（11）$0.6\times$恒载$+1.4\times1.0\times$风荷载；

（12）$0.6\times$恒载$+1.4\times1.0\times$风荷载$+1.4\times0.6\times$温度作用（$+20$℃）；

（13）$0.6\times$恒载$+1.4\times1.0\times$风荷载$+1.4\times0.6\times$温度作用（$-20$℃）；

（14）$1.2\times(1.0\times$恒载$+0.5\times$屋面活荷载$)+1.3\times$竖向地震；

（15）$1.2\times(1.0\times$恒载$+0.5\times$屋面活荷载$)+1.3\times$竖向地震$+1.4\times0.2\times$风荷载。

### 2.7.1.4 分析设计

15 种荷载组合时的节点位移和杆件应力,如表 2-19 所示。由于结构和荷载都呈对称分布,跨中杆件受力最大,最大杆件应力为 165 MPa,出现在组合 4,最小杆件应力为$-146.5$ MPa,出现在组合 10,均低于杆件的设计强度和稳定应力。由于风荷载为吸力作用,与结构自重相抵消,因此组合 11 的结构受力最小。

表 2-19　各荷载组合的节点最大位移和最大杆件应力

| 组合 | $x$ 向/mm | $y$ 向/mm | $z$ 向/mm | 最大应力/MPa | 最小应力/MPa |
|---|---|---|---|---|---|
| 组合 1 | 7.76 | 7.39 | $-63.48$ | 115.2 | $-117.2$ |
| 组合 2 | 9.42 | 9.32 | $-63.43$ | 132.3 | $-91.2$ |
| 组合 3 | 2.91 | 2.71 | $-30.49$ | 115.3 | $-93.8$ |
| 组合 4 | 11.29 | 11.09 | $-79.95$ | 165.0 | $-124.4$ |
| 组合 5 | 4.67 | 4.11 | $-47.01$ | 160.0 | $-125.5$ |
| 组合 6 | 5.74 | 5.47 | $-46.96$ | 82.5 | $-84.0$ |
| 组合 7 | 10.95 | 11.03 | $-64.15$ | 142.4 | $-72.6$ |
| 组合 8 | 4.05 | 4.04 | $-9.06$ | 54.0 | $-80.8$ |
| 组合 9 | 13.08 | 13.05 | $-82.84$ | 87.2 | $-90.5$ |
| 组合 10 | 4.44 | 4.07 | $-27.94$ | 120.3 | $-146.5$ |
| 组合 11 | 1.08 | 1.07 | $-8.99$ | 15.1 | $-14.9$ |
| 组合 12 | 5.12 | 5.28 | $-25.72$ | 29.0 | $-34.1$ |
| 组合 13 | 3.01 | 3.19 | 7.99 | 22.3 | $-57.8$ |
| 组合 14 | 6.57 | 6.28 | $-53.84$ | 154.5 | $-91.9$ |
| 组合 15 | 5.9 | 5.64 | $-48.34$ | 63.2 | $-64.2$ |

结构最大变形出现在跨中部位,最大竖直向下节点位移为 82.84 mm,远小于网架结构控制挠度 168 mm,网架变形符合要求。在风吸力和负温差的作用下,组合 13 的最大竖直向上节点位移为 7.99 mm,也满足变形要求。

网架结构的一阶振型为跨中半波竖向振动,二阶振型为沿长跨方向的全波竖向振动,三阶振型为沿短跨方向的全波竖向振动,前三阶振型均以竖向振动为主(图 2-93)。对于设防烈度大于 8 度的地区,必须考虑竖向地震作用的影响。网架结构一阶自振周期为 0.304 s,其他各阶自振周期均非常接近(表 2-20),因此对于网架结构抗震分析时,用于组合的自振频率数目不宜少于 15 个。

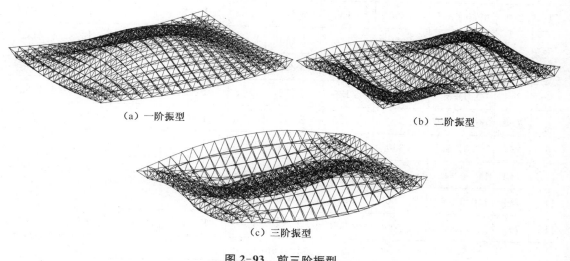

（a）一阶振型　　　　　　　　　　　　　　（b）二阶振型

（c）三阶振型

图 2-93　前三阶振型

计算得到各组合的杆件受力之后,即可通过满应力截面选择方法选择杆件截面,使之满足杆件正应力、稳定应力、长细比等验算要求。经过统计,本工程总用钢量为 60.8 t,网架建筑平面面积为 52.8 m×42.0 m＝2 218 m²,单位建筑面积的用钢量约为 27.4 kg/m²,处于合理的用钢量范围之内。

表 2-20　前 10 阶自振周期

| 阶数 | 1 | 2 | 3 | 4 | 5 | 6 | 7 | 8 | 9 | 10 |
|---|---|---|---|---|---|---|---|---|---|---|
| 自振周期(s) | 0.304 | 0.203 | 0.157 | 0.139 | 0.112 | 0.100 | 0.091 | 0.091 | 0.090 | 0.090 |

### 2.7.1.5　结构施工图

计算得到各种结果,并进行校核无误后,应进行螺栓球节点计算,验算满足要求后,便可出结构施工图。网架的施工图应包括杆件材料表(表 2-21～表 2-25)、杆件施工图(图 2-96～图 2-98)、螺栓球加工图(图 2-99)等信息。绘制施工图之前,需要对网架构件及节点进行归并处理,即统计相同规格的(螺栓孔径、数目、空间角度相同)螺栓球节点数目,统计相同规格的(截面尺寸、下料长度相同)杆件数目,将它们各自进行归类,以便于工厂制作加工。

在网架结构材料表中,包括杆件几何长度、下料长度、焊接长度。几何长度就是杆件两端球心到球心的距离,下料长度＝几何长度－两端球半径－两端套筒长度－两端封板或锥头长度＋两端螺栓球削面量＋两端焊接收缩量,焊接长度＝下料长度＋两端封板或锥头长度。

表2-21　杆件材料表

| 序号 | 编号 | 规格 | 几何长度(mm) | 下料长度(mm) | 焊接长度(mm) | 螺栓编号 | 封板或锥头编号 | 钢管数量 | 单重(kg) | 总重(kg) |
|---|---|---|---|---|---|---|---|---|---|---|
| 1 | 2-1 | 60.0×3.5 | 3 350 | 3 188 | 3 210 | L-3 | F-4 | 16 | 15.5 | 248.6 |
| 2 | 2-2 | 60.0×3.5 | 3 330 | 3 138 | 3 160 | L-3 | F-4 | 16 | 15.3 | 244.7 |
| 3 | 2-3 | 60.0×3.5 | 3 350 | 3 180 | 3 202 | L-3 | F-4 | 20 | 15.5 | 310.0 |
| 4 | 2-4 | 60.0×3.5 | 3 330 | 3 130 | 3 152 | L-3 | F-4 | 12 | 15.3 | 183.1 |
| 5 | 2-5 | 60.0×3.5 | 3 330 | 3 125 | 3 147 | L-3 | F-4 | 4 | 15.2 | 60.9 |
| 6 | 2-6 | 60.0×3.5 | 3 330 | 3 122 | 3 144 | L-3 | F-4 | 24 | 15.2 | 365.2 |
| 111 | 7-1 | 140.0×8.0 | 3 000 | 2 610 | 2 778 | L-7 | F-36 | 50 | 67.9 | 3 396.8 |
| 112 | 7-2 | 140.0×8.0 | 3 300 | 2 910 | 3 078 | L-7 | F-36 | 4 | 75.7 | 303.0 |
| 113 | 7-3 | 140.0×8.0 | 3 000 | 2 605 | 2 773 | L-7 | F-36 | 4 | 67.8 | 271.2 |

总计:55.7 t

表2-22　螺栓球材料表

| 序号 | 直径(mm) | 数量 | 孔数 | M16 | | M20 | | M22 | | M24 | | M27 | | M30 | | M39 | | 单重(kg) | 总重(kg) |
|---|---|---|---|---|---|---|---|---|---|---|---|---|---|---|---|---|---|---|---|
| | | | | 数量 | 合计 | 数量 | 合计 | 数量 | 合计 | 数量 | 合计 | 数量 | 合计 | 数量 | 合计 | 数量 | 合计 | | |
| 1 | 85.0 | 2 | 7 | 5 | 10 | 1 | 2 | | | | | | | | | | | 2.5 | 5.0 |
| 2 | 100.0 | 2 | 8 | 3 | 6 | 4 | 8 | | | | | | | | | | | 4.1 | 8.2 |
| 3 | 85.0 | 4 | 8 | 5 | 20 | 2 | 8 | | | | | | | | | | | 2.5 | 10.1 |
| 4 | 85.0 | 2 | 8 | 4 | 8 | 4 | 8 | | | | | | | | | | | 4.1 | 8.2 |
| 5 | 100.0 | 2 | 8 | 4 | 8 | 3 | 8 | | | | | | | | | | | 4.1 | 8.2 |
| 219 | 120.0 | 2 | 9 | 3 | 6 | 1 | 2 | | | 1 | 2 | | | 3 | 6 | | | 7.1 | 14.2 |
| 220 | 120.0 | 4 | 9 | 4 | 16 | | | | | | | | | 4 | 16 | | | 7.1 | 28.4 |
| 221 | 120.0 | 2 | 9 | 3 | 6 | 1 | 2 | | | 1 | 2 | | | 3 | 6 | | | 7.1 | 14.2 |
| 222 | 100.0 | 2 | 9 | 3 | 6 | 1 | 2 | 3 | 6 | 1 | 2 | | | | | | | 4.1 | 8.2 |
| 223 | 100.0 | 2 | 9 | 5 | 10 | 3 | 6 | | | | | | | | | | | 4.1 | 8.2 |

总计:55.7 t

表2-23　螺栓套筒材料表

| 编号 | 螺栓 | 套筒S | 套筒d | 套筒L | 套筒L₁ | 螺钉l | 数量 | 单重(kg) | 总重(kg) |
|---|---|---|---|---|---|---|---|---|---|
| 3 | M16 | 27.0 | 17.0 | 30.0 | 10.0 | 13.0 | 2252 | 0.143 | 321.7 |
| 4 | M20 | 34.0 | 21.0 | 35.0 | 10.0 | 13.0 | 1536 | 0.270 | 414.5 |

续表 2-23

| 编号 | 螺栓 | 套筒 $S$ | 套筒 $d$ | 套筒 $L$ | 套筒 $L_1$ | 螺钉 $l$ | 数量 | 单重(kg) | 总重(kg) |
|------|------|---------|---------|---------|-----------|---------|------|---------|---------|
| 5 | M22 | 36.0 | 23.0 | 35.0 | 10.0 | 13.0 | 552 | 0.291 | 160.8 |
| 6 | M24 | 41.0 | 25.0 | 40.0 | 10.0 | 13.0 | 460 | 0.454 | 209.0 |
| 7 | M27 | 46.0 | 28.0 | 40.0 | 10.0 | 13.0 | 28 | 0.573 | 16.0 |
| 8 | M30 | 50.0 | 31.0 | 45.0 | 10.0 | 13.0 | 224 | 0.747 | 167.4 |
| 11 | M39 | 65.0 | 40.0 | 55.0 | 15.0 | 17.0 | 116 | 1.556 | 180.5 |
| 总计:1.5 t | | | | | | | | | |

注:表中符号含义见图 2-94。

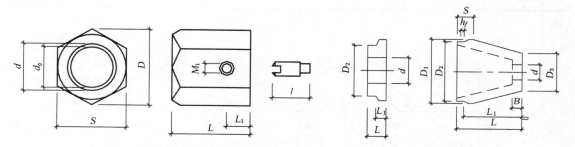

图 2-94  螺栓套筒示意图          图 2-95  封板锥头示意图

表 2-24  封板、锥头材料表

| 编号 | $D_1$ | $D_2$ | $d_1$ | $d_2$ | $L$ | $L_1$ | $B$ | 对应螺栓长 | 数量 | 单重(kg) | 总重(kg) |
|------|-------|-------|-------|-------|-----|-------|-----|-----------|------|---------|---------|
| 4 | 0.0 | 52.0 | 60.0 | 17.0 | 16.0 | 9.0 | 0.0 | 63.0 | 2252.0 | 0.00 | 0.0 |
| 5 | 0.0 | 52.0 | 60.0 | 21.0 | 14.0 | 6.0 | 0.0 | 71.0 | 48.0 | 0.36 | 17.3 |
| 8 | 75.5 | 67.0 | 52.8 | 21.0 | 70.0 | 64.0 | 16.0 | 73.0 | 1488.0 | 0.00 | 0.0 |
| 9 | 75.5 | 67.0 | 52.8 | 23.0 | 70.0 | 64.0 | 16.0 | 75.0 | 36.0 | 0.00 | 0.0 |
| 10 | 75.5 | 67.0 | 52.8 | 25.0 | 70.0 | 64.0 | 16.0 | 82.0 | 16.0 | 0.00 | 0.0 |
| 15 | 88.5 | 79.5 | 60.0 | 23.0 | 70.0 | 64.0 | 16.0 | 75.0 | 516.0 | 1.70 | 877.2 |
| 17 | 88.5 | 79.5 | 68.0 | 28.0 | 70.0 | 64.0 | 20.0 | 89.0 | 28.0 | 1.90 | 53.2 |
| 21 | 114.0 | 105.0 | 70.0 | 25.0 | 70.0 | 63.0 | 16.0 | 82.0 | 444.0 | 2.50 | 1110.0 |
| 23 | 114.0 | 105.0 | 70.0 | 31.0 | 70.0 | 63.0 | 20.0 | 98.0 | 24.0 | 2.50 | 60.0 |
| 26 | 133.0 | 122.0 | 70.0 | 31.0 | 90.0 | 82.0 | 20.0 | 98.0 | 200.0 | 3.70 | 740.0 |
| 36 | 140.0 | 123.0 | 100.0 | 40.0 | 90.0 | 82.0 | 30.0 | 127.0 | 116.0 | 6.40 | 742.4 |
| 总计:3.6 t | | | | | | | | | | | |

注:表中符号含义见图 2-95。

表 2-25　螺栓球削面量（铣面中心距）统计表

| 螺栓/球 | 85 | 100 | 110 | 120 | 130 | 140 |
|---|---|---|---|---|---|---|
| M16 | 2.7(39.8) | 2.4(47.6) | 2.2(52.8) | 2.0(58.0) | 1.9(63.1) | 1.8(68.2) |
| M20 | 4.0(38.5) | 3.5(46.5) | 3.2(51.8) | 3.0(57.0) | 2.8(62.2) | 2.6(67.4) |
| M22 | 4.5(38.0) | 3.9(46.1) | 3.8(51.5) | 3.3(56.7) | 3.0(62.0) | 2.9(67.1) |
| M24 | 4.5(38.0) | 4.9(45.1) | 4.5(50.5) | 4.1(55.9) | 3.8(61.2) | 3.6(66.4) |
| M27 | | 6.1(43.9) | 5.5(49.5) | 5.1(54.9) | 4.7(80.3) | 4.4(65.6) |
| M30 | | 7.2(42.8) | 6.5(48.5) | 6.0(54.0) | 5.5(54.9) | 5.1(64.9) |
| M39 | | | | | 9.2(55.8) | 8.5(61.5) |

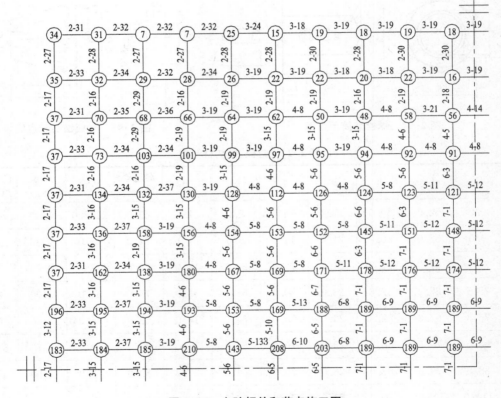

图 2-96　上弦杆件和节点施工图

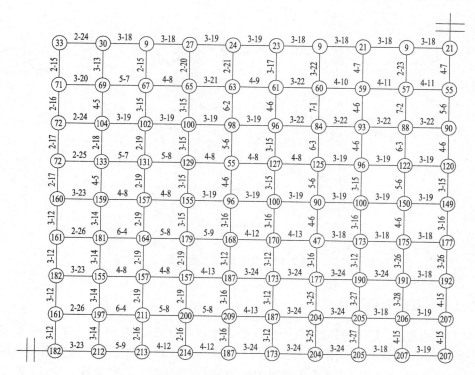

图 2-97 下弦杆件和节点施工图

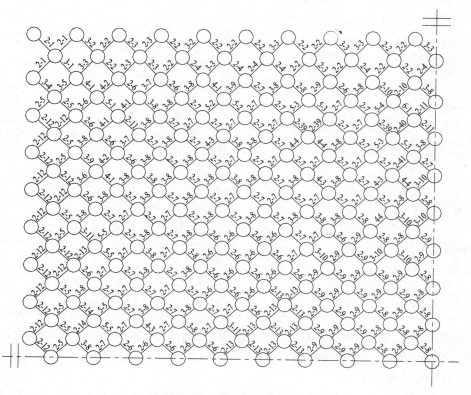

图 2-98 腹杆杆件施工图

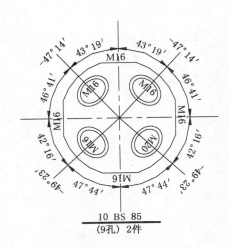

图 2-99　螺栓球加工示意图

### 2.7.1.6　支座节点设计

网架工程共有 28 个支座节点,由于杆件沿跨中对称分布,因此只需要对 14 个支座节点进行设计即可。本工程采用板式橡胶支座节点。支座节点设计之前需要获得支座节点的最大压应力和最大拉应力,如表 2-26。由于风吸力和负温差的同时作用,网架在组合 11 时发生了竖直向上的变形,故存在支座拉应力,应考虑对锚栓的受拉作用。网架短跨方向受力大于长跨方向,故承受短跨荷载的支座反力大于承受长跨方向的支座反力。对周边支承网架,网架跨中受力最大,跨中支座反力也最大。此外,支座部位都存在不同程度的水平反力,应注意复核支座附近的杆件截面以确保结构受力安全。

表 2-26　最大支座反力

| 支座编号 | 最大支座压力 | | | 最大支座拉力 | | | 螺栓球直径(mm) |
|---|---|---|---|---|---|---|---|
| | $F_x$(kN) | $F_y$(kN) | $F_z$(kN) | $F_x$(kN) | $F_y$(kN) | $F_z$(kN) | |
| 1 | 207.61 | 157.19 | 192.55 | −131.23 | −101.15 | −84.61 | 110 |
| 2 | 70.86 | 104.79 | 193.06 | −56.34 | −52.45 | −56.26 | 110 |
| 3 | 42.64 | 209.67 | 191.41 | −0.21 | −79.72 | −44.80 | 130 |
| 4 | 3.46 | 602.96 | 250.30 | −6.04 | −50.61 | −69.13 | 140 |
| 9 | 8.86 | 56.87 | 112.69 | −21.56 | −1.57 | −25.44 | 120 |
| 11 | 94.13 | 23.15 | 148.42 | −39.91 | −0.02 | −33.02 | 120 |
| 13 | 189.03 | 7.71 | 172.40 | −41.99 | −7.35 | −41.86 | 120 |

平板支座设计包括底板尺寸设计、十字板焊缝设计、十字板与底板连接焊缝设计等,以支座 1 的设计为例(螺栓球直径为 110 mm),平板支座设计如下:

(1)底板尺寸和厚度

支座底板下的框架柱选用 C30 混凝土,轴心抗压设计强度 $f_c = 14.3 \text{ N/mm}^2$,混凝土局

部强度提高系数 $\beta = 1.0$，拟采用 4 个 20 mm 直径的锚栓。根据平板压力支座计算公式，支座底板面积计算如下：

$$a \times b = \frac{192.55 \times 10^3}{1.5 \times 1.0 \times 14.3} + 4 \times \frac{1}{4} \times \pi \times 20^2 = 10\,233 \text{ mm}^2$$

底板最小构造尺寸一般不小于 200 mm，故取底板尺寸为 250 mm×250 mm。

为了避免十字板与网架杆件相碰，十字板沿底板中线方向布置，此时加劲肋底板分成了四个区隔，每个区隔为两相邻边支撑。带加劲肋底板的弯矩为：

$$M = 0.056 \times \frac{192.55 \times 10^3}{250^2} \times (125\sqrt{2})^2 = 5.4 \times 10^3 \text{ N} \cdot \text{mm}$$

底板厚度为：

$$\delta = \sqrt{\frac{6 \times 5.4 \times 10^3}{215}} = 12.28 \text{ mm}$$

底板厚度的最小构造尺寸为 12 mm，故取底板厚度为 14 mm。

为了便于支座节点下料，十字板和预埋钢板的厚度均采用 12 mm。

（2）十字板的焊缝验算

取焊脚尺寸 $h_f = 8$ mm

$$\sqrt{\tau^2 + \left(\frac{\sigma_f}{\beta_f}\right)^2} = \sqrt{\left(\frac{V}{2 \times 0.7 \times 8 l_w}\right)^2 + \left(\frac{6M}{2 \times 0.7 \times 8 l_w^2 \times 1.22}\right)^2} \leqslant 160 \text{ N/mm}^2$$

其中加劲肋承受的剪力 $V = \frac{192.55}{4} = 48.14$ kN。十字板与支座底板沿中线方向两侧焊缝连接，中线长度为 250 mm，每块加劲肋承受弯矩 $M = \frac{R}{4} \cdot c_1$，$R$ 为支座垂直反力，$c_1$ 为每块十字板与底板焊缝连接的中点距离十字板竖向焊缝的距离，为 250/4 = 62.5 mm，$M = 192.55 \times \frac{1}{4} \times 62.5 = 3\,008.6$ N·mm。

将以上分析数据代入公式可得：

$$\sqrt{\left(\frac{48\,140}{2 \times 0.7 \times 8 l_w}\right)^2 + \left(\frac{6 \times 3\,008.6 \times 10^3}{2 \times 0.7 \times 8 l_w^2 \times 1.22}\right)^2} \leqslant 160 \text{ N/mm}^2$$

求解方程可得：$l_w \geqslant 46$ mm，取竖向焊缝长度为 100 mm。

（3）十字板与支座底板连接焊缝验算

取焊脚尺寸 $h_f = 6$ mm

十字板与底板连接焊缝的总长 $\sum l_w = 2 \times 2 \times 250$ mm $= 1\,000$ mm，验算公式如下：

$$\frac{192.55 \times 10^3}{0.7 \times 1.22 \times 6 \times 1\,000} = 37.6 \text{ N/mm}^2 \leqslant 160 \text{ N/mm}^2$$

满足焊缝连接要求。

（4）锚栓设计

支座节点采用 4 个 20 mm 直径的锚栓，单个锚栓的拉力强度设计值为 140 N/mm²，支座最大拉力为－84.61 kN，一个拉力锚栓的净截面面积为：

$$A_n \geqslant \frac{1.25 \times 84.61 \times 10^3}{4 \times 140} = 188.86 \text{ mm}^2$$

20 mm 直径的锚栓净截面面积大于 300 mm²，完全满足要求。

锚栓的锚固长度不小于 25 倍锚栓直径，取 500 mm 可以满足锚固连接要求。锚栓孔的垫板宜为支座底板的 0.7～1.0 倍，可取 10 mm。

（5）橡胶垫板平面尺寸

采用天然橡胶材料，允许抗压强度 $[\sigma] = 7.84$ MPa，橡胶垫板的平面尺寸按下式计算：

$$A = a' \times b' \geqslant \frac{R}{[\sigma]} = \frac{192\,550}{7.84} = 24\,559 \text{ mm}^2$$

取 $a' \times b' = 200$ mm $\times 200$ mm，符合橡胶承压要求。

（6）橡胶垫板厚度

建立网架结构模型，对所有支座节点添加竖向支承，对部分节点添加必要的水平约束（避免发生刚体位移），计算由温差引起的结构水平位移。经计算，支座 1 柱顶最大水平位移为 $u = 9.44$ mm，橡胶层厚度计算如下：

$$d_0 \geqslant \frac{u}{\tan\alpha} = \frac{9.44}{0.7} = 13.5 \text{ mm}$$

根据构造要求，$d_0$ 应小于橡胶垫块短边长度的 1/5，即 $d_0 \leqslant 50$ mm。

橡胶层厚度取 $d_0 = 2d_t + 2d_i = 2 \times 2.5 + 2 \times 11 = 27$ mm；内置三层加劲薄钢板片，单层钢板片厚度取 3 mm，钢板总厚度 $d_s = 3 \times 3 = 9$ mm。橡胶垫板总厚度 $d = d_0 + d_s = 36$ mm。

（7）压缩变形验算

橡胶垫板的抗压弹性模量 $E$ 偏于保守取 196 MPa，它的平均压缩变形 $w_m$ 计算如下：

$$w_m = \frac{\sigma_m}{E} = \frac{192.55 \times 10^3 \times 27}{200 \times 200 \times 196} = 0.66 \text{ mm} \leqslant 0.05d_0 = 1.35 \text{ mm}$$

因此，橡胶垫块的压缩变形符合要求。

（8）抗滑移验算

滑移力：$GA \cdot \dfrac{u}{d_0} = 1.47 \times 150^2 \times \dfrac{9.44}{27} = 11.6$ kN，由恒载产生的抗滑移力：$\mu R_g = 0.2 \times 192.55/1.3 = 29.6$ kN，因此，橡胶垫块的抗滑移验算满足要求。

当板式橡胶支座抗滑移力不足时，说明支座底板与基础面的摩擦力偏小。此时可以采用构造方式限制橡胶垫板产生过大的水平变形，可以设置限位件，也可以在橡胶垫的边缘焊接防滑条，以防橡胶垫块滑出底板与过渡板之间的位置。待网壳全部安装结束后，将螺纹凿毁或将螺母焊死，以防松动。浇筑橡胶前，必须对钢板除锈、去油污。施工完毕之后，橡胶层周圈用酚醛树脂粘结泡沫塑料封闭。

（9）支座节点施工图

根据以上的计算就可以设计支座节点（如图 2-100 所示），但需要注意应当避免网架腹杆与十字板相碰,十字底板与螺栓球之间的空间布局关系可以在绘制 CAD 图形时进行确定,支座节点底部至支座顶板的距离宜减小,以避免发生钢板局部失稳。

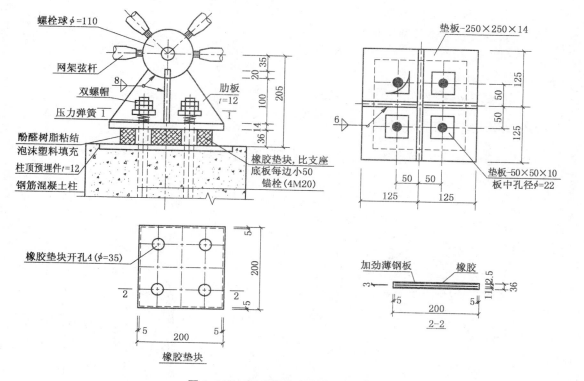

图 2-100　板式橡胶支座节点施工图

网架上弦螺栓球节点一般都预留了向上的附加螺栓孔,用于连接支托,支托则用来连接屋面檩条。根据网架排水的要求,应合理布置屋面檩条。将屋面均布荷载导算成为檩条线荷载,并将檩条保守假定为简支梁,对檩条受力进行求解,验算檩条截面是否符合要求。网架的屋面排水设计,可以采用小立柱找坡、网架变高度、网架结构起坡等方式,以避免屋面积水对主体网架结构的危害。

## 2.7.2　网壳结构设计实例

### 2.7.2.1　工程概况和选型

本网壳为某展览馆的屋盖结构,建筑平面为圆形,直径 50 m,屋盖下部布置了钢筋混凝土框架柱。由于不对称雪荷载和地震扭转模态的影响,网壳结构不可避免地存在扭转效应,因此应优先选用双向斜杆的网壳结构类型。通过对不同结构类型经济指标的综合考虑,屋盖结构最终选用双向斜杆球面网壳结构(施威德勒型球面网壳)。网壳结构跨度 50 m,矢高 12 m,网壳底部距地面高度 20 m。为了使杆件长度在合理范围内,也为了使顶部杆件不至于太过密集,环向网格数目取 16,径向网格数目取 9。

本工程结构设计使用年限为 50 年,建筑结构安全等级为二级。网壳屋面采用轻型屋面,杆件均使用圆截面钢管,节点为焊接空心球节点,支座节点采用平板压力支座节点。

本结构分析采用通用钢结构设计软件 USSCAD 进行计算分析和设计,结构分析的参数如下:

① 材料。钢管及支座节点板均采用 Q235B 钢。

② 设计强度及容许长细比:

采用 Q235B 钢材　　　　　设计强度 $f = 215\ \text{N/mm}^2$

容许长细比:受压与压弯$[\lambda] = 180$　　　　　受拉与拉弯$[\lambda] = 250$

③ 控制挠度,单层网壳结构的挠度控制在 $L/400 = 50\ 000/400\ \text{mm} = 125\ \text{mm}$。

### 2.7.2.2　建立模型和计算

确定了结构选型后,结合建筑要求,可建立结构的计算模型,如图 2-101 所示。

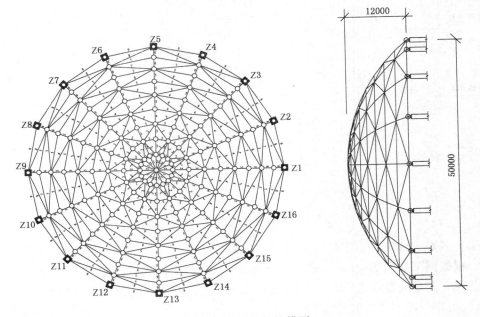

**图 2-101　网壳结构模型**

截面设计时,规定最小杆件截面为 $\phi 60 \times 3.5$,采用满应力方法进行网壳截面选择。建立结构分析模型之后,需要确定网壳结构荷载作用。本工程网壳结构的荷载作用分析如下:

(1) 恒荷载

轻型压型钢屋面板,取均布荷载为 $0.3\ \text{kN/m}^2$(包括保温层),檩条、小立柱、灯具等简化为均布荷载,约为 $0.2\ \text{kN/m}^2$,总计 $0.5\ \text{kN/m}^2$。

网壳及节点自重:程序自动生成。

(2) 屋面活荷载

不上人屋面,屋面均布活荷载为 $0.5\ \text{kN/m}^2$。

(3) 雪荷载

基本雪压 $0.5\ \text{kN/m}^2$,积雪分布系数 $\mu_r$ 偏安全取 $1.0$。

风荷载作用会使屋面积雪非均匀分布,按照《荷载规范》计算最大不均匀积雪分布系数 $\mu_{r,m}$ 为 $2.6$,由于不能超过 $2.0$,故取 $\mu_{r,m} = 2.0$,不均匀雪荷载分布形式按图 2-58 中的第 3 项取值。

考虑非均布雪荷载的作用,本网壳雪荷载包括两种工况,工况 1 为均匀雪荷载分布(记为雪 1),工况 2 为非均匀雪荷载分布(记为雪 2)。

(4)风荷载

基本风压按荷载规范给出的 50 年一遇的风压采用,为 0.50 kN/m²,地面粗糙度为 B 类,风压高度系数 1.23,风荷载体形系数按照旋转壳顶类型取值,USSCAD 软件将自动计算得到,风振系数取 1.5。由于结构对称,故不再考虑风向角对风荷载分布的影响。如果工程进行了风洞试验,还应当按照试验结果布置风荷载分布。

(5)温度作用

取 ±20℃的温度变化。

(6)地震作用

抗震设防烈度为 8 度,设计基本地震加速度 0.20g,设计地震分组为第一组,场地类别为Ⅱ类,同时进行水平和竖向地震验算。由于各阶自振频率非常接近,故取前 20 阶振型进行效应组合。

本工程网架计算中考虑了以下 18 种荷载组合:

(1) 1.2×恒载+1.4×1.0×屋面活荷载;

(2) 1.2×恒载+1.4×1.0×屋面活荷载+1.4×0.6×风荷载+1.4×0.6×温度作用(+20℃);

(3) 1.2×恒载+1.4×1.0×屋面活荷载+1.4×0.6×风荷载+1.4×0.6×温度作用(−20℃);

(4) 1.2×恒载+1.4×1.0×屋面活荷载+1.4×0.6×温度作用(−20℃);

(5) 1.2×恒载+1.4×1.0×屋面活荷载+1.4×0.6×温度作用(+20℃);

(6) 1.2×恒载+1.4×1.0×屋面活荷载+1.4×0.6×风荷载;

(7) 1.2×恒载+1.4×0.7×雪 1+1.4×0.6×温度作用(−20℃);

(8) 1.2×恒载+1.4×0.7×雪 2+1.4×0.6×风荷载+1.4×0.6×温度作用(−20℃);

(9) 1.2×恒载+1.4×0.7×雪 2+1.4×0.6×温度作用(−20℃);

(10) 1.2×恒载+1.4×1.0×温度作用(+20℃);

(11) 1.2×恒载+1.4×1.0×温度作用(−20℃);

(12) 0.6×恒载+1.4×1.0×风荷载;

(13) 0.6×恒载+1.4×1.0×风荷载+1.4×0.6×温度作用(−20℃);

(14) 1.35×恒载;

(15) 1.2×(1.0×恒载+0.5×雪 1)+1.3×水平地震+0.5×竖向地震;

(16) 1.2×(1.0×恒载+0.5×雪 1)+0.5×水平地震+1.3×竖向地震;

(17) 1.2×(1.0×恒载+0.5×雪 2)+1.3×水平地震+0.5×竖向地震;

(18) 1.2×(1.0×恒载+0.5×雪 2)+0.5×水平地震+1.3×竖向地震。

经过设计,本网壳工程的总用钢量约为 58.7×10³ kg,工程建筑平面面积为 1 962 m²,单位建筑面积的用钢量约为 30 kg/m²。网壳主要采用的杆件截面包括 $\phi60×3.5$、$\phi75.5×3.75$、$\phi88.5×4$、$\phi114×4$、$\phi133×5$、$\phi140×8$、$\phi159×10$、$\phi180×12$、$\phi325×16$(截面编号依次为 1~9)。球面网壳受力以径向杆件为主,环向杆件次之,斜杆再次之。因此,径向杆件截面尺寸最大,环向杆件截面次之。网壳结构跨中变形最大,支座部位的杆件受较大的水平约束,因此杆件截面从跨中依次向支座部位增加,最大杆件截面出现在最外环的环向杆件(图 2-101)。

静力荷载下结构变形图如图 2-102~图 2-106 所示。对称荷载作用时,结构顶点位移较小,最大位移发生在第 2~3 环附近,变形呈现对称性质。不对称雪荷载作用时,网壳在积雪半跨变形较大,对网壳的危害较大,应当引起注意。在一些复杂的网壳结构中,风荷载也为不对称荷载,此时需要考虑不同风向角的风荷载效应。本工程风荷载为风吸力,网壳发生向上的结构变形,部分杆件由受压状态转变为受拉状况。正温差作用时,结构"膨胀",发生向上的变形;负温差作用时,结构"收缩",发生向下的变形。

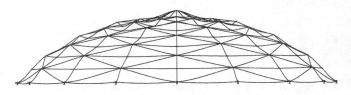

图 2-102　屋面活荷载(对称雪荷载)结构变形图

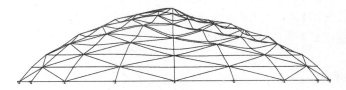

图 2-103　不对称雪荷载结构变形图

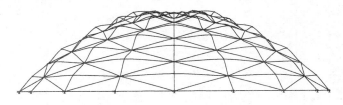

图 2-104　风荷载结构变形图

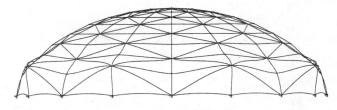

图 2-105　正温差结构变形图

图 2-106　负温差结构变形图

本网壳结构的低阶振型均包含竖向振动和水平振动,各阶振型较之网架结构更加密集(表2-27)。低阶振型的振动主要发生在跨中顶点,为局部振动,随着阶数的增加,结构振动区域由内向外逐步扩展。通过振型组合,可以得到结构在水平地震作用下的变形,对本网壳影响较大(图2-107),甚至比竖向地震更加显著(图2-108)。

表 2-27  前 20 阶自振周期

| 阶数 | 1 | 2 | 3 | 4 | 5 | 6 | 7 | 8 | 9 | 10 |
|---|---|---|---|---|---|---|---|---|---|---|
| 自振周期(s) | 0.212 | 0.212 | 0.198 | 0.197 | 0.197 | 0.197 | 0.197 | 0.193 | 0.191 | 0.191 |
| 阶数 | 11 | 12 | 13 | 14 | 15 | 16 | 17 | 18 | 19 | 20 |
| 自振周期(s) | 0.191 | 0.190 | 0.190 | 0.189 | 0.185 | 0.183 | 0.183 | 0.183 | 0.182 | 0.180 |

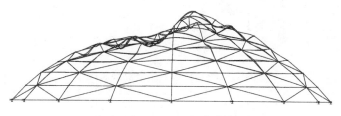

图 2-107  水平地震结构变形

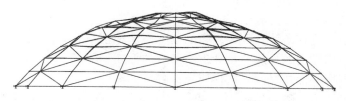

图 2-108  竖向地震结构变形

除了线性计算,单层网壳结构以及厚度小于跨度1/50的双层网壳结构均应进行稳定性计算。

通过计算,各荷载组合作用下,最大竖直向上结构挠度为12.15 mm,最大竖直向下结构挠度为22.61 mm,均远小于结构容许挠度125 mm,符合要求。

网壳结构杆件节点一般采用焊接空心球节点设计,当杆件发生相碰时,可以灵活地将杆件相贯焊接之后再与空心球焊接,可以参考相贯节点的设计公式。除了节点设计有区别之外,网壳施工图与网架施工图类似,此处将不再赘述。

### 2.7.2.3  支座节点设计

本工程采用平板压力支座节点。以支座9的设计为例,最大受压支座反力为296 kN,最大受拉支座反力为—96.40 kN,支座上部空心球节点直径为500 mm。类似于网架平板压力支座设计方法进行支座底板尺寸设计、十字板焊缝设计、连接焊缝设计等。通过设计,支座尺寸为550 mm×550 mm,底板厚度16 mm;十字板沿支座底板中心轴线方向布置,厚度取14 mm,柱顶预埋板的厚度也取14 mm。经验算,十字板连接焊缝的焊脚尺寸为12 mm,焊缝长度取250 mm,此时十字板的高厚比为17,可以避免十字板局部屈曲失稳;十字板与支座连接焊缝的焊脚尺寸为 8 mm。支座最大拉力由锚栓承担,锚栓直径取 20 mm,锚固长度取 500 mm,支座节点如图 2-109 所示。

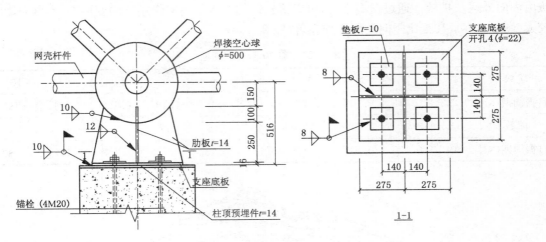

**图 2-109　平板支座节点施工图**

## 思考题

1. 什么是空间结构? 空间结构的受力特点是什么?
2. 试述网架结构的主要特点。
3. 简述空间桁架位移法计算网架内力的基本假定和基本思路。
4. 简述网架结构常用的一般节点和支座节点的形式和特点。
5. 网壳结构有哪些形式? 网壳选型应考虑哪些因素?
6. 常用的悬索结构有哪几种?
7. 相贯节点的形式有哪些? 如何对 X 形相贯节点进行承载力验算?

## 参考文献

[1] GB 50017—2003　钢结构设计规范[S].北京:中国计划出版社,2003.

[2] JGJ 7—2010　空间网格结构技术规程[S].北京:中国建筑工业出版社,2010.

[3] GB 50009—2012　建筑结构荷载规范[S].北京:中国建筑工业出版社,2012.

[4] JG/T 10—2009　钢网架螺栓球节点[S].北京:中国标准出版社,2009.

[5] JG/T 136—2001　单层网壳嵌入式毂节点[S].北京:中国标准出版社,2001.

[6] CECS 235:2008　铸钢节点应用技术规程[S].北京:中国计划出版社,2008.

[7] 戴国欣.钢结构[M].第 3 版.武汉:武汉理工大学出版社,2007.

[8] 杜文凤,张慧.空间结构[M].北京:中国电力出版社,2008.

[9] 沈祖炎,陈扬骥.网架与网壳[M].上海:同济大学出版社,1997.

[10] 沈世钊,徐崇宝,赵臣.悬索结构设计[M].北京:中国建筑工业出版社,1997.

[11] 戚豹,康文梅.管桁架结构设计与施工[M].北京:中国建筑工业出版社,2012.

[12] 黄斌,毛文筠.新型空间钢结构设计与实例[M].北京:机械工业出版社,2010.

[13] 杜新喜.大跨空间结构设计与分析[M].北京:中国建筑工业出版社,2014.

# 3

## 高层钢结构设计

## 3.1 高层钢结构的体系和布置

### 3.1.1 高层钢结构的特点

**1）结构性能**

（1）自重轻、延性好

钢材材质均匀，强度高，采用钢结构作为承重骨架，可以有效地减轻结构传至基础的竖向荷载。以中等高度的高层钢结构为例，可比钢筋混凝土结构减轻自重 1/3 以上。钢材有良好的弹塑性能力，以钢结构为骨架及节点的高层建筑，在地震作用下有良好的延性及抗震效果。

（2）建筑空间能够充分利用

由于钢材的高强度，在相同的荷载下，钢结构构件比钢筋混凝土构件所要求的设计尺寸要小，可以达到增加有效使用面积，降低层高的效果。相对于钢筋混凝土结构，一般可增加建筑使用面积 2%～4%。此外由于设计柱网尺寸的选择幅度较大，更有利于建筑空间的自由划分。

（3）建造速度快

钢构件可以在工厂预制，用高强螺栓与焊接连接，以及组合楼板等技术进行现场装配式施工，与钢筋混凝土结构相比，可缩短工期 1/4～1/3。

（4）防火性差

钢材本身不燃烧，却不耐高温，其机械性能会随温度的升高而急剧下降，当钢构件温度分别达到 350℃、500℃、600℃时，其强度分别下降 1/3、1/2、2/3，科学实验和火灾实例均表明，裸露钢构件的平均耐火时限约为 15 min，明显低于钢筋混凝土构件。故当有防火要求时，钢构件必须采取专门的防火措施。

**2）结构荷载**

（1）水平荷载成为设计控制荷载

相对于低、中层结构，由于建筑高度显著增加，风荷载或地震作用等水平荷载对高层结构的影响变得相对重要，成为设计高层钢结构的控制性荷载。

（2）风荷载和地震作用的区别

虽然都是控制水平荷载,但两者的性质不同。

① 风荷载是一种表面压力,是分布于建筑物表面的风压,与建筑物的体型高度、周围环境及地形地貌等有关。地震作用是一种惯性力,与建筑物的质量、自振特性、场地土条件等有关。

② 一般来说,风荷载和地震作用对高层建筑都有一定的动力作用,在风荷载作用下我们可以引入风振系数 $\beta$,按静荷载处理来简化计算,而地震作用对结构动力影响很大,必须考虑动力效应的计算方法。

③ 在风荷载作用下,结构不允许出现较大的变形,F. K. Chang 研究表明,结构在阵风作用下的振动加速度 $a>0.015g$ 时,就会影响使用者的正常工作与生活,因此也不允许出现较大的振动加速度;而在地震作用下,允许结构有较大的变形,允许某些结构部位进入塑性状态,达到"小震不坏,中震可修,大震不倒"的设计要求。

**3）结构体系**

根据高层结构的荷载特点,其结构体系必须包括两个抗力体系:抗重力体系和抗水平侧力体系。

### 3.1.2 高层钢结构体系

高层建筑钢结构的结构体系分类,主要是在大量的工程实践经验的基础上,根据不同的建筑高度所采用的各种不同抗侧力结构对水平荷载效应的适应性进行粗略划分的。不同的文献和教材中对高层钢结构体系的划分各不相同,但总体来说主要分为以下几类:

**1）框架结构体系**

框架体系由纵、横向梁与柱构成,一般框架柱与框架梁为刚性连接。

如图 3-1 所示的是钢接框架体系的几种平面形式。

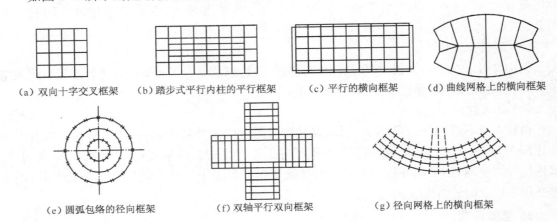

(a)双向十字交叉框架　　(b)踏步式平行内柱的平行框架　　(c)平行的横向框架　　(d)曲线网格上的横向框架

(e)圆弧包络的径向框架　　(f)双轴平行双向框架　　(g)径向网格上的横向框架

**图 3-1　框架结构体系的平面形式**

框架结构的优点是建筑平面布置灵活,构造简单,构件易于标准化和定型化,便于工地现场拼装。其缺点是抗侧力刚度较小,若应用于层数过高的钢结构,其在水平作用下的侧移会比较大,会导致非结构部件破坏。一般来说,刚接框架结构体系对于 30 层左右的楼房是较为合适的,超过 30 层以后,其在风荷载和地震作用等水平力的作用下,会暴露出明显的缺陷。

框架结构的水平位移包括两部分(图 3-2):在水平力作用下框架整体剪切变形产生的侧移和在轴向压力或拉力作用下框架整体弯曲变形产生的侧移。前者约占 85%,后者约占 15%。

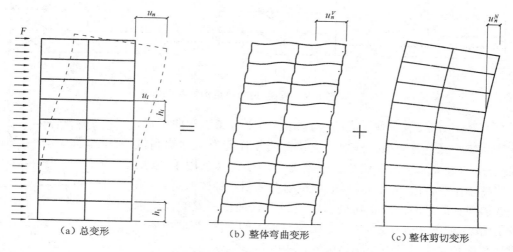

(a) 总变形          (b) 整体弯曲变形          (c) 整体剪切变形

图 3-2  水平荷载下框架的侧移及其组成

美国休斯敦的第一印第安纳广场大厦(图 3-3),共 29 层,高 121 m,采用钢框架体系,柱距约 7.6 m。经过计算分析,其不仅能有效地抵抗住风力,而且也能满足抗震要求。

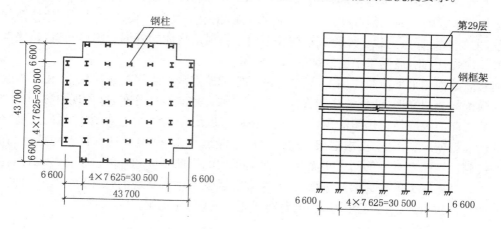

图 3-3  印第安纳广场大厦

### 2) 框架-剪力墙结构体系

当建筑物达到一定的高度后,单纯的框架体系难以满足高层钢结构水平位移的要求,采用剪力墙来承受水平剪力是非常有效的措施。这里所指的剪力墙并不一定都是指钢筋混凝土墙体,在钢结构中也常使用钢支撑组成竖直桁架来代替钢筋混凝土墙体。如图 3-4 所示的是几种框架-剪力墙结构体系。

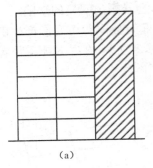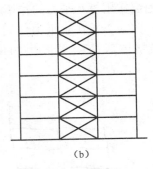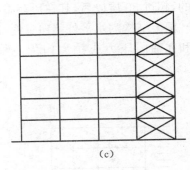

图 3-4  框架-剪力墙结构体系

在水平作用下,钢支撑组成的竖直桁架的变形属于弯曲变形,而框架的变形属于剪切型。框架和支撑协同工作能有效地提高抗剪强度,从而大大减小水平位移。框架剪力墙结构体系用于 40 层左右的高楼比较合适,高于 40 层的建筑物在采用这一体系时,应采用一些加强和改进的措施。在楼高度适当位置加设一道或几道水平的层桁架,如图 3-5 所示,由于层桁架有较大的刚度,当剪力墙产生侧移而旋转时能起到阻止和约束的作用。

图 3-5  变形形状

### 3)外筒式结构体系

外筒式结构体系(有的资料上也称框筒-框架体系),该体系由建筑平面外围的框筒体系和楼面内部的框架体系所构成。外围框筒体系具有很大的平面几何尺寸,其侧向刚度很强,主要承受水平荷载。内部框架体系的侧向刚度差,主要承受重力荷载。外筒式结构体系由于框筒沿房屋的外周边闭口布置,抗侧覆和抗扭能力都很强,因此,适用于平面复杂的高层房屋。

框架筒结构在水平荷载作用下,仍然存在一定的缺点。在水平荷载作用下,由于作为腹板的框架横梁的剪切变形,使得翼缘和腹板框架柱中轴力呈非线性分布,这种现象称为剪力滞后效应。剪力滞后效应使得房屋的角柱要承受比中柱更大的轴力,并且结构的侧向挠度将呈现明显的剪切型变形。因此,要求框架柱的间距尽可能地小,且框架梁具有较大的截面高度,使框筒的抗侧力性能基本上等同于实墙筒体,具有最大的侧向刚度和强度。框筒的钢柱,在框架平面内需要具有较大的杆件剪弯刚度,不发生在普通框架中所出现的杆件剪弯变形,使框筒中各钢柱的轴向压力或拉力与到中和轴的距离成正比,呈线性变化。

### 4)筒中筒结构体系

筒中筒结构体系是由内外设置的几个筒体,通过有效的连接组成一个共同工作的骨架体系,这种体系一般是利用房屋中心服务性面积的可封闭性,将结构核心部分做成密排柱框架内筒,并与外筒通过各层楼面梁板的联系形成一个能共同受力的空间筒状骨架。由于筒中筒结构体系的内外筒体共同承受侧向力,所以结构的抗侧刚度很大,能承受很大的侧向力。

筒中筒体系与框筒体系相比,除了增加一个内筒以提高结构的总抗推刚度外,更主要的是可显著减少剪力滞后效应。在水平荷载下,内框筒的剪切变形与整体弯曲比外框筒小得多,内框筒更接近于弯曲型构件。因此,结构下部各层的层间侧移因内框筒的设置而显著减少。

此外在顶层以及每隔若干层,沿内框筒的4个面设置伸臂桁架,加强内外筒的连接,使外框筒翼缘框架柱发挥更大的作用,以消除外框筒剪力滞后效应所带来的不利影响,从而进一步提高整个结构的整体受弯能力。

筒中筒结构体系的高度可达到100层。

**5）束筒结构体系**

筒式结构的发展是从单筒到筒中筒,又进而把许多个筒体排列成筒束结构体系的发展过程。将两个以上框筒连成一体,内部设置承重框架的结构体系,称为束筒体系(图3-6)。束筒结构在承受水平荷载引起的弯矩时,改善了剪力滞后所引起的外筒式结构中各柱内力分布不均匀的缺点。

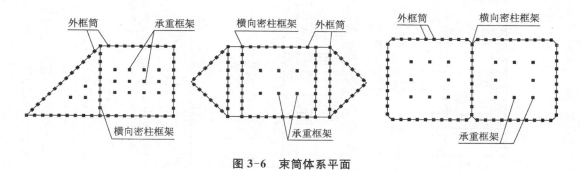

图3-6 束筒体系平面

**6）巨型框架结构体系**

随着城市建设的发展,人们对建筑外形、建筑功能、建筑空间和建筑环境提出了更多的要求。为了模拟自然,改善内部办公条件,有效地利用较大内部空间,需要在建筑内部每隔若干楼层设置一个庭院。这样的建筑布置使以往的结构体系不再适用,需要采用能够提供特大空间的巨型框架体系。

巨型框架体系是由柱距较大的格构式立体桁架柱及立体桁架梁构成巨型框架主体,配以局部小框架而组成的格构体系。所谓巨型框架,可以说是把一般框架按照模型相似原理的比例放大而成,但与一般框架的梁和柱为实腹截面杆件的情况不同,巨型框架的梁和柱均是格构的空间杆件。巨型框架的纵、横向跨度根据建筑使用要求而定。巨型框架的"巨梁"通常是每隔12～15个楼层设置一道,在局部范围内设置的小框架,仅承担所辖范围的楼层重力荷载。

巨型框架依其杆件形式可划分为以下三种基本类型(图3-7):

(1) 支撑型:巨型框架的"巨柱",一般由四片竖向支撑围成小尺度的支撑筒,巨型框架的"巨梁",是由两榀竖向桁架和两榀水平桁架围成立体桁架。

(2) 斜杆型:此类巨型框架,"巨梁"和"巨柱"均是由四片斜格式多重腹杆桁架所围成的立体杆件。

(3) 框筒型:巨型框架的"巨柱",是由密柱深梁围成的小尺度框筒;"巨梁"则是采用由两榀竖向桁架所围成的立体桁架。

日本千叶县的NEC办公大楼选用了巨型框架结构体系(图3-8)。设计时要求在底层到13

层之间设置内部大庭园;13 层到 15 层之间设置横贯整个房屋的具有 3 层楼高的大开口。

　　该体系中的主框架是由四根构架柱和分别布置在地下室及第 16、27、38 层的 4 根构架梁所组成,主框架几乎承担着整个建筑的全部侧向荷载。每根构件柱是由两个方向间距分别为 11.2 m 和 10.8 m 的 4 根钢柱及 4 片人字形竖向支撑所组成,构架梁是由竖向、水平间距分别为 6.1 m 和 10.8 m 的 4 根钢梁及柑架所组成。巨型框梁中的钢柱和钢梁,均采用截面尺寸为 1 m×1 m 的管柱,壁厚为 40～100 mm,支撑和桁架中的斜杆均采用宽翼缘工字钢。巨型框架结构体系中的次框架,为一般性的刚接框架,柱网尺寸为 74 m×10.8 m,梁和柱均采用宽翼缘工字钢截面,节点采用刚性连接。

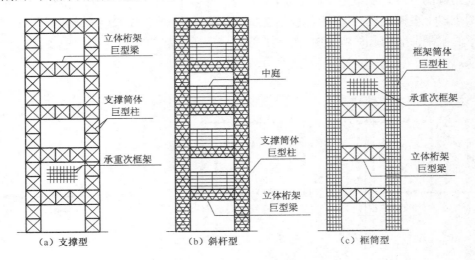

（a）支撑型　　　　　（b）斜杆型　　　　　（c）框筒型

图 3-7　巨型框架的三种基本形式

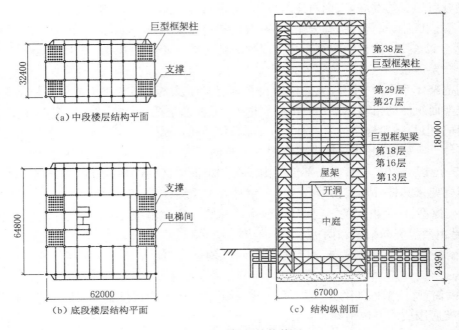

（a）中段楼层结构平面

（b）底段楼层结构平面　　　　　（c）结构纵剖面

图 3-8　巨型框架结构体系

NEC办公大楼的结构设计计算的底层风荷载引起的剪力为地震剪力的69%,表明对地震起控制作用。该大楼高185 m,但横向周期仅为3.44 s,纵向周期仅为3.42 s,均比常规结构约短20%,说明巨型框架具有很大的刚度和强度。

#### 7)悬挂结构体系

悬挂体系是利用钢吊杆将大楼的各层楼盖分段悬挂在主构架各层横梁上所组成的结构体系,悬挂结构体系的主构架几乎承担整座大楼的全部水平荷载和竖向荷载,并将它们直接传至基础。各区段的钢吊杆仅承担该区段各层楼盖的重力荷载。

#### 8)承力幕墙结构体系

承力幕墙结构体系是由建筑周边的钢板框筒与楼面内部的一般钢框架所组成的结构体系。钢板框筒是由周边的"密柱浅梁"型框架围成的"弱框筒",以及与之牢固连接的受力钢板幕墙组成。

作用于大楼的水平荷载全部由建筑外圈的钢板框筒承担,大楼的竖向荷载则由钢板框筒的钢柱和楼面内部的一般框架共同承担,并按它们的荷载从属面积比例分担。作用于钢板框筒的水平荷载,其水平剪力以及倾覆力矩引起的竖向剪力由幕墙钢板承担,倾覆力矩引起的轴向压力和轴向拉力由钢柱承担。框架梁一般仅承担所在楼层的重力荷载。幕墙钢板与框筒柱的连接节点,需要承担外框筒在水平荷载倾覆力矩作用下产生的竖向剪力。

### 3.1.3　高层钢结构选型和布置

#### 3.1.3.1　结构选型

#### 1)平面选型

（1）抗风设计

从抗风角度考虑,建筑平面易优先选用圆形、椭圆形等流线型平面形状。该类平面形状的建筑,其风载体型系数较小,能显著降低风对高层建筑的作用,可取得较好的经济效果。

圆形、椭圆形等流线型平面与矩形平面比较,风载体型系数 $\mu_s$ 约减小30%。由于圆形平面的对称性,当风速的冲角 $\alpha$ 发生任何改变时,都不会引起侧向力数值的改变。因此,采用圆形平面的高层建筑,在大风作用下不会发生驰振现象。

平面形状不对称的高层建筑,在风荷载作用下易发生扭转振动。实践经验表明,一幢高层建筑,在大风作用下即使是发生轻微的扭转振动,也会使居住者感到不适。因此,建筑平面应尽量选择圆形、椭圆形、方形、矩形、正多边形等双轴对称的平面形状。

实际工程中常采用矩形、方形甚至三角形等建筑平面,但在其平面的转角处,常取圆角或平角的处理方法,以减小建筑的 $\mu_s$ 值、降低框筒或束筒体系角柱的峰值应力。在进行结构布置时,应结合建筑平面、立面形状,使各楼层的抗推刚度中心与风荷载的合力中心接近重合,并位于同一竖直线上,以避免房屋的扭转振动。

（2）抗震设计

对于抗震设防的高层钢结构建筑,水平地震作用的分布取决于质量分布。为使各楼层水平地震作用沿平面分布对称、均匀,避免引起结构的扭转振动,其平面应尽可能采用双轴对称的简单规则平面。但由于城市规划对街景的要求,或由于建筑场地形状的限制,高层建筑不可能千篇一律地采用简单、单调的平面形状,而不得不采用其他较为复杂的平面。为了避免地震时发生较强烈的扭转振动以及水平地震作用沿平面的不均匀分布,《高层民用建筑钢结构技术规程》(JGJ 99-2015)第 3.2.1 条规定,对抗震设防的高层建筑钢结构,其常用的平面尺寸关系应符合图 3-9 和表 3-1 的要求。当钢框筒结构采用矩形平面时,其长宽比宜≤1.5,否则,宜采用多束筒结构。

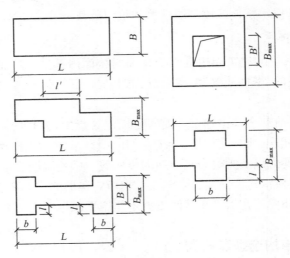

图 3-9  平面尺寸图示

表 3-1  图 3-9 所示平面尺寸 $L$、$l$、$l'$、$B'$ 的限值

| $L/B$ | $L/B_{max}$ | $l/b$ | $l'/B_{max}$ | $B'/B_{max}$ |
|---|---|---|---|---|
| ≤5 | ≤4 | ≤1.5 | ≥1 | ≤0.5 |

当平面不符合图 3-9 和表 3-1 时,具有下列情况之一者,属于不规则平面。

① 任一层的偏心率 $\varepsilon_x$ 或 $\varepsilon_y$ 大于 0.15。

根据《高层民用建筑钢结构技术规程》(JGJ 99—98)的附录二,偏心率应按下列公式计算:

$$\varepsilon_x = e_y / r_{ex} \quad \varepsilon_y = e_x / r_{ey} \varepsilon_x \tag{3-1}$$

式中:$\varepsilon_x$、$\varepsilon_y$—— 分别为所计算楼层在 $x$ 和 $y$ 方向的偏心率;

$e_x$、$e_y$—— 分别为 $x$ 和 $y$ 方向水平作用合力线到结构刚心的距离;

$r_{ex}$、$r_{ey}$—— 分别为 $x$ 和 $y$ 方向的弹性半径;

$r_{ex} = \sqrt{K_T / \sum K_x}$,$r_{ey} = \sqrt{K_T / \sum K_y}$,$K_T = \sum(K_x \cdot y^2) + \sum(K_y \cdot x^2)$;

$\sum K_x$、$\sum K_y$—— 分别为所计算楼层各抗侧力构件在 $x$ 和 $y$ 方向的侧向刚度之和;

$K_T$—— 所计算楼层的扭转刚度;

$x$、$y$—— 以刚心为原点的抗侧力构件坐标。

② 结构平面形状有凹角,凹角的伸出部分在一个方向的长度,超过该方向建筑总尺寸的25%时,应对凹角及伸出部分采取抗震构造措施加强。

③ 楼面不连续或刚度突变,包括开洞面积超过该层总面积的50%时,应采用按弹性楼板

的计算模型进行分析和设计。

④ 抗水平力构件既不平行又不对称于抗侧立体系的两个相互垂直的主轴时,应采用考虑扭转影响的计算模型进行计算。

**2）立面选型**

（1）抗风设计

强风地区的高楼,宜采用上小下大的锥形或截锥形立面（图 3-10）。优点是:缩小的较大风荷载值的受风面积,使风荷载产生的倾覆力矩大幅度减小;从上到下,楼房的抗推刚度和抗倾覆能力增长较快,与风荷载水平剪力和倾覆力矩的示意图情况相适应;建筑物向内倾斜的结构形式其竖向构件轴力的水平分力,可部分抵消各楼层的风荷载水平剪力。

立面可设大洞或透空层。对于位于台风地区的层数很多、体量较大的高层建筑,可结合建筑布局和功能要求,在楼房的中、上部,设置贯通房屋的大洞,或每隔若干层设置一个透空层,则可显著减小作用于楼房的风荷载。

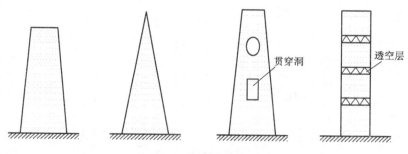

贯穿洞

透空层

图 3-10　高楼的简单立面形状

（2）抗震设计

抗震设防的高层建筑结构,宜采用竖向规则的结构。在竖向位置上具有下列情况之一者,为竖向不规则结构:

① 楼层侧向刚度小于其相邻上层侧向刚度的 70%,且连续三层总的侧向刚度降低超过 50%。

② 相邻楼层质量之比超过 1.5（采用轻屋盖的顶层除外）。

③ 立面收进尺寸的比例 $B_1 / B_2 < 0.75$（图 3-11）。

④ 竖向抗侧立构件不连续（如设转换梁或转换桁架支承上部柱的结构）。

⑤ 任一楼层抗侧力构件的总受剪承载力,小于其相邻上层的 80%。

对于竖向不规则的结构,除需对结构薄弱部位采取加强措施外,计算时应采用符合实际的结构计算模型并考虑扭转影响;对于特别不规则的结构宜采用弹性时程分析法做补充计

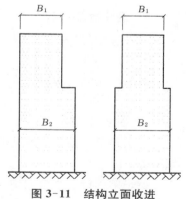

图 3-11　结构立面收进

算。此外,对于承托非落地柱或非落地剪力墙的梁、柱内力,应按规定对地震作用产生的内力乘以增大系数。

### 3.1.3.2 结构布置

#### 1）柱网形式

方形柱网（图 3-12(a)）：沿建筑纵、横两个主轴方向的柱距相等，多用于层数较少、楼层面积较大的楼房。

矩形柱网（图 3-12(b)）：为了扩大建筑的内部使用空间，可将承载较轻的次梁跨度加大。

周边密柱（图 3-12(c)）：层数很多的塔型高楼，内部采用框架或核心筒，外圈则采用密柱、深梁的钢框筒，框筒的柱距多为 3 m 左右，钢梁沿径向布置。

#### 2）柱网尺寸

框架梁，钢梁一般采用工字形截面，受力很大时采用箱形截面。大跨度梁及抽柱楼层的转换梁，可采用桁架式钢梁。工字形梁，主梁的经济跨度为 6～12 m，次梁的经济跨度为 8～15 m。对于建筑外圈的钢框筒，为了不使剪力滞后效应过大而影响框筒空间工作性能的充分发挥，柱距多为 3～4.5 m。

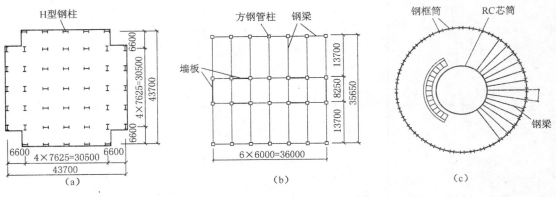

图 3-12 高层建筑平面的柱网布置

#### 3）梁柱板截面初选

（1）钢梁截面初选

① 初选原则

梁截面应满足建筑和使用功能要求，梁截面高度应该尽量大，以达到经济目的，截面构造简单，制作方便。

② 常见的梁截面形式

高层建筑钢结构中常见的梁截面形式主要有：型钢梁、焊接组合梁、钢—混凝土组合梁、桁架梁等。

型钢梁包括工字型钢梁、宽翼缘工字型钢梁、复合梁等。其优点是取材方便，不需要加工；安装方便、简单经济；其缺点是承载力较低，对于承受荷载不大的梁应优先采用。

焊接组合梁包括工字型焊接梁、焊接箱型梁等，其优点是截面尺寸可根据需要任意设计；承载力较大；箱梁外部平整，不易发生侧向失稳；其缺点是需进行工厂加工，此类梁适合跨度、荷载较大的结构。

钢—混凝土组合梁,其特点是钢同混凝土楼板组合在一起,共同抗弯,承载力较大,平面外稳定得到保证,节约用钢量50%,组合梁抗弯刚度大,梁挠度较小,此类梁在工程中得到广泛应用。

桁架梁按照承载力大小可分为:轻型桁架梁、中型桁架梁和重型桁架梁。其优点是用料少,经济适用范围广,节点均为铰节点,缺点是制作费工。轻型桁架一般用于次梁或檩条等荷载小的构件,费用低,弦杆一般为双或单角钢,腹板为钢筋。中、重型桁架一般用于荷载或跨度大的构件,承载力大,弦杆、腹板均采用型钢截面(角钢、工字钢、槽钢、箱形截面等)。

③ 梁截面初步设计

根据荷载和支座情况,其截面高度通常在跨度的1/50～1/20之间选择。翼缘宽度根据梁间侧向支撑的间距按限值选定时,可回避钢梁的整体稳定的复杂计算。

(2) 柱截面初选

① 初选原则

面积的分布尽量远离形心,以增加柱的稳定性;两方向的回转半径尽量接近,以节约材料;截面构造简单,制作方便;截面满足使用和建筑要求;不宜采用高强度钢材($fy=480\sim620\ N/mm^2$),否则增加造价。

② 常见的柱截面形式

a. H型截面(图3-13(a))

轧制宽翼缘H型钢是多高层框架柱最常用的截面形式。其优点是:轧制成型,加工量少;翼缘宽而等厚,截面经济合理;截面是开口的,杆件连接较容易;规格尺寸多,可直接用于柱。缺点是:截面性能(抗弯刚度和受弯承载力)分强轴和弱轴。

焊接H型钢柱是按照受力要求采用厚钢板焊接而成的拼合截面,用于承受很大荷载的柱。柱截面的钢板厚度不宜大于100 mm。

b. 箱形截面(图3-13(b))

箱形截面的受弯承载力较强,而且截面性能没有强轴、弱轴之分。截面尺寸可以按照两个方向的刚度、强度要求而定,经济、合理。箱形截面的缺点是:需要拼装焊接,焊接工艺要求高,加工量大。

c. 圆管截面(图3-13(c))

圆形钢管多采用钢板卷制焊接而成。轧制圆管,尺寸较小,价格较高,高层建筑中很少采用,圆形钢管多用于轴心或偏心受压的钢管混凝土柱。

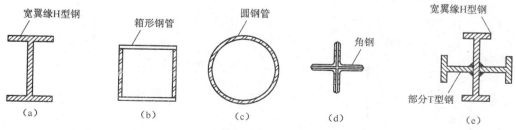

图3-13　钢柱的常用截面形式

d. 十字形截面(图3-13(d))

由4个角钢拼焊而成的十字形截面,多用于仅承受较小重力荷载的次框架中的轴向受压柱,特别适用于隔墙交叉点处的柱,与隔墙连接方便,而且不外露。由钢板焊接而成或由一个窄翼缘 H 型钢和两个部分 T 型钢拼焊而成的带翼缘十字形截面,多用于型钢混凝土结构以及由底部钢筋混凝土结构向上部钢柱转换时的过滤层柱。

③ 柱截面初步设计

柱截面按长细比预估,通常 $50 < \lambda < 150$,简单选择在 100 左右。

（3）板截面初选

在高层建筑钢结构中楼板一般采用压型钢板组合楼板。用于组合楼板的压型钢板厚度不应小于 0.75 mm,一般不宜大于 1 mm,但不得超过 1.6 mm,否则栓钉穿透焊有困难;波槽平均宽度(对闭口式压型钢板为上口槽宽)不应小于 50 mm;当在槽内设置栓钉时,压型钢板总高度不应大于 80 mm。

**4）房屋高度与高宽比**

高层全钢结构的高度限值见表 3-2。

表 3-2　钢结构房屋适用的最大高度（m）

| 结构类型 | 6、7 度 | 8 度 | 9 度 |
|---|---|---|---|
| 框架 | 110 | 90 | 50 |
| 框架-支撑(抗剪墙板) | 220 | 200 | 140 |
| 筒体(框筒、筒中筒、桁架筒、束筒)和巨型框架 | 300 | 260 | 180 |

注:1. 房屋高度指室外地面到主要屋面板的高度(不包括局部突出屋顶部分);
　　2. 超过表内高度的房屋,应进行专门研究和论证,采取有效的加强措施。

高层全钢结构的高宽比限值见表 3-3。

表 3-3　钢结构民用房屋适用的最大高宽比

| 烈度 | 6、7 | 8 | 9 |
|---|---|---|---|
| 最大高宽比 | 6.5 | 6.0 | 5.5 |

注:计算高宽比的高度从室外地面算起。

**5）支撑布置**

（1）中心支撑

中心支撑在多高层建筑中主要的应用形式如图 3-14 所示:

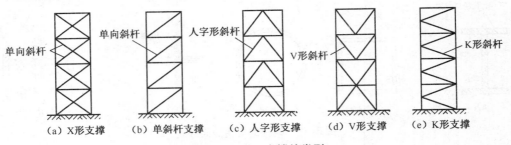

(a) X形支撑　(b) 单斜杆支撑　(c) 人字形支撑　(d) V形支撑　(e) K形支撑

图 3-14　中心支撑的类型

框架结构依靠梁柱受弯承受荷载,其侧向刚度较小。随着建筑物高度的增加,在风荷载或地震作用下,框架结构的抗侧刚度难以满足设计要求,如只是增大梁柱截面,则结构会失去经济合理性。此时可在框架结构中布置支撑构成中心支撑框架结构。它的特点是框架与支撑系统共同工作,竖向支撑桁架承担大部分水平剪力。框架-支撑体系一般适用于 40～60 层的高层建筑。

（2）偏心支撑

偏心支撑在多高层建筑中主要的应用形式如图 3-15 所示:

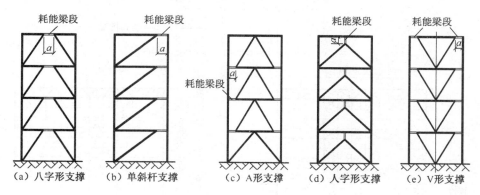

图 3-15　偏心支撑的类型

偏心支撑框架是指支撑偏离梁柱节点的钢结构框架,其设计思想是,在罕遇地震作用下通过耗能梁段的屈服消减地震能量,以达到保护其他结构构件不被破坏和防止结构整体倒塌的目的。

抗弯框架具有良好的延性和耗能能力,但结构较柔,弹性刚度较差,中心支撑框架在弹性阶段刚度大,但延性和耗能能力小,支撑受压屈曲后易使结构丧失承载力而遭到破坏。偏心支撑框架比起中心支撑框架和普通抗弯框架,有相对较小的侧向位移和更均匀的层间位移分布。偏心支撑框架的自重比抗弯框架轻 25%～30%,比中心支撑框架轻 18%～20%。

**6）伸臂桁架、腰桁架和帽桁架**

较高的高层建筑一般都需设置设备层或避难层,因此可以利用这些楼层位置设置伸臂桁架及腰桁架或帽桁架(图 3-16)。

设置伸臂桁架及腰桁架或帽桁架的楼层常称水平加强层。水平加强层的设置位置及楼层数量,一方面需考虑利用设备层及避难层,另一方面宜进行优化比较确定。

（1）伸臂桁架的作用

由图 3-16 可知,由于伸臂桁架具有很大的竖向抗弯刚度和抗剪刚度,迫使支撑框架两侧的外框架柱参与整体抗弯作用。在水平荷载作用下,一侧的外框架柱产生拉力,另一侧产生压力,形成与倾覆力矩方向相反的力偶,这如同在伸臂桁架楼层部位作用着一个反向弯矩 $M_1$ 及 $M_2$,它将抵消一部分由水平荷载产生的倾覆力矩。因此,反向弯矩既减小结构的水平位移,又减小支撑框架所承担的倾覆力矩。

（2）腰桁架及帽桁架的作用

楼数不多的伸臂桁架仅与其数量相同的外框架柱相连后可产生整体抗弯作用。未与伸臂桁架直接相连的框架柱,由于沿外框架轴线方向的框架梁的跨度较大,梁截面高度小,难以协调这些柱的轴向变形,未能使这些柱参与整体抗弯作用。但当采用腰桁架时,因它具有很大的抗弯刚度及剪切刚度,可迫使未与伸臂桁架直接相连的外框架柱的轴向变形及相应的轴向力,

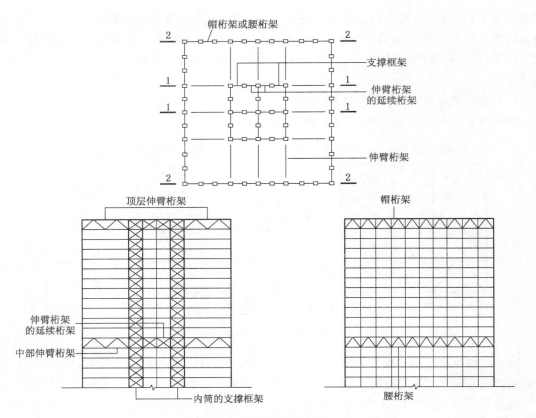

图 3-16　伸臂桁架位置

几乎等同于伸臂桁架相连的外框架柱,从而也能参与整体抗弯作用,扩大了伸臂桁架的作用和效果。

在外筒体系及筒中筒体系中,当外筒的边长较长、柱距稍大、裙梁的截面高度偏小,以及洞口开洞率较大时,外筒将产生显著的剪力滞后效应。为提高外筒的整体刚度和减小剪力滞后效应,可利用设备层或避难层设置腰桁架及帽桁架,以协调外筒翼缘框架柱的轴向变形及相应的轴向力,一般情况下,筒中筒体系中外筒与内筒之间常不设置伸臂桁架。

### 3.1.4　高层钢结构的荷载及效应组合

高层建筑结构设计应考虑的荷载与作用有重力作用、活荷载、雪荷载、风荷载、地震作用、施工荷载和温度作用等。

#### 3.1.4.1　钢框架计算简图

**1）计算单元**

当框架间距相同、荷载相等、截面尺寸一样时,可取出一榀框架进行计算(图 3-17)。

**2）各跨梁的计算跨度与楼层高度**

各跨梁的计算跨度为每跨柱形心线至形心线的距离。底层的层高为基础至第 2 层楼面的

距离,中间层的层高为该层楼面至上层楼面的距离,顶层的层高为顶层楼面至屋面的距离(图 3-18)。注意:

（1）当上下柱截面发生改变时,取截面小的形心线进行整体分析,计算杆件内力时要考虑偏心影响。

（2）当框架梁的坡度 $i \leqslant 1/8$ 时,可近似按水平梁计算。

（3）当各跨跨长相差不大于 10% 时,可近似按等跨梁计算。

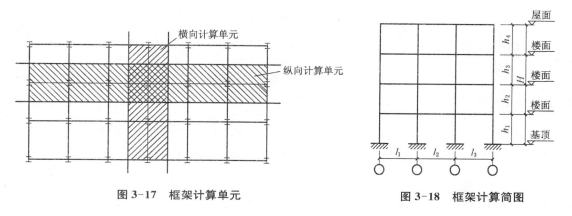

图 3-17  框架计算单元

图 3-18  框架计算简图

### 3）楼面荷载分配

进行框架结构在竖向荷载作用下的内力计算前,先要将楼面上的竖向荷载分配给支承它的框架梁。

楼面荷载的分配与楼盖的构造有关。当采用装配式或整体式楼盖时,板上荷载通过预制板的两端传递给它的支承结构。如果采用现浇楼盖时,楼面上的恒荷载和活荷载根据每个区格板两个方向的边长之比,沿单向或双向传递。区格板长边边长与短边边长之比大于 3 时沿单向传递(图 3-19),小于或等于 3 时沿双向传递(图 3-20)。

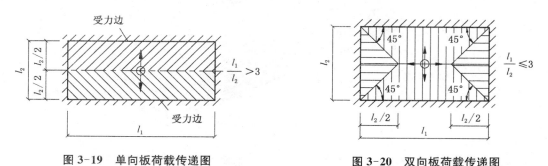

图 3-19  单向板荷载传递图

图 3-20  双向板荷载传递图

当板上荷载沿单向传递时,可以按单向板楼盖的荷载分析原则,从每个区格沿短边中线将板分成相等的两块,各分块的恒荷载和活荷载向相邻的受力边支承结构上传递。此时由板传递给框架梁上的荷载为均布荷载。

当板上荷载沿双向传递时,可以按双向板楼盖的荷载分析原则,从每个区格板的四个角点作 45°线将板分成四块,每个分块上的恒荷载和活荷载向与之相邻的支承结构上传递。此时,由板传递给框架梁上的荷载为三角形或梯形。为简化框架内力计算起见,可以将梁上的三角形和梯形荷载按式(3-2)或式(3-3)换算成等效的均布荷载计算。

(a)　　　　　　　　　　　(b)

**图 3-21　三角形荷载和梯形荷载的等效均布荷载**

三角形荷载的等效均布荷载(图 3-21(a)):

$$q' = 5q/8 \tag{3-2}$$

梯形荷载的等效均布荷载(图 3-21(b)):

$$q' = (1 - 2\alpha^2 + 3\alpha^3)q \tag{3-3}$$

式中:$\alpha = a/l$。墙体重量直接传递给它的支承梁。

### 3.1.4.2　截面初选

**1) 组合板**

在高层建筑钢结构中楼板一般采用压型钢板组合楼板(图 3-22)。用于组合楼板的压型钢板厚度不应小于 0.75 mm,一般不宜大于 1 mm,但不得超过 1.6 mm,否则栓钉穿透焊有困难;波槽平均宽度(对闭口式压型钢板为上口槽宽)不应小于 50 mm;当在槽内设置栓钉时,压型钢板总高度不应大于 80 mm。

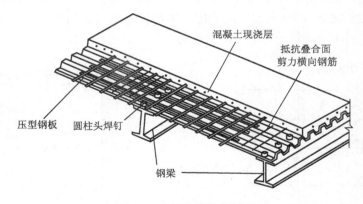

混凝土现浇层

抵抗叠合面剪力横向钢筋

压型钢板　圆柱头焊钉

钢梁

**图 3-22　组合楼盖的构造**

**2) 组合梁**

组合梁是指由钢梁与钢筋混凝土翼板通过抗剪连接件组合成整体而共同工作的一种受弯构件。组合梁中的钢筋混凝土翼板可以是以压型钢板为底模的组合楼板,或者是普通的现浇钢筋混凝土楼板或预制后浇成整体的混凝土楼板(叠合楼板)。压型钢板组合楼板与钢梁组合式可以分为两种情况:一种板肋平行于钢梁,一种板肋垂直于钢梁。

根据刚度的要求,组合梁的高跨比一般为 $h/l \geqslant 1/16 \sim 1/15$,并且组合梁的截面高度不宜超过钢梁截面的 2.5 倍。其钢梁截面须根据组合梁的受力特点而确定,通常对于按单跨简支梁设计的组合梁,或者跨度大、受荷大的组合梁,宜采用上窄下宽的单轴对称工字形截面(图 3-23(a));对于按连续梁或单跨固端梁或悬臂梁设计的组合梁,或者跨度小、受荷小的组合梁,宜采用双轴对称工字形截面(图 3-23(b));对于组合边梁,其钢梁截面宜采用槽钢形式。

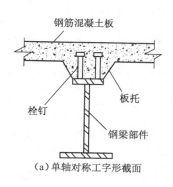
(a) 单轴对称工字形截面

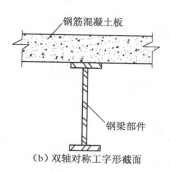
(b) 双轴对称工字形截面

**图 3-23 组合梁中的钢梁截面**

### 3) 框架梁、柱截面初选

梁截面应满足建筑的使用功能要求,梁截面高度应该尽量大,以符合经济目的、截面构造简单、制作方便等原则。高层建筑钢结构中常见的梁截面形式主要有:型钢梁、焊接组合梁、钢—混凝土组合梁、桁架梁等。

根据荷载和支座情况,其截面高度通常在跨度的 1/50~1/20 之间选择。翼缘宽度根据梁间侧向支撑的间距按限值选定时,可回避钢梁的整体稳定的复杂计算。

柱截面面积的分布尽量远离形心,以增加柱的稳定性;两方向的回转半径尽量接近,以节约材料截面;构造简单,制作方便;截面满足使用和建筑要求。

柱截面按长细比预估,通常 $50 < \lambda < 150$,简单选择在 100 左右。型钢柱需改变截面时,宜保持型钢截面高度不变,可改变翼缘的宽度、厚度或腹板厚度。当需要改变柱截面高度时,截面高度宜逐步过渡;且在变截面的上、下端应设置加劲肋;当变截面段位于梁柱接头时,变截面位置宜设置在两端距梁翼缘不小于 150 mm 位置处(如图 3-24)。

本例为一高层建筑钢结构办公楼设计。总建筑面积 8 064 m²,层数为 10 层,首层层高 4.5 m,其余各层 3.6 m。采用钢结构框架结构体系。建筑的设计使用年限为 50 年,结构安全等级为二级,环境类别为一类,建筑耐火等级为二级,考虑抗震设防。该工程所处地区的基本风压值为 0.35 kN/m²,雪荷载为 0.30 kN/m²。结构平面布置如图 3-25 所示。

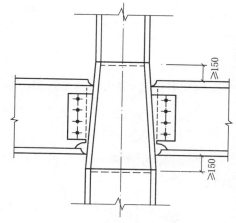

**图 3-24 型钢变截面构造**

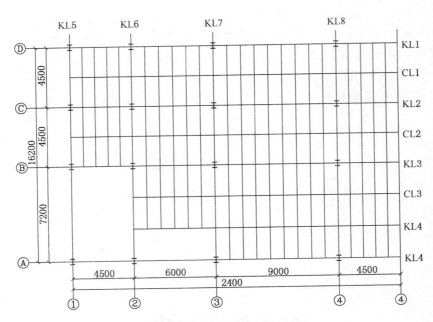

图 3-25　横向钢框架结构布置图

选择有代表性的 4 轴线的平面钢框架进行计算分析。

（1）初选平面钢框架梁、柱截面尺寸

a. 横向框架梁 KL8

边跨梁承受的竖向荷载主要有纵向次梁传来的集中荷载,如图 3-26 所示。

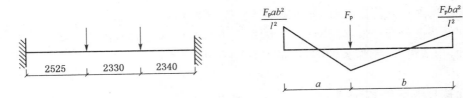

图 3-26　梁弯矩计算简图

因梁柱刚接,最大负弯矩近似按照下列公式估计:

$$M_{max} = 2 \times 99.831 \times 2.525^2 \times 4.675^2 / 7.2^2 + 2 \times 90.716 \times 2.340 \times 4.86^2 / 7.2^2$$
$$= 405.98 \text{ kN} \cdot \text{m}$$

考虑到钢框架梁尚承受水平荷载,故将弯矩值放大到 1.2 倍原大小,初步估计截面抵抗矩:

$$W_{nx} \geqslant M_x / f = 1.2 \times 405.98 \times 10^6 / 215 \text{ mm}^3 = 2265.93 \text{ cm}^3$$

选用截面 HN $600 \times 200 \times 11 \times 17$,材质为 Q235 钢,截面高度 $H = 600$ mm,上下翼缘宽度 $B_1 = B_2 = 200$ mm,腹板厚度 $T_w = 11$ mm,翼缘与腹板交接圆弧半径为 13 mm,上下翼缘的厚度为 17 mm,钢梁面积 $A = 1317$ mm²,截面惯性矩 $I_x = 73749$ cm⁴,截面抵抗矩 $W = 2458$ cm³,自重 1.034 kN/m,对 $x$、$y$ 轴的回转半径分别为 236.6 mm、41.5 mm。

b. 为方便施工,横向框架梁 KL3～KL12 统一取为 HN600×200×11×17。

c. 框架柱的截面初选

柱子轴力按照最大负载面积进行估算。取负载面积较大的 B 轴的柱子进行考虑,柱子的负载面积为:

$$A = (9/2 + 9/2) \times (7.2/2 + 4.8/2) = 54 \text{ m}^2$$

顶层屋面产生的轴力为:

$$N_{顶} = (1.2 \times 0.976 \times 5 + 1.4 \times 2) \times 54 = 467.424 \text{ kN}$$

2～9 层楼面产生的轴力为:

$$N_{楼} = 1.2 \times 0.788 \times 5 \times 54 + 1.4 \times 2 \times 9 \times 3.6 + 1.4 \times 2.5 \times 9 \times 2.4 = 421.632 \text{ kN}$$

2～9 层内隔墙产生的轴力为:

$$N_{隔墙} = 1.2 \times (6 \times 0.2 + 20 \times 0.02 \times 2) \times 3.6 \times 9 \times 1.5 = 116.64 \text{ kN}$$

各楼层单根柱承受的最不利轴力值与楼层的关系如图 3-27 所示,初步考虑采用热轧 H 型钢截面柱。

对于 8～10 层,选用相同的 H 形截面(将轴力放大 1.2～1.3 倍考虑水平方向荷载的作用),当钢柱长细比在 60～80 之间时,柱子的轴心受压稳定系数 $\varphi$ 大致在 0.65～0.8 之间。当取轴力为 1 310.688 kN 时,由 $\frac{N}{\varphi A} \leqslant f$ 得到:

$$A \geqslant \frac{(1.2 \sim 1.3)N}{(0.65 \sim 0.8)f} = \frac{N}{(0.5 \sim 0.67)f} = \frac{1\,310.688 \times 10^3}{(0.5 \sim 0.67) \times 215} = 90.99 \text{ cm}^2 \sim 121.92 \text{ cm}^2$$

选用截面 HW414×405×18×28,材质为 Q235 钢,钢梁面积 $A = 295.39 \text{ mm}^2$,截面惯性矩 $I_x = 93\,518 \text{ cm}^4$,截面抵抗矩 $W = 4\,158 \text{ cm}^3$,自重 2.319 kN/m,对 $x$、$y$ 轴的回转半径分别为 177.9 mm、102.5 mm。

对于 1～3 层,选用相同的 H 形截面(将轴力放大 1.2～1.3 倍考虑水平方向荷载的作用),当钢柱长细比在 60～80 之间时,柱子的轴心受压稳定系数 $\varphi$ 大致在 0.65～0.8 之间。当取轴力为 4 261.112 kN 时,由 $\frac{N}{\varphi A} \leqslant f$ 得到:

$$A \geqslant \frac{(1.2 \sim 1.3)N}{(0.65 \sim 0.8)f} = \frac{N}{(0.5 \sim 0.67)f} = \frac{4\,261.112 \times 10^3}{(0.5 \sim 0.67) \times 215} = 295.88 \text{ cm}^2 \sim 396.48 \text{ cm}^2$$

选用截面 HW 458×417×30×50,材质为 Q235 钢,钢梁面积 $A = 528.55 \text{ mm}^2$,截面惯性矩 $I_x = 190\,939 \text{ cm}^4$,截面抵抗矩 $W = 8\,338 \text{ cm}^3$,自重 4.149 kN/m,对 $x$、$y$ 轴的回转半径分别为 190.1 mm、107.0 mm。

(2) 横向钢框架计算简图

横向框架的计算单元为 9 m 宽,刚架梁的计算长度取左右相邻柱截面形心之间的距离,即轴线距离,刚架柱的计算高度取为上下横梁中心线之间的距离,但实际应用中为方便,常将底层柱的计算高度偏安全地取为从基础顶面到一层楼盖顶面的距离,对于其余各层柱为上下两层楼盖顶面之间的距离。

假设基础顶面距离室外地面 0.5 m,室内外高差 0.6 m,层高 4.5 m,则底层柱的计算高度为:基础顶面距离室外地面距离(0.5 m)+室内外高差(0.6 m)+层高(4.5 m)=5.6 m,其余各层柱的计算高度取为层高,即为 3.6 m。

横向钢框架的计算简图如图 3-27 所示,结构分析时需要用到构件的相对线刚度。钢结构弹性分析时,可考虑现浇楼板与钢梁的共同作用,对于两侧有楼板的梁,其惯性矩可取 $1.5I_0$($I_0$ 为钢梁本身的惯性矩),此时,在设计中应保证楼板与钢梁之间有可靠的连接。

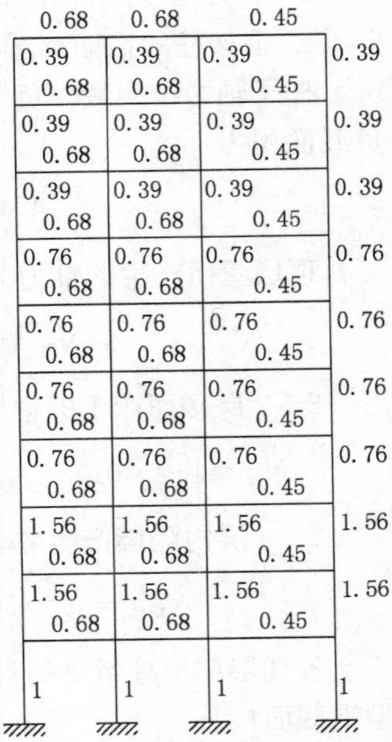

(3)竖向永久荷载计算

由于楼盖和屋盖均是按照顺肋方向的单向板设计的,所以计算单元内的全部屋面、楼盖荷载通过纵向次梁及纵向的连系梁传递到横向刚架上,其中由纵向次梁传递到边刚架梁上的是集中荷载;而纵向连系梁上的荷载之间传递给刚架柱,形成节点集中荷载;中刚架梁上没有楼面传来的荷载,只有梁本身的自重荷载。

对于刚架梁与刚架柱,需要作防火涂层,近似地将自重放大 1.1 倍来考虑。

| 0.68 | 0.68 | 0.45 | |
|---|---|---|---|
| 0.39<br>0.68 | 0.39<br>0.68 | 0.39<br>0.45 | 0.39 |
| 0.39<br>0.68 | 0.39<br>0.68 | 0.39<br>0.45 | 0.39 |
| 0.76<br>0.68 | 0.76<br>0.68 | 0.76<br>0.45 | 0.76 |
| 0.76<br>0.68 | 0.76<br>0.68 | 0.76<br>0.45 | 0.76 |
| 0.76<br>0.68 | 0.76<br>0.68 | 0.76<br>0.45 | 0.76 |
| 0.76<br>0.68 | 0.76<br>0.68 | 0.76<br>0.45 | 0.76 |
| 1.56<br>0.68 | 1.56<br>0.68 | 1.56<br>0.45 | 1.56 |
| 1.56<br>0.68 | 1.56<br>0.68 | 1.56<br>0.45 | 1.56 |
| 1 | 1 | 1 | 1 |

**图 3-27　横向钢框架计算简图**

① 屋面部分荷载计算

A. 屋面均布荷载

　左跨自重:$g = 1.1 \times 1.034 = 1.137\ 4$ kN/m

　中跨自重:$g = 1.1 \times 1.034 = 1.137\ 4$ kN/m

　右跨自重:$g = 1.1 \times 1.034 = 1.137\ 4$ kN/m

B. 屋面 C~D 轴线间的集中荷载

| | |
|---|---|
| 屋盖自重 | $0.976 \times 5 \times 9 \times 2.4 = 105.408$ kN/m |
| CL1 自重 | $0.654 \times 9 = 5.886$ kN/m |
| CL1 传递的集中荷载 | $105.408 + 5.886 = 111.29$ kN/m |

C. 屋面 D 柱列的集中荷载

| | |
|---|---|
| 屋盖自重 | $0.976 \times 5 \times 9 \times (2.4/2 + 0.2) = 61.488$ kN/m |
| 纵向梁自重 | $0.654 \times 9 = 5.886$ kN/m |
| KL1 传递给 D 柱列的集中荷载 | $61.488 + 5.886 = 67.37$ kN/m |

D. 屋面 C 柱列的集中荷载

| | |
|---|---|
| 屋盖自重 | $0.976 \times 5 \times 9 \times 2.4 = 105.408$ kN/m |
| 纵向梁自重 | $0.654 \times 9 = 5.886$ kN/m |
| KL2 传递给 C 柱列的集中荷载 | $105.408 + 5.886 = 111.29$ kN/m |

E. 屋面 B~C 轴线间的集中荷载

| | |
|---|---|
| 屋盖自重 | $0.976 \times 5 \times 9 \times 2.4 = 105.408$ kN/m |
| 纵向梁自重 | $0.654 \times 9 = 5.886$ kN/m |
| CL2 传递的集中荷载 | $105.408 + 5.886 = 111.29$ kN/m |

F. 屋面 B 柱列的集中荷载

屋盖自重　　　　　　　　$0.976 \times 5 \times 9 \times (2.4/2 + 2.34/2) = 104.090$ kN/m

纵向梁自重　　　　　　　$0.654 \times 9 = 5.886$ kN/m

　　KL3 传递给 $B$ 柱列的集中荷载　　　$104.090 + 5.886 = 109.98$ kN/m

G. 屋面 A～B 轴线间的集中荷载

屋盖自重　　　　　　　　$0.976 \times 5 \times 9 \times (2.34/2 + 2.335/2) = 102.663$ kN/m

纵向梁自重　　　　　　　$0.654 \times 9 = 5.886$ kN/m

　　CL3 传递的集中荷载　　　$102.663 + 5.886 = 108.55$ kN/m

H. 屋面 A～B 轴线间的集中荷载

屋盖自重　　　　　　　　$0.976 \times 5 \times 9 \times (2.525/2 + 2.335/2) = 106.726$ kN/m

纵向梁自重　　　　　　　$0.654 \times 9 = 5.886$ kN/m

　　CL4 传递的集中荷载　　　$106.726 + 5.886 = 112.61$ kN/m

I. 屋面 A 柱列的集中荷载

屋盖自重　　　　　　　　$0.976 \times 5 \times 9 \times (2.525/2 + 0.2) = 64.233$ kN/m

纵向梁自重　　　　　　　$0.654 \times 9 = 5.886$ kN/m

　　KL4 传递给 A 柱列的集中荷载　　　$64.233 + 5.886 = 70.12$ kN/m

② 楼面部分荷载计算

A. 1～9 层楼面均布荷载

左跨自重：$g = 1.1 \times 1.034 = 1.137\,4$ kN/m

中跨自重：$g = 1.1 \times 1.034 = 1.137\,4$ kN/m

右跨自重：$g = 1.1 \times 1.034 = 1.137\,4$ kN/m

B. 屋面 C～D 轴线间的集中荷载

屋盖自重　　　　　　　　$0.788 \times 5 \times 9 \times 2.4 = 85.104$ kN/m

CL1 自重　　　　　　　　$0.654 \times 9 = 5.886$ kN/m

　　CL1 传递的集中荷载　　　$85.104 + 5.886 = 90.99$ kN/m

C. 屋面 D 柱列的集中荷载

屋盖自重　　　　　　　　$0.788 \times 5 \times 9 \times (2.4/2 + 0.2) = 49.644$ kN/m

隔墙自重　　　　　$3.6 \times 9 \times (6 \times 0.25 + 20 \times 0.02 \times 2) = 74.520$ kN/m

纵向梁自重　　　　　　　$0.654 \times 9 = 5.886$ kN/m

　　KL1 传递给 D 柱列的集中荷载　　　$49.644 + 74.520 + 5.886 = 130.05$ kN/m

D. 屋面 C 柱列的集中荷载

屋盖自重　　　　　　　　$0.788 \times 5 \times 9 \times 2.4 = 85.104$ kN/m

纵向梁自重　　　　　　　$0.654 \times 9 = 5.886$ kN/m

　　KL2 传递给 C 柱列的集中荷载　　　$85.104 + 5.886 = 90.99$ kN/m

E. 屋面 B～C 轴线间的集中荷载

屋盖自重　　　　　　　　$0788 \times 5 \times 9 \times 2.4 = 85.104$ kN/m

隔墙自重　　　　　$3.6 \times 9 \times (6 \times 0.2 + 20 \times 0.02 \times 2) = 64.80$ kN/m

纵向梁自重      $0.654 \times 9 = 5.886 \text{ kN/m}$

CL2 传递的集中荷载    $85.104 + 64.80 + 5.886 = 155.79 \text{ kN/m}$

F. 屋面 B 柱列的集中荷载

屋盖自重    $0.788 \times 5 \times 9 \times (2.4/2 + 2.34/2) = 84.040 \text{ kN/m}$

隔墙自重    $3.6 \times 9 \times (6 \times 0.2 + 20 \times 0.02 \times 2) = 64.80 \text{ kN/m}$

纵向梁自重    $0.654 \times 9 = 5.886 \text{ kN/m}$

KL3 传递给 B 柱列的集中荷载    $84.040 + 64.80 + 5.886 = 154.73 \text{ kN/m}$

G. 屋面 A~B 轴线间的集中荷载

屋盖自重    $0.788 \times 5 \times 9 \times (2.34/2 + 2.335/2) = 82.888 \text{ kN/m}$

纵向梁自重    $0.654 \times 9 = 5.886 \text{ kN/m}$

CL3 传递的集中荷载    $82.888 + 5.886 = 88.78 \text{ kN/m}$

H. 屋面 A~B 轴线间的集中荷载

屋盖自重    $0.788 \times 5 \times 9 \times (2.525/2 + 2.335/2) = 86.168 \text{ kN/m}$

纵向梁自重    $0.654 \times 9 = 5.886 \text{ kN/m}$

CL4 传递的集中荷载    $86.168 + 5.886 = 92.05 \text{ kN/m}$

I. 屋面 A 柱列的集中荷载

屋盖自重    $0.788 \times 5 \times 9 \times (2.525/2 + 0.2) = 51.860 \text{ kN/m}$

隔墙自重    $3.6 \times 9 \times (6 \times 0.25 + 20 \times 0.02 \times 2) = 74.520 \text{ kN/m}$

纵向梁自重    $0.654 \times 9 = 5.886 \text{ kN/m}$

KL4 传递给 A 柱列的集中荷载    $51.860 + 74.520 + 5.886 = 132.27 \text{ kN/m}$

此外,尚需考虑柱子自重,考虑到柱为变截面设计,节点荷载需分别加入下面的自重:

8~10 层: $G_g = 1.401 \times 3.6 = 5.044 \text{ kN}$

4~7 层: $G_g = 2.319 \times 3.6 = 8.348 \text{ kN}$

2~3 层: $G_g = 4.149 \times 3.6 = 14.936 \text{ kN}$

③ 底层柱脚处集中荷载计算

底层刚架柱自重: $G_底 = 4.149 \times 5.6 = 23.23 \text{ kN}$

通过上述计算,横向刚架的永久荷载标准值分布示意图如图 3-28 所示。

(4) 竖向可变荷载计算

雪荷载与可变荷载不同时考虑取其中较大值 $q_k = 2 \text{ kN/m}^2$ 进行计算。

由 KL1 传递给 D 柱列的集中荷载:

$$2.0 \times 9 \times 2.4/2 = 21.6 \text{ kN}$$

由 CL1 传递给 C~D 轴线间的集中荷载:

$$2.0 \times 9 \times 2.4 = 43.2 \text{ kN}$$

由 KL2 传递给 C 柱列的集中荷载:

$$2.0 \times 9 \times 2.4 = 43.2 \text{ kN}$$

由 CL2 传递给 C~B 轴线间的集中荷载：

$$2.0 \times 9 \times 2.4/2 + 2.5 \times 9 \times 2.4/2 = 48.6 \text{ kN}$$

由 KL3 传递给 B 柱列的集中荷载：

$$2.0 \times 9 \times 2.34/2 + 2.5 \times 9 \times 2.4/2 = 48.06 \text{ kN}$$

由 CL3 传递给 A~B 轴线间的集中荷载：

$$2.0 \times 9 \times (2.34/2 + 2.335/2) = 42.075 \text{ kN}$$

由 CL4 传递给 A~B 轴线间的集中荷载：

$$2.0 \times 9 \times (2.525/2 + 2.335/2) = 43.74 \text{ kN}$$

由 KL4 传递给 A 柱列的集中荷载：

$$2.0 \times 9 \times 2.525/2 = 22.725 \text{ kN}$$

通过上述计算，横向刚架的可变荷载标准值分布示意图如图 3-29 所示。

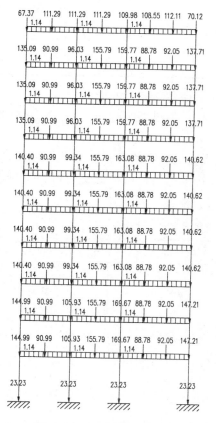

图 3-28　恒荷载计算简图

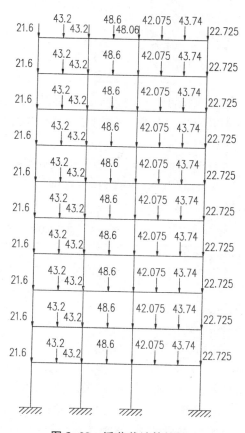

图 3-29　活荷载计算简图

### 3.1.4.3 荷载及作用计算

设计中通常需要分析计算的荷载分为竖向荷载和水平荷载两大类。竖向荷载包括结构自重及楼面屋面活荷载、设备设施重量、非结构构件重量等;水平荷载主要包括风荷载和地震作用。

(1)竖向荷载

① 高层建筑钢结构楼面和屋面活荷载以及雪荷载的标准值及其组合值、准永久值等系数,应分别按现行国家标准《建筑结构荷载规范》(GB 50009—2012,以下简称《荷载规范》)中表5.1.1和表5.3.1以及第7.1、7.2条的规定采用。该表未规定的荷载,宜按实际情况采用,但不得小于表3-4所列的数值。

**表3-4 民用建筑楼面均布活荷载标准值及其准永久值系数**

| 类别 | 活荷载标准值(kN/m²) | 准永久值系数 $\psi_q$ |
|---|---|---|
| 酒吧间、展销厅 | 3.5 | 0.5 |
| 屋顶花园 | 4.0 | 0.8 |
| 档案库、储藏室 | 5.0 | 0.8 |
| 饭店厨房、洗衣房 | 4.0 | 0.5 |
| 健身房、娱乐室 | 4.0 | 0.5 |
| 办公室灵活隔断 | 0.5 | 0.8 |

② 在计算构件效应时,楼面及屋面竖向荷载可仅考虑各跨满载的情况。

③ 直升机平台荷载,应取下列两项中能使平台结构产生最大效应的荷载。直升机的准永久值可不考虑。

a. 直升机总重引起的局部荷载按由实际最大起飞重量决定的荷载标准值乘动力系数1.4确定。当没有机型的技术资料时,局部荷载标准值及其作用面积可根据直升机类型按表3-5规定采用。

**表3-5 直升机的局部荷载标准值及其作用面积**

| 直升机类型 | 最大起飞重量(t) | 局部荷载标准值(kN) | 作用面积(m²) |
|---|---|---|---|
| 轻型 | 2 | 20 | 0.20×0.20 |
| 中型 | 4 | 40 | 0.25×0.25 |
| 重型 | 6 | 60 | 0.30×0.30 |

b. 等效均布荷载5 kN/m²。

④ 施工中采用附墙塔、爬塔等对结构有影响的起重机械或其他设备时,在结构设计中应根据具体情况进行施工阶段验算。

(2)风荷载

空气流动形成的风,遇到建筑物时,就在建筑物表面产生压力或吸力,这种风力就称为风荷载。风荷载的大小,主要和近地风的性质、风速、风向、地面粗糙度、建筑物的高度和形状及表面状况等因素有关。

① 作用在高层建筑任意高度处且垂直于建筑物表面的风荷载标准值,应根据《荷载规范》

按下列公式计算：

$$w_k = \beta_z \mu_s \mu_z w_0 \qquad (3-4)$$

式中：$w_k$—— 任意高度处的风荷载标准值（kN/m²）；

$\quad w_0$—— 高层建筑基本风压（kN/m²）；

$\quad \mu_z$—— 风压高度变化系数；

$\quad \mu_s$—— 风荷载体型系数；

$\quad \beta_z$—— 高度 $z$ 处的风振系数。

② 当计算高层建筑围护结构的强度和变形时，作用在任意高度处且垂直于建筑物表面的风荷载标准值应根据《荷载规范》按下列公式计算：

$$w_k = \beta_{gz} \mu_s \mu_z w_0 \qquad (3-5)$$

式中：$\beta_{gz}$—— 高度 $z$ 处的阵风系数。

注：风荷载的组合值、频遇值和准永久值系数，分别取 0.6、0.4、0.0。

③ a. 用于高层建筑的基本风压值，应按《荷载规范》中规定的基本风压 $w_0$ 值乘以系数 1.1。对于特别重要和有特殊要求的高层建筑则乘以系数 1.2。

b. 风压高度变化系数的取值按《荷载规范》的规定采用。

c. 高层建筑风载体型系数，可按下列规定采用：

Ⅰ. 单个高层建筑的风载体型系数，可按表 3-6 的规定采用。该表中系数是根据荷载规范以及国内高层建筑设计经验而得。表中插图的符号意义为：箭头（→）表示风向；正号（＋）表示压力；符号（－）表示吸力，均指垂直于建筑表面的风力。

表 3-6　高层建筑风荷载体型系数 $\mu_s$

| 项次 | 平面形状 | 风荷载体型系数 $\mu_s$ |
|---|---|---|
| 1 | 正多边形 | |
| 2 | 矩形 | <br>$\mu_s = \left(0.48 + 0.03 \dfrac{H}{B}\right)$<br>$H$—房屋高度 |
| 3 | 三边形和角三边形 | |

| 项次 | 平面形状 | 风荷载体型系数 $\mu_s$ |
|------|---------|---------------------|
| 4 | 扇形 | |
| 5 | 棱形 | |
| 6 | Y 形 | |
| 7 | L 形 | |
| 8 | 槽形 | |
| 9 | 十字形 | |
| 10 | 双十字形 | |

| 项次 | 平面形状 | 风荷载体型系数 μs |
|---|---|---|
| 11 | X 形 | |
| 12 | 井字形 | |
| 13 | 正多边形 圆形 | 整体 $\mu_s = 0.8 + 1.2/\sqrt{n}$，$n$—建筑平面的边数，圆形平面，$n = \infty$ |

Ⅱ. 城市建成区内新建高层建筑,应考虑周围已有高层建筑,特别是邻近已有高层建筑的影响。对于周围环境复杂、邻近有高层建筑、体型与《高钢规程》附录一中的体型不同且又无参考资料可以借鉴的或外形极不规则的高层建筑以及高度较大的超高层建筑,其风荷载体型系数应根据风洞试验确定。

Ⅲ. 验算墙面构件及其连接时,对风吸力区应采用表 3-7 规定的局部体型系数。

表 3-7  风吸力区的局部体型系数

| 部位 | | 局部体型系数 |
|---|---|---|
| 外墙构件、玻璃幕墙 | 墙面一般部位 | —1.0 |
| | 墙角、屋面周边和屋面坡度大于 10°的屋脊部位[①] | —1.5 |
| 檐口、雨篷、遮阳板、阳台 | | —2.0 |

注①:作用宽度为房屋总宽度的 10%,但不小于 1.5 m。

Ⅳ. 封闭式建筑物的内表面,应按外表面的风压情况取 ±0.2。

d. 沿高度等截面的高层建筑钢结构,顺风向风振系数按《荷载规范》的有关规定采用。

e. 在主体结构的顶部有小体型建筑时,应计入鞭梢效应,可根据小体型建筑作为独立体时的自振周期 $T_u$ 与主体建筑的基本自振周期 $T_1$ 的比例,分别按下列规定处理:

Ⅰ. 当 $T_u \leqslant T_1/3$ 时,可假定主体建筑的高度延伸至小体型建筑的顶部,其风振系数仍按《荷载规范》的规定采用。

Ⅱ. 当 $T_u > T_1/3$ 时,其风振系数宜按风振理论进行计算(参考《工程结构风荷载理论及抗风计算手册》等）。鞭梢效应一般与上、下部质量比、自振周期比以及承风面积有关。研究表明，在$T_u$约大于$1.5\,T_1$的范围内，盲目增大上部结构刚度反而起着相反效果，这一点应引起注意。另外，盲目减小上部承风面积，在$T_u < T_1$范围内其作用也不明显。

f. 计算围护结构（包括门窗）风荷载时的阵风系数应按《荷载规范》的有关规定采用。

④ 将计算单元范围内外墙面的分布风荷载化为等量作用的屋面或楼面集中荷载（考虑左风、右风荷载）。作用在屋面梁和楼面梁节点处的集中风荷载标准值按下式计算：

$$W_k = w_k(h_i + h_j)B/2 \tag{3-6}$$

式中：$h_i$、$h_j$—— 分别为下层柱高和上层柱高，对顶层为女儿墙高度的两倍；

$B$—— 房屋迎风面的宽度。

（3）地震作用

地震时，由于地震波的作用产生地面运动，通过房屋基础影响上部结构，使结构产生振动，房屋振动时产生的惯性力就是地震作用。

① 高层建筑抗震设计时，第一阶段设计应按多遇地震计算地震作用，第二阶段设计应按罕遇地震计算地震作用。

② 第一阶段设计时，其地震作用应符合下列要求：

a. 通常情况下，应在结构的两个主轴方向分别计入水平地震作用，各方向的水平地震作用应全部由该方向的抗侧力构件承担；

b. 当有斜交抗侧力构件时，且该斜交抗侧力构件与纵、横主轴相交角度大于15°时，宜分别计入各抗侧力构件方向的水平地震作用；

c. 质量和刚度明显不均匀、不对称的结构，应计入双向水平地震作用的扭转影响，即考虑结构偏心引起的扭转效应，而不考虑扭转地震作用；

d. 按9度抗震设防的高层建筑钢结构，或者按8度和9度设防的大跨度和长悬臂构件，应计入竖向地震作用。

③ 高层建筑钢结构的设计反应谱，应采用图3-30所示阻尼比为0.02的地震影响系数$\alpha$曲线表示，$\alpha$值应根据近震、远震、场地类别及结构自振周期$T$计算，其下限不应小于抗震设计水平地震影响系数最大值$\alpha_{max}$值的20%。$\alpha_{max}$及特征周期$T_g$按表3-8和表3-9规定采用。

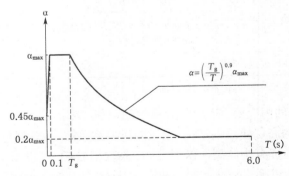

**图3-30 高层建筑钢结构的地震影响系数**
$\alpha$—地震影响系数；$\alpha_{max}$—地震影响系数的最大值；
$T$—结构自振周期；$T_g$—场地特征周期

表 3-8　抗震设计水平地震影响系数最大值

| 烈度 | 6 | 7 | 8 | 9 |
|---|---|---|---|---|
| $\alpha_{\max}$ | 0.04 | 0.08 | 0.16 | 0.32 |

表 3-9　特征周期 $T_g(s)$

| | 场地类别 | | | |
|---|---|---|---|---|
| | 1 | 2 | 3 | 4 |
| 近震 | 0.20 | 0.30 | 0.40 | 0.65 |
| 远震 | 0.25 | 0.40 | 0.55 | 0.85 |

采用以钢筋混凝土结构为主要抗侧力构件的高层钢结构时,地震影响系数应按现行国家标准《建筑抗震设计规范》(GB 50011—2010,以下简称《抗震规范》)的有关规定采用。

④ 水平地震作用的计算

对于高层建筑钢结构的水平地震作用,可视结构布置和房屋高度情况,结合下述条件,选择合适的计算方法。

通常,平面和竖向较规则的、以剪切变形为主的、且质量和刚度沿高度分布比较均匀的、高度不超过 60 m 的高层钢结构,或高度超过 60 m 的高层钢结构建筑预估截面时,可采用底部剪力法等简化计算,否则宜选用振型分解反应谱法进行计算。

特别不规则的建筑、甲类建筑和表 3-10 所列高度范围的高层建筑,应采用时程分析法,进行多遇地震下的补充验算,并取多条时程曲线计算结果的平均值与振型分解反应谱法计算结果两者中的较大者,进行结构承载力和变形验算。

表 3-10　采用时程分析的房屋高度范围

| 抗震设防烈度、场地类别 | 房屋高度范围(m) |
|---|---|
| 8 度Ⅰ、Ⅱ类场地和 7 度 | >100 |
| 8 度Ⅲ、Ⅳ类场地 | >80 |
| 9 度 | >60 |

a. 底部剪力法

底部剪力法是以地震弹性反应谱理论为基础,是地震反应谱分析法中的一种近似方法。其计算基本思路是:先根据结构基本周期确定结构的总水平地震作用,然后按照某一竖向分布规律来确定结构各部位的水平地震作用。

高层建筑采用底部剪力法计算水平地震作用时,将各楼层的全部重力荷载代表值集中在各层楼板高度处,形成一个"质点",并且每个"质点"仅考虑一个自由度,从而获得如图 3-31 所示的"串联质点系"计算模型,结构的水平地震作用,应按下列公式确定:

Ⅰ. 与结构的总水平地震作用等效的底部剪力标准值

$$F_{Ek} = \alpha_1 G_{eq} \tag{3-7}$$

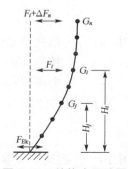

图 3-31　结构水平地震作用计算模型

Ⅱ. 在质量沿高度分布基本均匀、刚度沿高度分布基本均匀或向上均匀减小的结构中,各层水平地震作用标准值

$$F_i = \frac{G_i H_i}{\sum_{j=1}^{n} G_j H_j} F_{Ek}(1 - \delta_n) \qquad (i = 1, 2, \cdots, n) \tag{3-8}$$

Ⅲ. 顶部附加水平地震作用标准值

$$\Delta F_n = \delta_n F_{Ek} \tag{3-9}$$

$$\delta_n = \frac{1}{T_1 + 8} + 0.05 \tag{3-10}$$

式中:$F_{Ek}$——结构总水平地震作用等效底部剪力标准值;

  $\alpha_1$——相当于结构基本周期 $T_1$ 的地震影响系数,按上面第 ③ 条的规定计算;

  $G_{eq}$——结构的等效总重力荷载,取总重力荷载代表值的 80%;

  $G_i$、$G_j$——分别为第 $i$、$j$ 层重力荷载代表值;

  $H_i$、$H_j$——分别为 $i$、$j$ 层楼盖距底部固定端的高度;

  $F_i$——第 $i$ 层的等效水平地震作用标准值;

  $\delta_n$——顶部附加地震作用系数;

  $F_n$——顶部附加水平地震作用。

采用底部剪力法时,突出屋面小塔楼的地震作用效应,宜乘以增大系数 3。增大影响宜向下考虑 1~2 层,但不再往下传递。

抗震计算中,重力荷载代表值应为恒荷载标准值和活荷载组合值之和,并应按下列规定取值:

恒荷载:应取《荷载规范》规定的结构、构配件和装修材料等自重的标准值;

雪荷载:应按《荷载规范》规定的标准值乘 0.5 取值;

楼面活荷载:应按《荷载规范》规定的标准值乘组合值系数取值。一般民用建筑应取 0.5,书库、档案库建筑应取 0.8。计算时不应再按《荷载规范》的规定折减,且不应计入屋面活荷载。

对于重量及刚度沿高度分布比较均匀的高层建筑钢结构的基本自振周期 $T_1$,可按下列公式近似计算:

$$T_1 = 1.7 \xi_T \sqrt{u_n} \tag{3-11}$$

式中:$u_n$——结构顶层假想侧移(m),即假想将结构各层的重力荷载作为楼层的集中水平力,按弹性静力方法计算所得的顶层侧移值;

  $\xi_T$——考虑非结构构件影响的修正系数,对于高层建筑钢结构,宜取 $\xi_T = 0.9$。

在初步计算时,结构的基本自振周期可按下列经验公式估算:

$$T_1 = 0.1n \tag{3-12}$$

式中:$n$——建筑物层数(不包括地下部分及屋顶小塔楼)。

b. 振型分解反应谱法

振型分解反应谱法是利用单自由度体系反应谱和振型分解原理来解决多自由度体系地震

反应的计算方法。振型分解反应谱法又称振型分解法或反应谱法,它属于拟动力分析法,是现阶段结构抗震设计的主要方法。它的基础是地震弹性反应谱理论,所以,该法仅适用于结构的弹性分析。

由于该法考虑了结构的动力特性,除了特别不规则的结构外,都能给出比较满意的结果,而且它能够解决底部剪力法难以解决的非刚性楼盖空间结构的计算,因而成为了当前确定结构地震反应的主导方法。

Ⅰ. 不计扭转影响的结构(平移振动)

对于质量和刚度分布比较均匀、对称的高层钢结构,可视为无偏心的结构。该类结构在地震水平平移分量作用下,不会产生扭转振动或扭转振动甚微,可忽略不计。采用振型分解反应谱法时,不进行扭转耦连计算的结构,应按下列规定计算其地震作用和作用效应。

结构 $j$ 振型 $i$ 层质点的水平地震作用标准值 $F_{ji}$,应按下列公式确定:

$$F_{ji} = \alpha_j \gamma_j X_{ji} G_i (i = 1, 2, \cdots, n; j = 1, 2, \cdots, m) \tag{3-13}$$

$$\gamma_j = \sum_{i=1}^n X_{ji} G_i / \sum_{i=1}^n X_{ji}^2 G_i \tag{3-14}$$

式中:$\alpha_j$—— 相应于 $j$ 振型自振周期的地震影响系数,应按图 3-30 确定;

$\gamma_j$—— $j$ 振型的参与系数;

$X_{ji}$—— $j$ 振型 $i$ 质点的水平相对位移;

$G_i$—— 集中于质点 $i$(第 $i$ 层楼盖)的重力荷载代表值。

此时,结构水平地震作用效应(弯矩、剪力、轴向力和变形),应按下列公式计算:

$$S = \sqrt{\sum S_j^2} \tag{3-15}$$

式中:$S$—— 水平地震作用效应;

$S_j$—— 结构 $j$ 振型水平地震作用产生的效应。一般情况下,可只取前 2～3 个振型;当基本自振周期大于 1.5 s 或房屋高宽比大于 5 时,振型个数可适当增加,常取前 5 个振型。

Ⅱ. 计扭转影响的结构(平移-扭转耦连振动)

对于质量和刚度分布无明显不对称的规则结构,为考虑偶然偏心引起的扭转效应,当不进行扭转耦连计算时,平行于地震作用方向的两个边榀构件,其地震作用效应应乘以增大系数。一般情况下,短边可按 1.15 采用,长边可按 1.05 采用;当扭转刚度较小时,周边各构件宜按不小于 1.3 采用。

对于考虑扭转振动影响的质量和刚度分布不均匀、不对称的偏心结构,可采取如图 3-32 (a)所示的"串联刚片系"作为结构动力分析的振动模型,每层刚片代表一层楼盖(或屋盖),各楼层可取两个正交的水平位移和一个转角,共三个自由度(如图 3-32(b)),因此,在地震作用下,每层刚片受到 3 个方向的水平地震作用(如图 3-32(c))。

结构 $j$ 振型 $i$ 层质点的水平地震作用标准值,应按下列公式确定:

$$\begin{aligned} F_{xji} &= \alpha_j \gamma_{tj} X_{ji} G_i \\ F_{yji} &= \alpha_j \gamma_{tj} Y_{ji} G_i (i = 1, 2, \cdots, n; j = 1, 2, \cdots, m) \\ F_{tji} &= \alpha_j \gamma_{tj} r_i^2 \varphi_{ji} G_i \end{aligned} \tag{3-16}$$

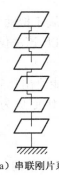 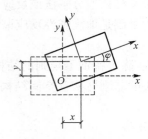 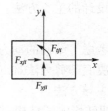

（a）串联刚片系　　　　　（b）刚片的3个位移分量　　　（c）刚片的水平地震作用

**图 3-32　偏心结构高层建筑振动模型**

式中：$F_{xji}$、$F_{yji}$、$F_{tji}$ —— 分别为 $j$ 振型 $i$ 层的 $x$ 方向、$y$ 方向和转角方向的地震作用标准值；

$X_{ji}$、$Y_{ji}$ —— 分别为 $j$ 振型 $i$ 层质心在 $x$、$y$ 方向的水平相对位移；

$\varphi_{ji}$ —— $j$ 振型 $i$ 层的相对扭转角；

$r_i$ —— $i$ 层转动半径，可取 $i$ 层绕质心的转动惯量除以该层质量的商的正二次方根；

$\gamma_{tj}$ —— 考虑扭转的 $j$ 振型的参与系数，可按下列公式确定：

当仅考虑 $x$ 方向地震作用时

$$\gamma_{tj} = \sum_{i=1}^{n} X_{ji}G_i / \sum_{i=1}^{n} (X_{ji}^2 + Y_{ji}^2 + \varphi_{ji}^2 r_i^2)G_i \tag{3-17}$$

当仅考虑 $y$ 方向地震作用时

$$\gamma_{tj} = \sum_{i=1}^{n} Y_{ji}G_i / \sum_{i=1}^{n} (X_{ji}^2 + Y_{ji}^2 + \varphi_{ji}^2 r_i^2)G_i \tag{3-18}$$

当地震作用方向与 $x$ 轴有 $\theta$ 夹角时，即斜交的地震作用时

$$\gamma_{\theta j} = \gamma_{xj} \cos\theta + \gamma_{yj} \sin\theta \tag{3-19}$$

式中：$\gamma_{xj}$、$\gamma_{yj}$ —— 分别由式（3-17）、式（3-18）求得的 $j$ 振型参与系数。

此时，单向水平地震作用下的扭转耦连效应，可按下列公式确定：

$$S_{Ek} = \sqrt{\sum_{j=1}^{m}\sum_{k=1}^{m} \rho_{jk}S_j S_k} \tag{3-20}$$

$$\rho_{jk} = \frac{8\zeta^2(1+\lambda_T)\lambda_T^{1.5}}{(1-\lambda_T^2)^2 + 4\zeta^2(1+\lambda_T)^2\lambda_T} \tag{3-21}$$

式中：$S_{Ek}$ —— 地震作用标准值的扭转效应；

$S_j$、$S_k$ —— 分别为 $j$、$k$ 振型地震作用标准值的效应，可取 9～15 个振型，当基本自振周期 $T_1 > 2$ s 时，振型数应取较大者；在刚度和质量沿高度分布很均匀的情况下，应取更多的振型（18 个或更多）；

$\rho_{jk}$ —— $j$ 振型与 $k$ 振型的耦连系数；

$\lambda_T$ —— $k$ 振型与 $j$ 振型的自振周期比；

$\zeta$ —— 阻尼比，钢结构一般可取 0.02；

$m$ —— 振型组合数。

对于双向水平地震作用下的扭转耦连效应,可按下列公式中的较大值确定:

$$S_{Ek} = \sqrt{S_x^2 + (0.85 S_y)^2} \tag{3-22}$$

$$S_{Ek} = \sqrt{S_y^2 + (0.85 S_x)^2} \tag{3-23}$$

式中: $S_x$、$S_y$——仅考虑 $x$ 向、$y$ 向水平地震作用时,按式(3-20)计算的扭转效应。

对于突出屋面的小塔楼,应按每层一个质点或一块刚片进行地震作用计算和振型效应组合。当采用 3 个振型时,所得地震作用效应可以乘增大系数 1.5;当采用 6 个振型时,所得地震作用效应不再增大。

c. 时程分析法

时程分析法又称动态分析法或直接动力法,它是一种完全的动力分析方法,能比较真实地描述结构地震反应的全过程。

时程分析法的计算思路:将地震波按时段进行数值化后,输入结构体系的振动微分方程,采用逐步积分法进行结构动力反应分析,计算出结构在整个地震时域中的振动状态全过程,直接给出各时刻各杆件的内力和变形,以及各杆件出现塑性铰的顺序,以便找出可能发生应力集中和塑性变形集中的部位以及其他薄弱环节。

采用时程分析法计算结果的地震反应时,输入地震波的选择应符合下列要求:

Ⅰ. 采用不少于四条能反映当地场地特征的地震加速度波,其中宜包括一条本地区历史上发生地震时的实测记录波。

Ⅱ. 地震波的持续时间不宜过短,宜取 10～20 s 或更长。

输入地震波的峰值加速度,可按表 3-11 采用。

**表 3-11　地震加速度峰值(gal)**

| 设防烈度 | 7 | 8 | 9 |
|---|---|---|---|
| 第一阶段设计 | 35 | 70 | 140 |
| 第二阶段设计 | 220 | 400 | 620 |

表 3-11 给出的第一阶段弹性分析及第二阶段弹塑性分析两个水准的加速度峰值,分别对应小震及罕遇地震下地震波加速度峰值。

⑤ 竖向地震作用的计算

按 9 度抗震设防的高层建筑钢结构,应考虑竖向地震作用。其竖向地震作用(向上或向下)的计算模型,可采用如图 3-33“串联质点系”的力学模型,即将整个结构的所有竖构件合并为一根竖杆,将各楼层集中于相应位置的各质点。

其竖向地震作用标准值可按下列公式计算:

结构总竖向地震作用标准值(即房屋底部轴力标准值):

$$F_{Evk} = \alpha_{vmax} G_{eq} \tag{3-24}$$

式中: $\alpha_{vmax}$——竖向地震影响系数最大值,可取水平地震影响系数的 65%;

$G_{eq}$——结构的等效总重力荷载,取总重力荷载代表值的 75%。

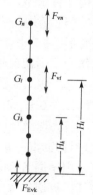

**图 3-33　竖向地震作用模型**

楼层 $i$ 的竖向地震作用标准值：

$$F_{vi} = \frac{G_i H_i}{\sum_{j=1}^{n} G_j H_j} F_{Evk} (i = 1, 2, \cdots, n) \tag{3-25}$$

各层的竖向地震效应,应按各构件承受重力荷载代表值的比例分配,并应考虑向上或向下作用产生的不利组合。

长悬臂和大跨度结构的竖向地震作用标准值,对 8 度和 9 度抗震设防的建筑,可分别取该结构或构件重力荷载代表值的 10% 和 20%。

### 3.1.5 高层钢结构的内力与位移分析

#### 3.1.5.1 作用效应计算的一般规定

对高层建筑钢结构进行作用效应计算时,应遵循下列规定:

(1) 结构的作用效应可采用弹性方法计算。对于抗震设防的结构,除进行多遇地震作用下的弹性效应计算外,尚应计算结构在罕遇地震作用下进入弹塑性状态时的变形。

(2) 在进行结构的作用效应计算时,可假定楼面在其自身平面内为绝对刚性。在设计中应采取保证楼面整体刚度的构造措施。对整体性较差,或开孔面积大,或有较长外伸段的楼面,或相邻刚度有突变的楼面,当不能保证楼面的整体刚度时,宜采用楼板平面内的实际刚度,或对按刚性楼面假定计算所得结果进行调整。

(3) 当进行结构弹性分析时,宜考虑现浇钢筋混凝土楼板与钢梁的共同工作,且在设计中应使楼板与钢梁间有可靠连接。当进行结构弹塑性分析时,可不考虑楼板与梁的共同工作。

(4) 高层建筑钢结构的计算模型,可采用平面抗侧力结构的空间协同计算模型。当结构布置规则、质量及刚度沿高度分布均匀、不计扭转效应时,可采用平面结构计算模型;当结构平面或立面不规则、体型复杂、无法划分成平面抗侧力单元的结构,或为简体结构时应采用空间结构计算模型。

(5) 结构作用效应计算中,应计算梁、柱的弯曲变形和柱的轴向变形,尚宜计算梁、柱的剪切变形,并应考虑梁柱节点域剪切变形对侧移的影响。通常可不考虑梁的轴向变形,但当梁同时作为腰桁架或帽桁架的弦杆时,应计入轴力的影响。

(6) 柱间支撑两端应为刚性连接,但可按两端铰接计算,其端部连接的刚度则通过支撑构件的计算长度加以考虑。偏心支撑中的耗能梁段应取为单独单元。

(7) 现浇竖向连续钢筋混凝土剪力墙的计算,宜计入墙的弯曲变形、剪切变形和轴向变形;当钢筋混凝土剪力墙具有比较规则的开孔时,可按带刚域的框架计算;当具有复杂开孔时,宜采用平面有限元法计算。对于装配嵌入式剪力墙,可按相同水平力作用下侧移相同的原则,将其折算成等效支撑或等效剪切板计算。

(8) 除应力蒙皮结构外,结构计算中不应计入非结构构件对结构承载力和刚度的有利作用。

(9) 当进行结构内力分析时,应计入重力荷载引起的竖向构件差异缩短所产生的影响。

### 3.1.5.2 简化计算方法

由于结构的二阶效应,梁柱节点域的剪切变形等因素对高层建筑钢结构的影响十分显著,要同时考虑这些因素对结构进行精确分析,将花费大量的机时和人力。因此,在实际工程设计中,对于高度小于 60 m 的高层建筑钢结构或在方案设计阶段,为了迅速有效地预估截面,可采用简化方法对结构作用效应进行近似估算。

在简化计算中,对于规则但有偏心的结构,通常先按无偏心结构进行计算,然后将内力乘以修正系数。其修正系数应按下式确定:

$$\psi_i = 1 + \frac{e_d\, a_i \sum K_i}{\sum K_i a_i^2} \tag{3-26}$$

式中:$\psi_i$——楼层第 $i$ 榀抗侧力结构的内力修正系数;

$e_d$—— 偏心距设计值,非地震作用时宜取 $e_d = e_0$,地震作用时宜取 $e_d = e_0 + 0.05L$;

$e_0$—— 楼层水平荷载合力中心至刚心的距离;

$L$—— 垂直于楼层剪力方向的结构平面尺寸;

$a_i$—— 楼层第 $i$ 榀抗侧力结构至刚心的距离;

$K_i$—— 楼层第 $i$ 榀抗侧力结构的侧向刚度。

注:当扭矩计算结果对构件的内力起有利作用时,应忽略扭矩的作用,即取 $\psi_i = 1.0$。

**1）框架结构体系的简化计算**

当进行框架弹性分析时,宜考虑现浇混凝土楼板与钢梁的共同工作,其方法是:用等效惯性矩 $I_{eb}$ 代替钢梁的实际惯性矩 $I_b$ 计算框架的内力与变形。对于在高层钢结构中常用的压型钢板组合楼盖,钢梁的等效惯性矩 $I_{eb}$ 取值为:对两侧有楼板的梁(中框梁)宜取 $I_{eb} = 1.5 I_b$;对仅一侧有楼板的梁(边框梁)宜取 $I_{eb} = 1.2 I_b$。

当进行结构的弹塑性分析时,可不考虑楼板与钢梁的共同工作。

(1)竖向荷载作用下的简化计算

在竖向荷载作用下,框架内力可以采用分层法进行简化计算。此时,将每层框架梁连同上、下层框架柱作为基本计算单元(顶层除外),每个计算单元均按上、下柱端固接的双层框架,采用力矩分配法计算其内力(如图 3-34)。

注:实际上只有底层下柱的下端才是固接,其余各柱的远端都是弹性支撑,为了减小误差,在用力矩分配法计算时,除底层外,其余各层柱的线刚度应乘以 0.9 的修正系数,且传递系数由 1/2 改为 1/3。

基本假定:高层钢框架承受的竖向荷载中,恒载占有很大比例,活载一般不大,每一个计算单元,都假定作用在本层的活荷载所引起的弯矩和剪力只在本层起作用,对上、下层的影响略去不计,因此,可不进行多工况分析,直接按满布荷载计算(但计算所得的梁跨中弯矩宜乘以放大系数 1.1～1.2,以考虑活载不利布置的影响)。这样,作用在对称或不对称框架上的任意竖向荷载所引起的侧移很小,也略去不计。另外,大量精确计算表明:作用在某层框架梁上的竖向荷载,主要使该层框架梁和跟该层梁直接连接的柱产生弯矩,对其他层的框架梁和柱的弯矩影响很小,可忽略不计。

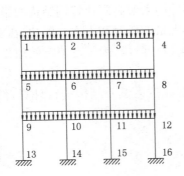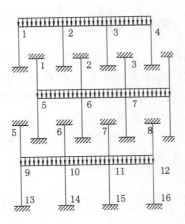

图 3-34 框架及计算模型

分层计算时,由于不考虑横梁的侧移,用力矩分配法计算梁、柱弯矩,计算所得的梁弯矩作为最终的弯矩;每一柱属于上、下两层,所以柱的弯矩为上、下两层计算所得弯矩之和。柱中轴力可通过梁端剪力和逐层叠加柱内的竖向荷载求出。

弯矩调幅:

弯矩调幅是在弹性弯矩的基础上,根据需要适当调整某些截面的弯矩值。通常是对那些弯矩绝对值较大的截面弯矩进行调整,然后,按调整后的内力进行截面设计。弯矩调幅法的一个基本原则是,在确定调幅后的跨内弯矩时,应满足静力平衡条件,即连续梁任一跨调幅后的两端支座弯矩 $M_A$、$M_B$(绝对值)的平均值,加上调整后的跨度中点的弯矩 $M_1'$ 之和,应不小于该跨按简支梁计算的跨度中点弯矩 $M_0$。

在竖向荷载作用下,可考虑框架梁端塑性变形内力重分布对梁端负弯矩乘以调幅系数进行调整,并应符合下列规定:

① 装配整体式框架梁段负弯矩调幅系数可取为 0.7~0.8;

② 框架梁段负弯矩调幅后,梁跨中弯矩应按平衡条件相应增大;

③ 应先对竖向荷载作用下框架梁的弯矩进行调幅,再与水平作用产生的框架梁弯矩进行组合;

④ 截面设计时,框架梁跨中截面正弯矩设计值不应小于竖向荷载作用下按简支梁计算的跨中弯矩设计值的 50%;

⑤ 刚架梁可不进行梁段负弯矩的调幅。

(2) 水平荷载作用下的简化计算

① 反弯点法

框架上的水平荷载主要是风荷载和地震作用,它们均可化为作用在框架节点上的水平集中力,框架在水平集中力作用下,其弯矩图如图 3-35 所示。

由于只有节点集中力,但无节间荷载,故各杆弯矩图均为斜直线,且存在反弯点(弯矩变号点),通常,反弯点经过内力分析求出,如果在反弯点处将柱子切开,切断点处的内力将只有剪力和轴力。

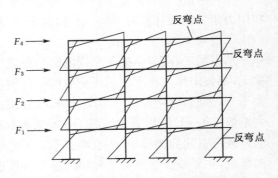

图 3-35 水平荷载作用下框架的弯矩图

如果知道反弯点的位置和柱子的抗侧移刚度,即可求得各柱的剪力,从而求得框架各杆件的内力,反弯点法即由此而来。

在反弯点法中,是先假定反弯点的位置(假定底层柱反弯点位于柱子高度的 2/3 处,其余各层柱反弯点在柱高的 1/2 处),然后进行内力分析。对有节点线位移的框架,当梁的线刚度比柱线刚度大时,在水平力作用下,节点侧移是主要位移,节点转角是次要位移,如果忽略节点转角,则计算大为简化,反弯点法即忽略节点转角的一种近似法。

适用条件:梁的线刚度与柱的线刚度之比大于 3 时,可用反弯点法计算。

在用反弯点法进行水平荷载作用下框架的内力与位移计算时,对于楼层层数不多的框架,误差不大,对于层数较多的框架,由于柱截面加大,梁柱相对线刚度比减小,此时误差较大。

② D 值法

当框架的高度较高、层数较多时,柱子的截面尺寸一般较大,这时梁、柱的线刚度之比往往要小于 3,反弯点法不再适用。此外,考虑到在反弯点法中,柱的抗侧刚度只与柱的线刚度及层高有关,且柱的反弯点位置是个定值,虽使内力计算简化,但在得到方便的同时,也会带来误差。

柱的抗侧移刚度不但与柱的线刚度和层高有关,而且还与梁的线刚度有关,另外,柱的反弯点高度也与梁柱线刚度比、上下层横梁的线刚度比、上下层层高的变化等因素有关。日本武藤清教授在分析了上述影响因素的基础上,对反弯点法中柱的抗侧移刚度和反弯点高度进行了修正。修正后,柱的抗侧移刚度以 D 表示,故此法又称"D 值法",也称为修正反弯点法。

D 值法的基本假定:

a. 同一楼层的柱子侧移相同;

b. 梁中的反弯点位于梁的跨度中点;

c. 水平外力(风荷载和地震作用)作用在梁柱节点上。

计算步骤:

所谓 D 值,是指框架柱的抗侧移刚度,即柱子产生单位水平位移所需施加的水平力。柱子的 D 值越大,产生单位位移时所需施加的水平力就越大。所以,在同一楼层中,各柱水平位移相等时,楼层水平力就按各柱 D 值分配到各柱上,从而直接求出各柱的剪力。柱的剪力求得后,框架全部内力便可由平衡条件逐一求出,其计算步骤一般为:

a. 计算各柱的 D 值;

b. 将外荷载产生的楼层剪力$V_i$按各柱的 D 值比例分配,得各柱剪力$V_{ij}$;

c. 求出柱的反弯点高度 $y$,由$V_{ij}$及 $y$可得柱端弯矩;

d. 由节点平衡条件(节点上、下柱端弯矩之和等于节点左、右梁端弯矩之和)求得梁端弯矩;

e. 将梁左右端弯矩之和除以梁跨,得梁的剪力;

f. 从上到下逐层叠加左右梁的剪力,得柱的轴力。

水平位移计算:

框架的水平位移由两部分组成:即由框架梁、柱弯曲变形(框架整体剪切变形)产生的位移$u_M$和由柱子轴向变形(框架整体弯曲变形)产生的位移$u_N$,则框架顶端位移为

$$u = u_M + u_N \tag{3-27}$$

式中的$u_M$可由 $D$ 值法求得,即

$$u_M = \sum_{i=1}^{n} u_i \qquad (3-28)$$

$$u_i = \frac{V_i}{D_i} \qquad (3-29)$$

式中:$u_i$—— 框架第 $i$ 层的层间位移;

$\quad V_i$—— 第 $i$ 层的楼层剪力;

$\quad D_i$—— 第 $i$ 层的所有柱子 $D$ 值之和,$D_i = \sum_j D_{ij}$,$D_{ij}$ 为第 $i$ 层中第 $j$ 根柱子的 $D$ 值。

(3)风荷载作用下的框架内力计算

水平荷载作用下框架的层间位移可按式(3-29)求得,框架在风荷载作用下的内力用 $D$ 值法进行计算。第 $i$ 层第 $m$ 柱所分配的剪力值为:

$$V_{im} = \frac{D_{im}}{\sum D} V_i \qquad (3-30)$$

$$V_i = \sum_{j=i}^{n} W_i \qquad (3-31)$$

式中:$W_i$—— 第 $i$ 层楼面处的集中风荷载标准值。

框架柱自柱底开始计算的反弯点位置与柱高之比为:

$$y = y_0 + y_1 + y_2 + y_3 \qquad (3-32)$$

式中:$y_0$—— 柱标准反弯点高度比;

$\quad y_1$—— 上、下梁刚度变化时的反弯点高度比修正值;

$\quad y_2$、$y_3$—— 上、下层高变化时反弯点高度比修正值。

框架各柱的杆端弯矩、梁端弯矩均可按下式计算:

$$M_c^{上} = V_{im}(1-y)h \qquad (3-33)$$

$$M_c^{下} = V_{im}yh \qquad (3-34)$$

中柱:

$$M_{bj}^{左} = \frac{i_b^{左}}{i_b^{左} + i_b^{右}} (M_{c(j+1)}^{下} + M_{cj}^{上}) \qquad (3-35)$$

$$M_{bj}^{右} = \frac{i_b^{右}}{i_b^{左} + i_b^{右}} (M_{c(j+1)}^{下} + M_{cj}^{上}) \qquad (3-36)$$

边柱:

$$M_{bj} = M_{c(j+1)}^{下} + M_{cj}^{上} \qquad (3-37)$$

由此,还可求出框架柱的轴力和梁端剪力。

高层钢框架中房屋高度和高宽比均较大,水平荷载产生的柱的轴力较大,由柱子的轴向变形所产生的框架顶点水平位移$u_N$也较大,不能忽略。

**2)结构位移和内力调整**

(1)节点柔性对结构内力和位移的影响在钢框架设计中,为简化计算,通常假定梁柱节点

完全刚接或完全铰接。但梁柱节点的试验研究表明,一般节点的弯矩呈非线性连接状态。由于节点柔性将加大框架结构的水平侧移,导致 $P-\Delta$ 效应的增加,因此有必要分析节点柔性对高层钢框架结构的影响。

① 不考虑节点柔性的影响。对于满焊节点,因其性能基本上符合节点刚性假定,可不考虑节点柔性对结构内力和位移的影响;当结构中梁的线刚度和节点刚度 $K$ 之比的平均值 $\dfrac{EI}{KL}$ $\leqslant 0.01$(或 $\dfrac{EI}{KL} \leqslant 0.04$,且柱中最大轴压比 $\dfrac{N}{N_r} \leqslant 0.4$)时,亦可不考虑节点柔性对结构的影响。

② 考虑节点柔性的影响。当对结构分析结果的修正不满足上述要求时,需对假定节点刚性所得的结构分析结果作适当的修正,以保证结构的安全。修正前后所得值的变化范围以在 5% 以内为宜。

结构水平位移的修正:

$$u'_i = \left( 7 \frac{EI}{KL} \sqrt{\frac{N}{N_r}} + 1 \right) \cdot \sqrt[9]{\frac{m}{i}} u_i \tag{3-38}$$

式中:$u'_i$——第 $i$ 层楼层位移的修正值;

$u_i$——按节点刚性假定所得第 $i$ 层楼层的水平位移;

$\dfrac{EI}{KL}$——结构中梁的线刚度与节点刚度之比;

$\dfrac{N}{N_r}$——第 $i$ 层柱的轴压比平均值;

$m$——结构总层数;

$i$——第 $i$ 层楼层数(从底层算起),$i \geqslant 3$。

结构底部两层按结构顶层的修正系数来调整。

柱端弯矩的修正按节点刚性假定计算所得的柱端弯矩值,除底层外一般都比考虑节点柔性所得值要大。因此,只对底层柱基础端的弯矩值进行修正:

$$\overline{M_1} = \left( 7 \frac{EI}{KL} \sqrt{\frac{N}{N_{r1}}} + 1 \right) \frac{m}{25} M_1 \tag{3-39}$$

式中:$\overline{M_1}$——底层柱基础端弯矩的修正值;

$M_1$——按节点刚性假定所得的柱端弯矩;

$\dfrac{N}{N_{r1}}$——底层柱的轴压比平均值。

(2) 节点域剪切变形的影响经试验研究表明,梁柱节点域的剪切变形对框架的变形影响很大。因此,应计入梁柱节点域剪切变形对高层建筑钢结构侧移的影响。设计中常用下列近似方法考虑其影响:

① 对箱形截面柱的框架,可将节点域当作刚域,刚域的尺寸取节点域尺寸的一半,然后使用带刚域的单元对结构进行分析。

② 对于工字形截面柱的框架,可按结构轴线尺寸进行作用效应计算,并按下列规定对结构侧移进行修正:

当工字形截面柱框架所考虑楼层的主梁线刚度平均值与节点域剪切刚度平均值之比 $EI_{bm}/(K_m h_{bm}) > 1$ 或参数 $\eta > 5$ 时,按下式修正结构侧移:

$$u_i' = \left(1 + \frac{\eta}{100 - 0.5\eta}\right)u_i \tag{3-40}$$

$$\eta = \left[17.5\frac{EI_{bm}}{K_m h_{bm}} - 1.8\left(\frac{EI_{bm}}{K_m h_{bm}}\right)^2 - 10.7\right] \cdot \sqrt[4]{\frac{I_{cm} h_{bm}}{I_{bm} h_{cm}}} \tag{3-41}$$

式中:$u_i'$——修正后的第 $i$ 层楼层的侧移;

$u_i$——忽略节点域剪切变形,并按结构轴线尺寸分析得出的第 $i$ 层楼层的侧移;

$I_{cm}$、$I_{bm}$——结构中柱和梁截面惯性矩的平均值;

$h_{cm}$、$h_{bm}$——结构中柱和梁腹板高度的平均值;

$E$——钢材的弹性模量;

$K_m$——节点域剪切刚度平均值,按下式计算:

$$K_m = h_{cm} h_{bm} t_m G \tag{3-42}$$

$t_m$——节点域腹板厚度平均值;

$G$——钢材的剪切模量。

节点域剪切变形对内力的影响较小,一般在 10% 以内,不需对内力进行修正。

### 3.1.6  作用效应组合

**1) 控制截面**

框架在恒载、楼面活荷载、屋面活荷载、风荷载作用下的内力分别求出后,要计算各主要截面可能发生的最不利内力。这种计算各主要截面可能发生的最不利内力的工作,称为内力组合。

框架每一根杆件都有许多截面,内力组合只需在每根杆件的几个主要截面进行。这几个主要截面的内力求出后,按此内力进行构件的截面设计可以保证此构件有足够的可靠度。这些主要截面称为控制截面。

每一根梁一般有三个控制截面:左端支座截面、跨中截面和右端支座截面。每一根柱一般有两个控制截面:柱顶截面和柱底截面。

**2) 最不利内力组合的种类**

梁的支座截面一般要考虑两个最不利内力:一个是支座截面可能的最不利负弯矩 $-M_{max}$,另一个是支座截面可能的最不利剪力 $V_{max}$。用前一个最不利内力进行支座截面的正截面设计,用后一个最不利内力进行支座截面的斜截面设计,以保证支座截面有足够的承载力。梁的跨中截面一般只要考虑截面可能的最不利正弯矩 $M_{max}$。

如果由于荷载作用,有可能使梁的支座截面出现正弯矩和跨中截面出现负弯矩时,亦应进行支座截面正弯矩和跨中截面负弯矩的组合。

与梁相比,柱的最不利内力类型要复杂一些。柱的正截面设计不仅与截面上弯矩 $M$ 和轴力 $N$ 的大小有关,还与弯矩 $M$ 和轴力 $N$ 的比值即偏心距有关。

柱控制截面上最不利内力的类型为:

(1) $M_{max}$ 及相应的轴力 $N$ 和剪力 $V$；

(2) $-M_{max}$ 及相应的轴力 $N$ 和剪力 $V$；

(3) $N_{max}$ 及相应的弯矩 $M$ 和剪力 $V$；

(4) $N_{min}$ 及相应的弯矩 $M$ 和剪力 $V$；

(5) $V_{max}$ 及相应的弯矩 $M$ 和轴力 $N$。

### 3) 框架柱端和梁端弯矩和剪力设计值

(1) 柱端弯矩设计值

① 抗震设计时，除顶层和柱轴压比小于 0.15 者及框支梁柱节点外，柱端考虑地震作用组合的弯矩设计值应按下列公式予以调整：

$$\sum M_c = \eta_c \sum M_b \tag{3-43}$$

9 度设防抗震设计的框架和一级框架结构尚应符合：

$$\sum M_c = 1.2 \sum M_{bua} \tag{3-44}$$

式中：$\sum M_c$——节点上、下柱端截面顺时针或逆时针方向组合弯矩设计值之和；上、下柱端的弯矩设计值，可按弹性分析的弯矩比例进行分配；

$\sum M_b$——节点左、右梁截面逆时针或顺时针方向组合弯矩设计值之和；当抗震等级为一级且节点左、右梁端均为负弯矩时，绝对值较小的弯矩应取零；

$\eta_c$——柱端弯矩增大系数，对框架结构，二、三级分别取 1.5 和 1.3；对其他结构中的框架，一、二、三、四级分别取 1.4、1.2、1.1 和 1.1。

$\sum M_{bua}$——节点左、右梁端逆时针或顺时针方向实配的正截面受弯承载力所对应的弯矩之和。

当反弯点不在柱的层高范围内时，柱端弯矩设计值可直接乘以抗震调整系数计算。

② 抗震设计时，一、二、三级框架结构的底层柱底截面的弯矩设计值，应分别采用考虑地震作用组合的弯矩值与增大系数 1.7、1.5 和 1.3 的乘积。

(2) 柱端剪力设计值

抗震设计的框架柱、框支柱端部截面的剪力设计值，一、二、三、四级时应按下列公式计算：

$$V = \eta_{vc}(M_c^t + M_c^b)/H_n \tag{3-45}$$

9 度设防抗震设计的框架和一级框架结构尚应符合：

$$V = 1.2(M_{cua}^t + M_{cua}^b)/H_n \tag{3-46}$$

式中：$M_c^t$、$M_c^b$——柱上、下端顺时针或逆时针方向截面组合的弯矩设计值；

$M_{cua}^t$、$M_{cua}^b$——分别为柱上、下端顺时针或逆时针方向实配的正截面受弯承载力所对应的弯矩值；

$H_n$——柱的净高；

$\eta_{vc}$——柱端剪力增大系数，对框架结构，二、三、四级分别取 1.3、1.2、1.1；对其他结构中的框架，一、二级分别取 1.4、1.2，三、四级均取 1.1。

（3）角柱的弯矩、剪力设计值

抗震设计时，框架角柱应按双向偏心受压构件进行正截面承载力设计。一、二、三、四级框架角柱按上述规定调整后的弯矩、剪力设计值应乘以不小于 1.1 的增大系数。

（4）梁端剪力设计值

抗震设计时，框架梁段部截面组合的剪力设计值，一、二、三级应按下列公式计算；四级时可直接取考虑地震作用组合的剪力计算值。

$$V = \eta_{vb}(M_b^l + M_b^r) / l_n + V_{Gb} \tag{3-47}$$

9 度设防抗震设计的框架和一级框架结构尚应符合：

$$V = 1.1(M_{bua}^l + M_{bua}^r) / l_n + V_{Gb} \tag{3-48}$$

式中：$M_b^l$、$M_b^r$ ——梁左、右端逆时针或顺时针方向截面组合的弯矩设计值；当抗震等级为一级且梁端弯矩均为负弯矩时，绝对值较小的弯矩应取零；

$M_{bua}^l$、$M_{bua}^r$ ——梁左、右端逆时针或顺时针方向实配的正截面受弯承载力所对应的弯矩值；

$\eta_{vb}$ ——梁剪力增大系数，一、二、三级分别取 1.3、1.2 和 1.1；

$l_n$ ——梁的净跨；

$V_{Gb}$ ——考虑地震作用组合的重力荷载代表值（9 度时还应包括竖向地震作用标准值）作用下，按简支梁分析的梁端截面剪力设计值。

**4）高层钢结构的荷载效应与地震作用效应组合的设计值，应按下列公式确定**

（1）不考虑地震作用时

$$S = \gamma_G S_{Gk} + \gamma_{Q1} S_{Q1k} + \gamma_{Q2} S_{Q2k} + \psi_w \gamma_w S_{wk} \tag{3-49}$$

式中：$S_{Gk}$、$S_{Q1k}$、$S_{Q2k}$、$S_{wk}$ ——永久荷载、楼面活荷载、雪荷载、风荷载标准值所产生的效应值；

$\gamma_G$、$\gamma_{Q1}$、$\gamma_{Q2}$、$\gamma_w$ ——上述各相应荷载或作用的分项系数，其值见表 3-12。

（2）考虑地震作用，按第一阶段设计时

$$S = \gamma_G S_{GE} + \gamma_{Eh} S_{Ehk} + \gamma_{Ev} S_{Evk} + \psi_w \gamma_w S_{wk} \tag{3-50}$$

式中：$S_{GE}$、$S_{Ehk}$、$S_{Evk}$、$S_{wk}$ ——重力荷载代表值、水平地震作用标准值、竖向地震作用标准值、风荷载标准值所产生的效应值；

$\gamma_G$、$\gamma_{Eh}$、$\gamma_{Ev}$、$\gamma_w$ ——上述各相应荷载或作用的分项系数，其值见表 3-12；

$\psi_w$ ——风荷载组合系数，在无地震作用的组合中取 1.0，在有地震作用的组合中取 0.2。

第一阶段抗震设计进行构件承载力验算时，可按表 3-12 选择可能出现的荷载组合情况及相应的荷载分项系数，分别进行内力设计值组合，并取各构件的最不利组合进行截面设计。

表 3-12 作用效应组合与荷载或作用的分项系数

| 序号 | 组合情况 | 重力荷载 $\gamma_G$ | 活荷载 $\gamma_{Q1}$、$\gamma_{Q2}$ | 水平地震作用 $\gamma_{Eh}$ | 竖向地震作用 $\gamma_{Ev}$ | 风荷载 $\gamma_w$ | 备注 |
|---|---|---|---|---|---|---|---|
| 1 | 考虑重力、楼面活荷载及风荷载 | 1.20 | 1.30~1.40 | — | — | 1.40 | 用于非抗震建筑 |

| 序号 | 组合情况 | 重力荷载 $\gamma_G$ | 活荷载 $\gamma_{Q1}$、$\gamma_{Q2}$ | 水平地震作用 $\gamma_{Eh}$ | 竖向地震作用 $\gamma_{Ev}$ | 风荷载 $\gamma_w$ | 备　　注 |
|---|---|---|---|---|---|---|---|
| 2 | 考虑重力及水平地震作用 | 1.20 | — | 1.30 | — | — | 用于一般抗震建筑 |
| 3 | 考虑重力、水平地震作用及风荷载 | 1.20 | — | 1.30 | — | 1.40 | 用于 60 m 以上的高层建筑 |
| 4 | 考虑重力及竖向地震作用 | 1.20 | — | — | 1.30 | — | 用于 9 度设防的高层钢结构和 8、9 度设防的大跨度和长悬臂结构 |
| 5 | 考虑重力、水平及竖向地震作用 | 1.20 | — | 1.30 | 0.50 | — | |
| 6 | 考虑重力、水平和竖向地震作用及风荷载 | 1.20 | — | 1.30 | 0.50 | 1.40 | 同上，但用于 60 m 以上高层 |

注:1. 在地震作用组合中,重力荷载代表值应符合规范的规定。当重力荷载效应对构件承载力有利时,宜取 $\gamma_G = 1.0$。
　　2. 对楼面结构,当活荷载标准值不小于 4 kN/m² 时,其分项系数取 1.3。
　　3. 上述组合中的风荷载标准值要分别用左风荷载和右风荷载两种情况。

第一阶段抗震设计当进行结构侧移验算时,应取与构件承载力验算相同的组合,但各荷载或作用的分项系数应取 1.0,即应取用荷载或作用的标准值。

第二阶段抗震设计当采用时程分析法验算时,不应计入风荷载,其竖向荷载宜取重力荷载代表值。

### 3.1.7　结构验算

(1) 非抗震设防的高层建筑钢结构,以及抗震设防的高层建筑钢结构在不计算地震作用的效应组合中,应满足下列要求:

① 构件承载力应满足下列公式要求:

$$\gamma_0 S \leqslant R \tag{3-51}$$

式中:$\gamma_0$—— 结构重要性系数,按结构构件安全等级确定;

　　$S$—— 荷载或作用效应组合设计值;

　　$R$—— 结构构件承载力设计值。

② 结构在风荷载作用下,顶点质心位置的侧移不宜超过建筑高度的 1/500;质心层间侧移不宜超过楼层高度的 1/400。

结构平面端部构件最大侧移不得超过质心侧移的 1.2 倍。

③ 高层建筑钢结构在风荷载作用下的顺风向和横风向顶点最大加速度,应满足下列关系式的要求:

公寓建筑 $a_w$（或 $a_{tr}$）≤ 0.20 m/s²

公共建筑 $a_w$（或 $a_{tr}$）≤ 0.28 m/s²

④ 顺风向和横风向的顶点最大加速度应按下列公式计算：

a. 顺风向顶点最大加速度

$$a_w = \xi \frac{\mu_s \mu_r w_0 A}{m_{tot}}$$ (3-52)

式中：$a_w$—— 顺风向顶点最大加速度（m/s²）；

$\mu_s$—— 风荷载体型系数；

$\mu_r$—— 重现期调整系数，取重现期为 10 年时的系数 0.83；

$a_w$—— 基本风压（kN/m²），按现行《荷载规范》全国基本风压分布图的规定采用；

$\xi$、$\nu$—— 分别为脉动增大系数和脉动影响系数，按《荷载规范》的规定采用；

$A$—— 建筑物总迎风面积（m²）；

$m_{tot}$—— 建筑物总质量（t）。

b. 横风向顶点最大加速度

$$a_{tr} = \frac{b_r}{T_t^2} \frac{\sqrt{BL}}{\gamma_B} \sqrt{\zeta_{t,cr}}$$ (3-53)

$$b_r = 2.05 \times 10^{-4} \left( \frac{v_{n,m} T_t}{\sqrt{BL}} \right)^{3.3}$$ (3-54)

式中：$a_{tr}$—— 横风向顶点最大加速度（m/s²）；

$v_{n,m}$—— 建筑物顶点平均风速（m/s²），$v_{n,m} = 40 \sqrt{\mu_s \mu_z w_0}$；

$\mu_s$—— 风压高度变化系数；

$\gamma_B$—— 建筑物所受的平均重力（kN/m³）；

$\zeta_{t,cr}$—— 建筑物横风向的临界阻尼比值；

$T_t$—— 建筑物横风向第一自振周期（s）；

$B$、$L$—— 分别为建筑物平面的宽度和长度（m）。

⑤ 圆筒形高层建筑钢结构有时候会发生横风向的涡流共振现象，此种振动较为显著，设计不允许出现横风向共振。一般情况下，设计中用高层建筑顶部风速来控制。因此规定圆筒形高层建筑钢结构应满足下列条件：

$$v_n < v_{cr}$$ (3-55)
$$v_{cr} = 5D/T_1$$

式中：$v_n$—— 高层建筑顶部风速，可采用风压换算；

$v_{cr}$—— 临界风速；

$D$—— 圆筒形建筑的直径；

$T_1$—— 圆筒形建筑的基本自振周期。

当不能满足时，一般可采用增加刚度使结构自振周期减小来提高临界风速，或进行横风向涡流脱落共振验算。

（2）高层建筑钢结构的第一阶段抗震设计作用效应应符合下列要求：

① 结构构件的承载力应满足下列公式要求：

$$S \leqslant R / \gamma_{RE} \qquad (3-56)$$

式中：$S$——地震作用效应组合设计值；

$R$——结构构件承载力设计值；

$\gamma_{RE}$——结构构件承载力的抗震调整系数，按表 3-13 的规定选用。当仅考虑竖向效应组合时，各类构件承载力的抗震调整系数均取 1.0。

表 3-13 构件承载力的抗震调整系数

| 构件名称 | 梁 | 柱 | 支撑 | 节点 | 节点螺栓 | 节点焊缝 |
|---|---|---|---|---|---|---|
| $\gamma_{RE}$ | 0.80 | 0.85 | 0.90 | 0.90 | 0.90 | 1.0 |

② 高层建筑钢结构的层间侧移标准值，不得超过结构层高的 1/250。结构平面端部构件最大侧移不得超过质心侧移的 1.3 倍。

（3）高层建筑钢结构的第二阶段抗震设计，应满足下列要求：

① 结构层间侧移不得超过层高的 1/70；

② 结构层间侧移延性比不得大于表 3-14 的规定。

表 3-14 结构层间侧移延性比

| 结构类型 | 层间侧移延性比 |
|---|---|
| 钢框架 | 3.5 |
| 偏心支撑框架 | 3.0 |
| 中心支撑框架 | 2.5 |
| 有混凝土剪力墙的钢框架 | 2.0 |

## 3.2 高层钢结构的构件及节点设计

高层建筑钢结构的主要受力构件按照其功能和构造特点可分为：承重构件和抗侧力构件两大类。承重构件包括梁、柱（一般梁、柱和框架梁、柱）；抗侧力构件包括框架梁、框架柱、中心支撑和偏心支撑、抗震剪力墙等。

高层建筑钢结构构件设计内容及一般步骤：

（1）计算各种荷载作用下各构件的内力（即作用效应计算）；

（2）进行内力组合；

（3）试选构件截面（形式和尺寸）；

（4）构件截面验算；

（5）检验是否满足构造要求。

高层建筑钢结构构件的截面形式、构造特点、设计原理和计算原则与一般建筑钢结构并没有本质上的差别,主要是构件的截面尺寸较大、钢板厚度较大。因此,本节不介绍构件的详细设计过程,只介绍其设计特点。

### 3.2.1 梁

在高层建筑钢结构中,梁是主要承受横向荷载的受弯构件,其受力状态主要表现为单向受弯。无论框架梁或承受重力荷载的梁,其截面一般采用双轴对称的轧制或焊接 H 型钢。对于跨度较大或受荷很大,而高度又受到限制时,可选用抗弯和抗扭性能较好的箱形截面。有些设计,考虑了钢梁和混凝土楼板的共同工作,形成组合梁。对于墙梁等维护构件,可采用槽形等截面形式。

**1) 梁的强度**

梁的强度包括抗弯强度和抗剪强度。

(1) 抗弯强度

计算梁的抗弯强度时,框架梁端弯矩的取值原则为:

① 在重力荷载作用下,或风与重力荷载组合作用下,梁端弯矩应取柱轴线处的弯矩值;

② 当计入水平地震作用的组合时,梁端弯矩应取柱面处(即梁端处)的弯矩值进行设计。

梁的抗弯强度应按下列公式计算:

$$\sigma = \frac{M_x}{\gamma_x W_{nx}} \leqslant f \tag{3-57}$$

式中:$M_x$—— 梁对 $x$ 轴的弯矩设计值;

$W_{nx}$—— 梁对 $x$ 轴的净截面抵抗矩;

$\gamma_x$—— 截面塑性发展系数,非抗震设防时按《钢结构设计规范》(GB 50017—2003) 的规定采用,抗震设防时宜取 1.0;

$f$—— 钢材强度设计值,抗震设防时,应除以抗震调整系数 $\gamma_{RE}$,$\gamma_{RE}$ 按表 3-13 取值。

(2) 抗剪强度

在主平面内受弯的实腹构件,其抗剪强度应按下列公式计算:

$$\tau = \frac{VS}{I t_w} \leqslant f_v \tag{3-58}$$

框架梁端部截面的抗剪强度,应按下列公式计算:

$$\tau = V / A_{wn} \leqslant f_v \tag{3-59}$$

式中:$V$—— 计算截面沿腹板平面作用的剪力;

$S$—— 计算剪应力处以上毛截面对中和轴的面积矩;

$I$—— 毛截面惯性矩;

$t_w$—— 腹板厚度;

$A_{wn}$—— 扣除扇形切角和螺栓孔后的腹板受剪面积;

$f_v$—— 钢材的抗剪强度设计值,抗震设防时,应除以抗震调整系数 $\gamma_{RE}$。

注意:高层钢结构中的托柱梁,因柱的不连续,在支承柱处造成该托柱梁的受力状态集中,因此当在多遇地震作用下进行构件承载力计算时,托柱梁的内力应乘以增大系数,增大系数不得小于 1.5。9 度抗震设防的结构不应采用大梁托柱的结构形式。

### 2）梁的整体稳定

梁的整体稳定,除设置刚性铺板情况外,应按下列公式计算:

$$\frac{M_x}{\varphi_b W_x} \leqslant f \tag{3-60}$$

式中:$W_x$—— 梁的毛截面抵抗矩(单轴对称者以受压翼缘为准);

$\varphi_b$—— 梁的整体稳定系数,按《钢结构设计规范》(GB 50017—2003) 的规定确定,当梁在端部仅以腹板与柱(或主梁) 相连时,$\varphi_b$(或当 $\varphi_b > 0.6$ 时的 $\varphi_b'$)应乘以降低系数 0.85;

$f$—— 钢材强度设计值,抗震设防时,应除以抗震调整系数 $\gamma_{RE}$,$\gamma_{RE}$ 按表 3-13 取值。

当梁上设有符合《钢结构设计规范》(GB 50017—2003)规定的整体刚性铺板时,可不计算整体稳定性。钢筋混凝土楼板及在压型钢板上现浇混凝土的楼板,都可视为刚性铺板。单纯压型钢板当有充分依据时方可视为刚性铺板。

梁设有侧向支撑体系,并符合《钢结构设计规范》(GB 50017—2003)规定的受压翼缘自由长度与其宽度之比的限值时,可不计算整体稳定。按 7 度及以上抗震设防的高层建筑,梁受压翼缘在支撑连接点间的长细比应符合《钢结构设计规范》(GB 50017—2003)关于塑性设计时的长细比要求。在罕遇地震作用下可能出现塑性铰处,梁的上下翼缘均应设支撑点。

### 3）梁的局部稳定（板件宽厚比）

防止板件局部失稳最有效的方法是限制其宽厚比。钢框架梁的板件宽厚比,应随截面塑性变形发展程度的不同,而需满足不同的要求。

在高层建筑钢结构中,对 7 度及以上抗震设防的高层建筑,在抗侧力框架的梁可能出现塑性铰的区段,要求在出现塑性铰之后,仍具有较大的转动能力,以实现结构内力重分布,因此板件的宽厚比限制较严;而对于非抗震设防和按 6 度抗震设防的高层建筑,当抗侧力框架的梁中可能出现塑性铰之后,不要求具有太大的转动能力,因此板件宽厚比限制相对较宽。梁的板件宽厚比一般情况下应满足表 3-15 规定的限制(图 3-36)。

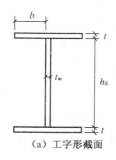

（a）工字形截面

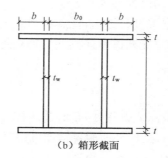

（b）箱形截面

**图 3-36　钢梁的截面**

表 3-15 框架梁板件宽厚比限制

| 板件 | 7 度及以上 | 6 度和非抗震设防 |
|---|---|---|
| 工字形梁和箱形梁翼缘悬伸部分 $b/t$ | 9 | 11 |
| 工字形梁和箱形梁腹板 $h_0/t_w$ | $72 - 100\dfrac{N}{Af}$ | $85 - 120\dfrac{N}{Af}$ |
| 箱形梁翼缘在两腹板之间的部分 $b_0/t$ | 30 | 36 |

注:① 表中,$N$ 为梁的轴向力,$A$ 为梁的截面面积,$f$ 为梁的钢材强度设计值;
② 表列值适用于 $f_y = 235$ N/mm² 的 Q235 钢,当钢材为其他牌号时,应乘以 $\sqrt{235/f_y}$。

### 3.2.2 轴心受压柱

在非抗震的高层钢结构中,当采用双重抗侧力体系时,若考虑其核心筒或支撑等抗侧力结构承受全部或大部分侧向及扭转荷载进行设计,其框架中的梁与柱的连接可以做成铰接。此时的柱即为轴心受压柱,按重力荷载设计。梁与柱采用铰接连接,设计和施工都比较方便。

轴心受压柱宜采用双轴对称的实腹式截面。截面形式可采用 H 形、箱形、十字形、圆形等。通常采用轧制或焊接的 H 型钢或由 4 块钢板焊成的箱形截面。箱形截面材料分布合理,截面受力性能好,抗扭刚度大,应用日益广泛。

由于高层建筑中的轴心受压柱主要是承受轴向荷载作用,一般不涉及抗震的问题,柱的设计方法与一般轴心受压柱相似,所不同的是柱子的钢材厚度较厚。因此,对厚壁柱设计应注意材料强度设计值和稳定系数 $\varphi$ 的取值有所不同(较一般轴心受压柱低)。

**1)轴心受压柱的强度**

(1)轴心受压柱的强度,除高强度螺栓摩擦型连接处外,应按下式验算:

$$\sigma = \frac{N}{A_n} \leqslant f \tag{3-61}$$

式中:$N$—— 轴心压力设计值;

$A_n$—— 柱的净截面面积;

$f$—— 钢材强度设计值,抗震设防时,应除以抗震调整系数 $\gamma_{RE}$。

(2)高强度螺栓摩擦型连接处的轴心受压柱强度,应按下式验算:

$$\sigma = \left(1 - 0.5\frac{n_1}{n}\right)\frac{N}{A_n} \leqslant f \tag{3-62}$$

式中:$n$—— 在节点或拼接处,轴心受压柱一端连接的高强度螺栓数目;

$n_1$—— 轴心受压柱所验算截面的高强度螺栓数目。

**2)轴心受压柱的整体稳定**

轴心受压柱的整体稳定性,应按下式计算:

$$\frac{N}{\varphi A} \leqslant f \tag{3-63}$$

式中:$A$——柱的毛截面面积;

　　　　$\varphi$——轴心受压构件稳定系数,取截面中两主轴的稳定系数$\varphi_x$、$\varphi_y$中的较小者;

　　　　$f$——钢材强度设计值,抗震设防时,应除以抗震调整系数$\gamma_{RE}$。

当轴心受压柱板件厚度不超过 40 mm 时,稳定系数 $\varphi$ 应按《钢结构设计规范》(GB 50017—2003)采用;当轴心受压柱板件厚度超过 40 mm 时,稳定系数 $\varphi$ 应按表 3-16 规定的类别取值。

表 3-16　厚壁构件稳定系数 $\varphi$ 的类别

| 构件类别 | | | $\varphi_x$ | $\varphi_y$ |
|---|---|---|---|---|
| 轧制 H 型钢 ($b/h > 0.8$) | | $40 < t \leqslant 80$ | b | c |
| | | $t > 80$ | c | d |
| 焊接 H 型钢 | 焰割板 | $t \geqslant 40$ | b | b |
| | 轧制板 | $t \geqslant 40$ | c | d |
| 焊接箱形截面 | | $b/h \geqslant 20$ | b | b |
| | | $b/h < 20$ | c | c |

### 3) 轴心受压柱的局部稳定

轴心受压构件的局部稳定是通过其板件宽厚比来控制的。板件的宽厚比应符合《钢结构设计规范》(GB 50017—2003)中第 5.4.1 条至 5.4.5 条的规定。

H 形、工字形和箱形截面受压构件的腹板,其高厚比不符合规范要求时,可用纵向加劲肋加强,或在计算构件的强度和稳定性时将腹板的截面仅考虑计算高度边缘范围内两侧宽度各为 $20\, t_w \sqrt{235/f_y}$ 的部分(计算构件的稳定系数时,仍用全部截面)。纵向加劲肋宜在腹板两侧成对配置,其一侧外伸宽度不应小于$10\, t_w$,厚度不应小于$0.75\, t_w$。

### 4) 轴心受压柱的刚度验算

轴心受压柱的刚度验算是通过其长细比来控制的。其长细比不宜大于 120,即两主轴方向的最大长细比应满足下式要求:

$$\lambda_{max}(\lambda_x,\lambda_y) \leqslant 120 \tag{3-64}$$

## 3.2.3　框架柱

柱是竖向承重构件,它不仅承受竖向荷载的作用,对与梁刚性连接的框架柱还参与承受水平荷载的作用。

对于仅沿一个方向与梁刚性连接的框架柱,宜采用 H 形截面,并将柱腹板置于刚接框架平面内;对于在相互垂直的两个方向均与梁刚性连接的框架柱,宜采用箱形截面或十字形截面。

### 1) 框架柱的强度验算

与梁刚接的框架柱,在轴向力和弯矩的共同作用下,它兼有压杆和梁的特点,属压弯或拉弯构件。由于轴心压力的存在,柱中出现塑性铰的弯矩比梁塑性铰弯矩要低。根据现行《钢结构设计规范》(GB 50017—2003)的规定,弯矩作用于两个主平面内的压弯构件和拉弯构件,考虑其截面局部发展塑性变形,其强度应按下式计算:

$$\sigma = \frac{N}{A_{\mathrm{n}}} \pm \frac{M_x}{\gamma_x W_{\mathrm{n}x}} \pm \frac{M_y}{\gamma_y W_{\mathrm{n}y}} \leqslant f \tag{3-65}$$

式中:$N$—— 验算截面的轴心压力或轴心拉力设计值;

$A_{\mathrm{n}}$—— 验算截面的净截面面积;

$M_x$、$M_y$—— 验算截面处绕强轴和弱轴的弯矩;

$W_{\mathrm{n}x}$、$W_{\mathrm{n}y}$—— 验算截面处绕强轴和弱轴的净截面模量(抵抗矩);

$\gamma_x$、$\gamma_y$—— 截面塑性发展系数,非抗震设防时按《钢结构设计规范》(GB 50017—2003)规定采用;抗震设防时应取 $\gamma_x = \gamma_y = 1.0$;

$f$—— 钢材强度设计值,抗震设防时,应除以抗震调整系数 $\gamma_{\mathrm{RE}}$。

注:当单轴受弯时,令式(3-65)中的一项弯矩为零即可。

**2)框架柱的整体稳定**

(1)单向受弯

弯矩作用于对称轴平面内(如绕 $x$ 轴)的实腹式压弯构件,其弯矩作用平面内的整体稳定,应按下式计算:

$$\sigma = \frac{N}{\varphi_x A} + \frac{\beta_{\mathrm{m}x} M_x}{\gamma_x W_{1x}\left(1 - 0.8\dfrac{N}{N'_{\mathrm{E}x}}\right)} \leqslant f \tag{3-66}$$

弯矩作用平面外的整体稳定,应按下式计算:

$$\sigma = \frac{N}{\varphi_y A} + \eta \frac{\beta_{\mathrm{t}x} M_x}{\varphi_{\mathrm{b}} W_{1x}} \leqslant f \tag{3-67}$$

式中:$N$—— 所验算构件段范围内的轴心压力设计值;

$A$—— 验算截面的毛截面面积;

$M_x$—— 所验算构件段范围内的最大弯矩;

$W_{1x}$—— 在弯矩作用平面内对较大受压纤维的毛截面模量(抵抗矩);

$\varphi_x$、$\varphi_y$—— 弯矩作用平面内、外的轴心受压构件稳定系数;

$N'_{\mathrm{E}x}$—— 参数,$N'_{\mathrm{E}x} = \pi^2 EA/(1.1\lambda_x^2)$,其中 $E$ 为钢材的弹性模量,$\lambda_x$ 为构件对 $x$ 轴的长细比;

$\varphi_{\mathrm{b}}$—— 均匀弯曲的受弯构件整体稳定系数,对于箱形截面,可取 $\varphi_{\mathrm{b}} = 1.0$;对于双轴对称的 H 形截面,$\varphi_{\mathrm{b}} = 1.07 - \dfrac{\lambda_y^2}{44\,000} \cdot \dfrac{f_{\mathrm{a}y}}{235}$;

$\eta$—— 截面影响系数,箱形截面 $\eta = 0.7$;其他截面 $\eta = 1.0$;

$\beta_{\mathrm{m}x}$、$\beta_{\mathrm{t}x}$—— 等效弯矩系数,按《钢结构设计规范》(GB 50017—2003)规定采用。

(2)双向受弯

双向弯矩作用于两个主平面内的双轴对称实腹式 H 形截面和箱形截面的压弯构件,其整体稳定,应按下式计算:

强轴平面内稳定

$$\sigma = \frac{N}{\varphi_x A} + \frac{\beta_{mx} M_x}{\gamma_x W_{1x} \left(1 - 0.8 \dfrac{N}{N'_{Ex}}\right)} + \eta \frac{\beta_{ty} M_y}{\varphi_{by} W_{1y}} \leqslant f \qquad (3-68)$$

弱轴平面内稳定

$$\sigma = \frac{N}{\varphi_y A} + \eta \frac{\beta_{tx} M_x}{\varphi_{bx} W_{1x}} + \frac{\beta_{my} M_y}{\gamma_y W_{1y} \left(1 - 0.8 \dfrac{N}{N'_{Ey}}\right)} \leqslant f \qquad (3-69)$$

式中：$M_x$、$M_y$—— 所验算构件段范围内对强轴和弱轴的最大弯矩；

$W_{1x}$、$W_{1y}$—— 验算截面处绕强轴和弱轴的毛截面模量（抵抗矩）；

$N'_{Ex}$、$N'_{Ey}$—— 参数，$N'_{Ex} = \pi^2 EA/(1.1 \lambda_x^2)$，$N'_{Ey} = \pi^2 EA/(1.1 \lambda_y^2)$；

$\varphi_{bx}$、$\varphi_{by}$—— 均匀弯曲的受弯构件整体稳定系数；

$\beta_{mx}$、$\beta_{my}$—— 等效弯矩系数，按《钢结构设计规范》（GB 50017—2003）规定采用。

$\beta_{tx}$、$\beta_{ty}$—— 等效弯矩系数，按《钢结构设计规范》（GB 50017—2003）规定采用。

**3）框架柱的计算长度**

在验算框架柱的稳定性时，通常采用计算长度法，即用柱的计算长度代替实际长度来考虑与柱相连构件的约束影响，其计算长度等于该层柱的高度乘以计算长度系数。框架柱的计算长度系数 $\mu$，应按下列规定确定：

当计算框架柱在重力作用下的稳定性时，纯框架体系柱的计算长度应按《钢结构设计规范》（GB 50017—2003）附录 D 表 D-2（有侧移）的 $\mu$ 系数确定；有支撑和（或）剪力墙的体系，当符合 $\Delta u/h \leqslant 1/1\,000$ 条件时，框架柱的计算长度应按《钢结构设计规范》（GB 50017—2003）附录 D 表 D-1（无侧移）的 $\mu$ 系数确定。

上述计算长度系数 $\mu$ 也可用下列近似公式计算：

有侧移时

$$\mu = \sqrt{\frac{1.6 + 4(K_1 + K_2) + 7.5 K_1 K_2}{K_1 + K_2 + 7.5 K_1 K_2}} \qquad (3-70)$$

无侧移时

$$\mu = \frac{3 + 1.4(K_1 + K_2) + 0.64 K_1 K_2}{3 + 2(K_1 + K_2) + 1.28 K_1 K_2} \qquad (3-71)$$

式中：$K_1$、$K_2$—— 分别为交于柱上、下端的横梁线刚度之和与柱线刚度之和的比值。

当计算在重力和风力或多遇地震作用组合下的稳定性时，有支撑和（或）剪力墙的高层建筑钢结构，在层间位移不超过其层高的 1/250 的条件下，柱计算长度系数可取 1.0。若纯框架体系层间位移小于 $0.001h$（$h$ 为楼层层高）时，可视为无侧移结构，可按公式（3-71）计算柱的计算长度系数。

**4）框架柱的局部稳定**

框架柱的局部稳定是通过其板件宽厚比来控制的。按 7 度及以上抗震设防的框架柱板件宽厚比，不应大于表 3-17 的规定，按 6 度抗震设防和非抗震设防的框架柱板件宽厚比，可按

《钢结构设计规范》(GB 50017—2003)的规定采用。

表 3-17　框架柱板件宽厚比

| 板件 | 7 度 | 8 度或 9 度 |
|---|---|---|
| 工字形柱翼缘悬伸部分 | 11 | 10 |
| 工字形柱腹板 | 43 | 43 |
| 箱形柱壁板 | 37 | 33 |

注:表列数值适用于 $f_y = 235$ N/mm² 的 Q235 钢,当钢材为其他牌号时,应乘以 $\sqrt{235/f_y}$。

### 5）框架柱的刚度

框架柱的刚度是通过控制其长细比来实现的。按 6 度抗震设防和非抗震设防的结构,柱长细比不应大于 $120\sqrt{235/f_y}$。为了保证框架柱具有较好的延性和稳定性,地震区柱的长细比不应太大,按 7 度及以上抗震设防的结构,柱的长细比 $\lambda$ 不应超过表 3-18 按房屋总层数划分所规定的限值。

表 3-18　框架柱的长细比 λ 的限值

| 抗震设防烈度 | 7 度 | | 8 度 | | 9 度 | |
|---|---|---|---|---|---|---|
| 房屋总层数 | ≤12 层 | >12 层 | ≤12 层 | >12 层 | ≤12 层 | >12 层 |
| 长细比 λ | 120 | 80 | 120 | 60 | 100 | 60 |

注:表列数值适用于 $f_y = 235$ N/mm² 的 Q235 钢,当钢材为其他牌号时,应乘以 $\sqrt{235/f_y}$。

### 6）对强柱弱梁的要求

为使框架在水平地震作用下进入弹塑性阶段工作时,避免发生楼层屈服机制,实现总体屈服机制,以增大框架的耗能容量,框架柱和梁应按"强柱弱梁"的原则设计。为此,柱端应比梁端有更大的承载力储备。对于抗震设防的框架柱在框架的任一节点处,交汇于该节点的、位于验算平面内的各柱截面的塑性抵抗矩和各梁截面的塑性抵抗矩宜满足下式的要求:

$$\sum W_{pc}(f_{yc} - N/A_c) \geqslant \eta \sum W_{pb} f_{yb} \tag{3-72}$$

式中:$W_{pc}$、$W_{pb}$——分别为计算平面内交汇于节点的柱和梁的截面塑性抵抗矩;

$f_{yc}$、$f_{yb}$——分别为柱和梁钢材的屈服强度;

$N$——按多遇地震作用组合得出的柱轴向压力设计值;

$A_c$——框架柱的截面面积;

$\eta$——强柱系数:超过 6 层的钢框架,6 度 IV 类场地和 7 度抗震设防时,取 1.0;8 度设防时,取 1.05;9 度设防时,取 1.15。

在罕遇地震作用下不可能出现塑性铰的部分,框架柱和梁当不满足式(3-72)的要求时,则需控制柱的轴压比。此时,框架柱应满足下式的要求:

$$N \leqslant 0.6 A_c f \tag{3-73}$$

式中:$f$——柱钢材的抗压强度设计值,应除以抗震调整系数 $\gamma_{RE}$。

在柱与梁连接处,柱应设置与上下翼缘位置对应的加劲肋。按 7 度及以上抗震设防的结

构,工字形截面柱和箱形截面柱腹板在节点域范围的稳定性,应符合下列要求:

$$t_{wc} \geqslant \frac{h_{0b} + h_{0c}}{90} \tag{3-74}$$

式中:$t_{wc}$—— 柱在节点域的腹板厚度,当为箱形柱时仍取一块腹板的厚度;

$h_{0b}$、$h_{0c}$—— 分别为梁腹板高度和柱腹板高度。

在多遇地震下进行构件承载力计算时,承托钢筋混凝土抗震墙的钢框架柱由地震作用产生的内力,应乘以增大系数,增大系数可取 1.5。

### 3.2.4 中心支撑

中心支撑是指支撑斜杆的轴线与框架梁、柱轴线的交点汇交于同一点的支撑(图 3-37)。

**1)中心支撑的类型及应用**

中心支撑包括:十字交叉(X 形)支撑、单斜杆支撑、人字形支撑、V 形支撑、K 形支撑等形式,如图 3-37 所示。

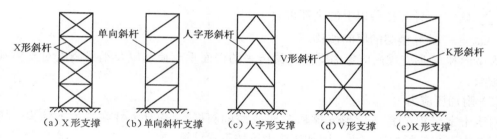

| (a)X 形支撑 | (b)单向斜杆支撑 | (c)人字形支撑 | (d)V 形支撑 | (e)K 形支撑 |

**图 3-37　中心支撑的类型**

在高层建筑钢结构中,宜采用十字交叉(X 形)支撑、单斜杆支撑、人字形或 V 形支撑。特别是十字交叉(X 形)支撑、人字形或 V 形支撑,在弹性工作阶段具有较大的刚度,层间位移小,能很好地满足正常使用的功能要求,因此在非抗震高层钢结构中最常应用;K 形支撑的交点位于柱上,在地震力作用下可能因受压斜杆屈曲或受拉斜杆屈服而引起较大的侧向变形,从而使柱中部受力而屈曲破坏,故抗震设防的结构不得采用 K 形支撑体系。

当采用只能受拉的单斜杆体系时,必须设置两组不同倾斜方向的支撑,即单斜杆对称布置(图 3-38),且每层中不同方向斜杆的截面面积在水平方向的投影面积之差不得大于 10%,以保证结构在两个方向具有大致相同的抗侧力能力。

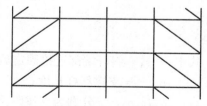

**图 3-38　单斜杆支撑的布置**

**2)支撑斜杆截面选择**

支撑斜杆宜采用双轴对称截面,当楼房超过 12 层时,宜采用轧制 H 型钢,其两端与框架刚性连接;当楼房不超过 12 层时,可采用单轴对称截面(如双角钢组合的 T 形截面),但应采取防止绕对称轴屈曲的构造。

注:双角钢组合的 T 形截面,不宜用于设防烈度为 7 度及以上的中心支撑。

### 3）支撑杆件的内力

计算支撑杆件内力时,其中心支撑斜杆可视为两端铰接杆件,根据有关方法进行,并应考虑施工过程逐层加载及各受力构件的变形对支撑内力的影响。

在多遇地震效应组合作用下,人字形支撑和 V 形支撑的斜杆内力应乘以增大系数 1.5,十字交叉支撑和单斜杆支撑的斜杆内力应乘以增大系数 1.3,以提高支撑斜杆的承载力,避免在大震时出现过大的塑性变形。

在初步设计阶段,计算杆件所受内力时,可按下列要求计算附加效应:

（1）附加剪力

在重力和水平力(风荷载或多遇地震)作用下,支撑除作为竖向桁架的斜杆承受水平荷载引起的剪力外,还承受水平位移和重力荷载产生的附加弯曲效应。楼层附加剪力可按下式计算:

$$V_i = 1.2 \frac{\Delta u_i}{h_i} \sum G_i \tag{3-75}$$

式中:$h_i$—— 计算楼层的高度;

$\sum G_i$—— 计算楼层以上的全部重力;

$\Delta u_i$—— 计算楼层的层间位移。

人字形和 V 形支撑尚应考虑支撑跨梁传来的楼面垂直荷载以及钢梁挠度对支撑斜杆内力的影响。

（2）附加压应力

对于十字交叉支撑、人字形支撑和 V 形支撑的斜杆,尚应计入柱在重力下的弹性压缩变形在斜杆中引起的附加压应力。附加压应力可按下式计算:

对十字交叉支撑的斜杆

$$\Delta \sigma_{br} = \frac{\sigma_c}{\left(\frac{l_{br}}{h}\right)^2 + \frac{h}{l_{br}} \frac{A_{br}}{A_c} + 2 \frac{b^3}{l_{br} h^2} \frac{A_{br}}{A_b}} \tag{3-76}$$

对人字形和 V 形支撑的斜杆

$$\Delta \sigma_{br} = \frac{\sigma_c}{\left(\frac{l_{br}}{h}\right)^2 + \frac{b^3}{24 l_{br}} \frac{A_{br}}{I_b}} \tag{3-77}$$

式中:$\sigma_c$—— 斜杆端部连接固定后,该楼层以上各层增加的恒荷载和活荷载产生的柱压应力;

$l_{br}$—— 支撑斜杆长度;

$b$、$I_b$、$h$—— 分别为支撑跨梁的长度、绕水平主轴的惯性矩和楼层高度;

$A_{br}$、$A_c$、$A_b$—— 分别为计算楼层的支撑斜杆、支撑跨的柱和梁的截面面积。

注:为了减小斜杆的附加应力,尽可能在楼层大部分永久荷载施加完毕后,再固定斜撑端部的连接。

### 4）支撑杆件的承载力

（1）组成支撑系统的横梁与柱

　　与支撑斜杆一起组成支撑系统的横梁、柱及其连接,应具有承受支撑斜杆传来内力的能力;与人字形支撑、V形支撑相交的横梁,在柱间的支撑连接处应保持连续;在计算人字形支撑体系中的横梁截面时,尚应满足在不考虑支撑的支点作用情况下,按简支梁跨中承受竖向集中荷载时的承载力要求。

　　(2)支撑斜杆

　　非抗震设计的中心支撑,当采用十字交叉支撑或成对的单斜杆支撑时,其斜杆可按仅承受拉力设计,也可按既能受拉,又能受压设计。

　　在多遇地震作用效应组合下,支撑斜杆的受压验算按下列公式计算:

$$\frac{N}{\varphi A_{br}} \leqslant \psi f / \gamma_{RE} \qquad \psi = \frac{1}{1 + 0.35\lambda_n} \qquad (3-78)$$

式中:$\varphi$—— 轴心受压构件的整体稳定系数;

　　$\psi$—— 受循环荷载时的设计强度降低系数,对 Q235 钢,其值可按表 3-19 采用;

　　$\lambda_n$—— 支撑斜杆的正则化长细比,按式 $\lambda_n = \frac{\lambda}{\pi}\sqrt{\frac{f_y}{E}}$ 计算。

　　$f$—— 钢材强度设计值;

　　$\gamma_{RE}$—— 支撑承载力抗震调整系数。

表 3-19　Q235 钢强度降低系数

| 杆件长细比 | 50 | 70 | 90 | 120 |
|---|---|---|---|---|
| $\psi$ 值 | 0.84 | 0.79 | 0.75 | 0.69 |

### 5)支撑斜杆的刚度控制

　　支撑杆件的刚度是通过其长细比来控制的。

　　(1)中心支撑的斜杆长细比,不应大于表 3-20 所规定的限值。

表 3-20　中心支撑的斜杆长细比限值

| 房屋总层数 | 受力状态 | 非抗震设防 | 6 度、7 度 | 8 度 | 9 度 |
|---|---|---|---|---|---|
| ≤12 层 | 按压杆设计 | 150 | 150 | 120 | 120 |
| | 按拉杆设计 | 300 | 200 | 150 | 150 |
| >12 层 | 压杆或拉杆 | 150 或 300 | 120 | 90 | 60 |

注:表列数值适用于 $f_y = 235$ N/mm 的 Q235 钢,当钢材为其他牌号时,应乘以 $\sqrt{235/f_y}$。

　　(2)抗震设防结构中的人字形支撑和 V 形支撑,其斜杆的长细比不宜超过 $80\sqrt{235/f_y}$。

　　(3)按 7 度及以上抗震设防的结构,当支撑采用由填板连接的双肢组合构件时,单肢在填板间的长细比,不应大于杆件最大长细比的 1/2,且不应大于 40。

### 6)支撑斜杆的板件宽厚比

　　支撑斜杆的局部稳定是通过限制板件宽厚比来实现的。按 6 度抗震设防和非抗震设计的支撑斜杆板件宽厚比可按现行《钢结构设计规范》(GB 50017—2003)的规定采用。按 7 度及以上抗震设防设计的结构,支撑斜杆的板件宽厚比,当板件为一边简支一边自由时不得大于

$8\sqrt{235/f_y}$；当板件为两边简支时不得大于 $25\sqrt{235/f_y}$。$f_y$ 以 N/mm 为单位。

### 3.2.5 偏心支撑

偏心支撑是在构造上使支撑斜杆轴线偏离梁和柱轴线交点的支撑,在支撑与柱之间或支撑与支撑之间形成一端称为耗能梁段的短梁(图3-39),高层钢结构中的偏心支撑,可分为八字形支撑、单斜杆支撑、A形支撑、人字形支撑、V形支撑等形式(图3-39)。

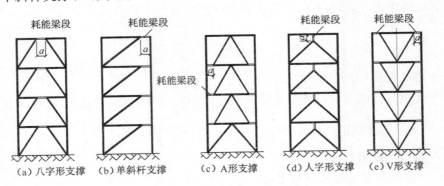

图 3-39　偏心支撑的类型

**1) 偏心支撑框架的性能与特点**

偏心支撑框架的设计原则是强柱、强支撑和弱耗能梁段,使其在大震时耗能梁段屈服形成塑性铰,而柱、支撑和其他梁段仍保持弹性。

偏心支撑框架在弹性阶段呈现较好的刚度(其弹性刚度接近中心支撑框架),在大震作用下通过耗能梁段的非弹性变形耗能,达到抗震的目的,而支撑不屈曲,提高了整个结构体系的抗震可靠度。因此,偏心支撑框架是一种良好的抗震设防结构体系。偏心支撑框架中的每根支撑斜杆,只能在一端与耗能梁段相连。为使偏心支撑斜杆能承受耗能梁段的端部弯矩,支撑斜杆与横梁的连接应设计成刚接。

总层数超过12层的8、9度抗震设防钢结构,宜采用偏心支撑框架,但顶层可不设耗能梁段,即在顶层改用中心支撑;在设置偏心支撑的框架跨,当首层(即底层)的弹性承载力等于或大于其余各层承载力的1.5倍时,首层也可采用中心支撑。

沿竖向连续布置的偏心支撑,在底层室内地坪以下,宜改用中心支撑或剪力墙的形式延伸至基础。

**2) 耗能梁段的设计**

(1) 耗能梁段的截面

① 耗能梁段的截面尺寸宜与同一跨内框架梁的截面尺寸相同;

② 耗能梁段的腹板不得贴焊补强板以提高强度,也不得在腹板上开洞;

③ 耗能梁段所用钢材的屈服强度不应大于 345 MPa。

(2) 耗能梁段的屈服类型

各耗能梁段宜设计成剪切屈服型;与柱相连的耗能梁段必须设计成剪切屈服型,不应设计成弯曲屈服型。

耗能梁段的净长 $a$ 符合下式者为剪切屈服型,否则为弯曲屈服型。

$$a \leqslant 1.6 M_{lp} / V_1 \tag{3-79}$$

$$V_1 = 0.58 f_y h_0 t_w \text{ 或} V_1 = 2 M_{lp}/a, \text{取较小值} \tag{3-80}$$

$$M_{lp} = W_p f_y \tag{3-81}$$

式中:$h_0$、$t_w$—— 耗能梁段腹板计算高度和厚度;

$W_p$—— 耗能梁段截面的塑性抵抗矩;

$V_1$、$M_{lp}$—— 耗能梁段的塑性(屈服)受剪承载力和塑性(屈服)受弯承载力。

(3) 耗能梁段的净长

偏心支撑框架的抗推刚度,主要取决于耗能梁段的长度与所在跨框架梁长度的比值。随着耗能梁段的变短,其抗推刚度将逐渐接近于中心支撑框架;相反,随着耗能梁段的变长,其抗推刚度逐渐减小,以至接近纯框架。因此,为使偏心支撑框架具有较大的抗推刚度,并使耗能梁段能承受较大的剪力,一般宜采用较短的耗能梁段,通常可取框架梁净长度的 0.1～0.15 倍。

我国现行《抗震规范》规定,当耗能梁段承受的轴力 $N > 0.16Af$ 时,耗能梁段的净长度应符合下列规定:

当 $\rho(A_w/A) < 0.3$ 时, $a \leqslant 1.6 M_{lp} / V_1 \tag{3-82}$

当 $\rho(A_w/A) \geqslant 0.3$ 时,$a \leqslant [1.15 - 0.5\rho(A_w/A)]1.6 M_{lp} / V_1 \tag{3-83}$

式中:$\rho$—— 耗能梁段轴力和剪力设计值的比值,$\rho = N/V$;

$A$、$A_w$—— 耗能梁段的截面面积和腹板截面面积。

(4) 耗能梁段的强度验算

为了简化计算并确保耗能梁段在全截面剪切屈服时具有足够的抗弯能力,耗能梁段的截面设计宜采用"腹板受剪、翼缘承担弯矩和轴力"的设计原则。

① 耗能梁段的抗剪承载力验算

偏心支撑框架耗能梁段的抗剪承载力,应按下列公式验算:

当 $N \leqslant 0.15Af$ 时,不计轴力对受剪承载力的影响,即

$$V \leqslant \varphi V_1 / \gamma_{RE} \tag{3-84}$$

当 $N > 0.15Af$ 时,计轴力对受剪承载力的影响,即

$$V \leqslant \varphi V_{lc} / \gamma_{RE} \tag{3-85}$$

$$V_{lc} = 0.58 f_y h_0 t_w \sqrt{1 - (N/Af)^2} \text{ 或} V_{lc} = 2.4 M_{lp}(1 - N/Af)/a, \text{取较小值}$$

式中:$\varphi$—— 修正系数,取 0.9;

$f$—— 钢材的抗拉强度设计值;

$\gamma_{RE}$—— 耗能梁段承载力抗震调整系数,取 0.85;

其余字母含义同前。

② 耗能梁段的腹板、翼缘强度验算

耗能梁段腹板强度应按下式计算:

$$\frac{V_{lb}}{0.8 \times 0.58\, h_0 t_w} \leqslant f/\gamma_{RE} \tag{3-86}$$

耗能梁段翼缘强度应按下式计算：

当耗能梁段净长 $a < 2.2\, M_{lp}/V_1$ 时，

$$\left(\frac{M_{lb}}{h_{lb}} + \frac{N_{lb}}{2}\right)\frac{1}{b_f t_f} \leqslant f/\gamma_{RE} \tag{3-87}$$

当耗能梁段净长 $a \geqslant 2.2\, M_{lp}/V_1$ 时，

$$\frac{M_{lb}}{W} + \frac{N_{lb}}{A_{lb}} \leqslant f/\gamma_{RE} \tag{3-88}$$

式中：$M_{lb}$——耗能梁段的弯矩设计值；

$W$、$h_{1b}$——耗能梁段截面抵抗矩和截面高度。

（5）耗能梁段的板件宽厚比控制

耗能梁段和非耗能梁段的板件宽厚比，均不应小于表 3-21 所规定的限值，以保证耗能梁段屈曲时的板件稳定。

表 3-21　偏心支撑框架梁的板件宽厚比限值

| 简图 | 板件所在部位 | | 板件宽厚比限值 |
|---|---|---|---|
| | 翼缘外伸部分($b_1/t_f$) | | 8 |
| | 腹板<br>($h_0/t_w$) | 当 $N/Af \leqslant 0.14$ 时 | $90\left(1 - \dfrac{1.65N}{Af}\right)$ |
| | | 当 $N/Af > 0.14$ 时 | $33\left(2.3 - \dfrac{N}{Af}\right)$ |

注：① $A$、$N$ 分别为偏心支撑框架梁的截面面积和轴力设计值，$f$ 为钢材的抗压强度设计值。

②表列数值适用于 Q235 钢，当材料为其他牌号时，应乘以 $\sqrt{235/f_y}$，$f_y$ 为钢材的屈服强度。

### 3）支撑斜杆设计

支撑斜杆宜采用轧制 H 型钢或圆形或箱形等双轴对称截面。当支撑斜杆采用焊接工字形截面时，其翼缘与腹板的连接焊缝宜采用全熔透连续焊缝。

（1）偏心支撑斜杆的承载力验算

在多遇地震效应组合作用下，偏心支撑斜杆的强度应按钢结构强度的相关公式进行验算；其斜杆稳定性，应按下列公式验算：

$$\frac{\eta N_{br}}{\varphi A_{br}} \leqslant f/\gamma_{RE} \tag{3-89}$$

$$N_{br} = \eta \frac{V_1}{V_{lb}} N_{br,com} \tag{3-90}$$

$$N_{br} = \eta \frac{M_{pc}}{M_{lb}} N_{br,com} \tag{3-91}$$

式中：$A_{br}$—— 支撑斜杆截面面积；

$\varphi$—— 由支撑斜杆长细比确定的轴心受压构件稳定系数；

$\eta$—— 偏心支撑杆件内力增大系数，按表 3-22 取值；

$N_{br}$—— 支撑斜杆轴力设计值，取式(3-90)和(3-91)中的较小值；

$N_{br,com}$—— 在跨间梁的竖向荷载和多遇水平地震作用最不利组合下的支撑斜杆轴力设计值；

$M_{pc}$—— 耗能梁段承受轴向力时的全塑性受弯承载力，即压弯屈服承载力，应按式(3-92)计算：

$$M_{pc} = W_p(f_y - \sigma_N) \tag{3-92}$$

$\sigma_N$—— 耗能梁段轴力产生的梁段翼缘平均正应力，应按式(3-93)、(3-94)计算，当计算出的 $\sigma_N < 0.15 f_y$ 时，取 $\sigma_N = 0$。

当耗能梁段净长 $a < 2.2 M_{lp}/V_1$ 时，

$$\sigma_N = \frac{V_1}{V_{lb}} \cdot \frac{N_{lb}}{2b_f t_f} \tag{3-93}$$

当耗能梁段净长 $a \geqslant 2.2 M_{lp}/V_1$ 时，

$$\sigma_N = \frac{N_{lb}}{A_{lb}} \tag{3-94}$$

式中：$V_{lb}$、$N_{lb}$—— 耗能梁段的剪力设计值和轴力设计值；

$b_f$、$t_f$、$A_{lb}$—— 分别为耗能梁段翼缘宽度、厚度和梁段截面面积；

$V_1$—— 耗能梁段的屈服受剪承载力，按式(3-80)计算。

（2）支撑斜杆的刚度

支撑斜杆的刚度是通过其长细比来控制的。其长细比不应大于 $120\sqrt{235/f_y}$，且不应大于表 3-20 对中心支撑斜杆所规定的长细比限值。

（3）支撑斜杆的板件宽厚比

支撑斜杆的板件宽厚比不应超过表 3-22 中对中心支撑斜杆所规定的宽厚比限值。

**4）偏心支撑框架柱设计**

偏心支撑框架柱的设计，在计算承载力时，其弯矩设计值 $M_c$ 应按下列公式计算，并取较小值：

$$M_c = \eta \frac{V_1}{V_{lb}} M_{c,com} \tag{3-95}$$

$$M_c = \eta \frac{M_{pc}}{M_{lb}} M_{c,com} \tag{3-96}$$

其轴力设计值 $N_c$ 应按下列公式计算，并取较小值：

$$N_c = \eta \frac{V_1}{V_{lb}} N_{c,com} \tag{3-97}$$

$$N_c = \eta \frac{M_{pc}}{M_{lb}} N_{c,com} \tag{3-98}$$

式中:$M_{c,com}$、$N_{c,com}$——偏心支撑框架柱在竖向荷载和水平地震作用最不利组合下的弯矩设计值和轴力设计值;

η——偏心支撑杆件内力增大系数,按表 3-22 取值。

表 3-22  钢结构中心支撑板件宽厚比限值

| 杆件名称 | 一级 | 二级 | 三级 | 四级 |
|---|---|---|---|---|
| 翼缘外伸部分 | 8 | 9 | 10 | 13 |
| 工字形截面腹板 | 25 | 26 | 27 | 33 |
| 箱形截面壁板 | 18 | 20 | 25 | 30 |
| 圆管外径与壁管之比 | 38 | 40 | 40 | 42 |

### 3.2.6  节点设计

节点连接是保证钢结构安全的重要部位,对结构受力有着重要影响。世界震害实录分析表明,许多钢结构都是由于节点首先破坏而导致建筑物整体破坏的。高层钢结构节点的受力状况比较复杂,构造要求相当严格,因此节点设计是整个设计工作的重要环节。

节点设计应遵循以下原则:

(1)节点受力明确,减少集中应力,避免材料三向受拉;

(2)节点连接设计应采用强连接弱构件的原则,不致因连接较弱而使结构破坏;

(3)节点连接应按地震组合内力进行弹性设计,并对连接的极限承载力进行验算;

(4)构建的拼接一般采用于构件等强度或比等强度更高的设计原则;

(5)简化节点构造,以便于加工及安装时容易就位和调整。

**1)梁与柱节点连接**

框架出现塑性是从梁与柱连接处开始再逐步展开的。为使梁柱构件能充分发展塑性产生塑性铰。构件的连接应有充分的承载力,连接的极限承载力应高于其构件本身的屈服承载力。

梁与柱连接的极限受弯和受剪承载力,应符合下列公式的要求:

$$M_u \geqslant 1.2 M_p \tag{3-99}$$

$$V_u \geqslant 1.3(2 M_p / l_n),且 V_u \geqslant 0.58 h_w t_w f_y \tag{3-100}$$

式中:$M_u$——梁上下翼缘全融透坡口焊缝的极限受弯承载力;

$V_u$——梁腹板连接的极限受剪承载力;

$M_p$——梁(梁贯通时为柱)的全塑性受弯承载力;

$l_n$——梁的净跨(梁贯通时取该楼层柱的净高);

$h_w$、$t_w$——梁腹板的高度和厚度;

$f_y$——钢材屈服强度。

梁、柱构件有轴力时的全塑性受弯承载力 $M_p$ 由 $M_{pc}$ 代替,并应符合下列规定:

(1)工字形截面(绕强轴)和箱形截面

当 $N/N_y \leqslant 0.13$ 时,

$$M_{pc} = M_p \tag{3-101}$$

当 $N/N_y > 0.13$ 时，

$$M_{pc} = 1.15(1 - N/N_y)M_p \tag{3-102}$$

（2）工字形截面（绕弱轴）

当 $N/N_y \leqslant A_w/A$ 时，

$$M_{pc} = M_p \tag{3-103}$$

当 $N/N_y > A_w/A$ 时，

$$M_{pc} = \{1 - [(N - A_w f_y)/(N_y - A_w f_y)]^2\}M_p \tag{3-104}$$

式中：$M_{pc}$—— 构件有轴力时截面的全塑性受弯承载力；

$N_y$—— 构件轴向屈曲承载力，取 $N_y = A_n f_y$；

$A$—— 柱的净截面面积；

$A_w$—— 柱的腹板净截面面积。

**2）梁或柱拼接的极限承载力**

梁或柱构件拼接的极限承载力应符合下列要求：

$$V_u \geqslant 0.58 h_w t_w f_y \tag{3-105}$$
$$无轴向力时 \quad M_u \geqslant 1.2 M_p \tag{3-106}$$

$$有轴向力时 \quad M_u \geqslant 1.2 M_{pc} \tag{3-107}$$

式中：$M_u$、$V_u$—— 构件拼接的极限受弯、受剪承载力；

$h_w$、$t_w$—— 拼接构件截面腹板的高度和厚度；

$f_y$—— 被拼接构件的钢材屈服强度。

**3）抗侧力支撑连接节点**

支撑是承受侧力的主要构件，按抗震设计时，支撑连接的极限承载力应符合下式要求：

$$N_{ubr} \geqslant 1.2 A_n f_y \tag{3-108}$$

式中：$N_{ubr}$—— 螺栓连接或焊接连接在支撑轴线方向的极限承载力；

$A_n$—— 支撑截面的净面积；

$f_y$—— 支撑钢材的屈服强度。

**4）梁与柱的连接**

在高层钢结构的节点设计中，梁-柱连接的节点是关键的节点，根据梁对柱的约束刚度（转动刚度），节点的连接大致可分为刚性连接、半刚性连接和铰接连接三种类型。对于刚性连接，梁上下翼缘均应与柱相连；铰接连接仅梁腹板或一侧钢翼缘与柱相连。而半刚性连接结构的分析与设计方法目前还不完善，因此在实际工程中还很少用。

刚性连接中主梁与柱的刚性连接是指那些具有足够刚度，能使所连接的构件间夹角在达到承载能力之前，不发生变化的接头，它的连接强度不低于被连接构件的屈服强度。凡是需要抵抗水平力的框架,主梁和柱的连接均应采用刚性连接形式。梁与柱刚性连接的构造形式有三种,如图3-40所示。全焊接节点,梁的上、下翼缘用全融透坡口焊缝,腹板用角焊缝与柱翼缘连接(图3-40(a));栓焊混合节点,梁的上、下翼缘用全融透坡口焊缝与柱翼缘连接,腹板用高强度螺栓与柱翼缘上的节点板连接(图3-40(b)),是目前多高层钢结构梁与柱连接最常用的构造形式;全栓接节点,梁翼缘和腹板借助T形连接件用高强度螺栓与柱翼缘连接(图3-40(c)),虽然安装比较方便,但节点刚性不如前两种连接形式好,一般只适用于非地震区的多层框架。

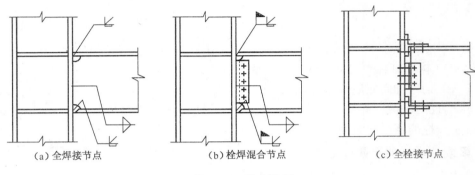

(a)全焊接节点          (b)栓焊混合节点          (c)全栓接节点

图3-40  节点类型

梁与柱的连接节点计算时,主要验算以下内容:

梁与柱的连接承载力,在弹性阶段验算其连接强度,在弹塑性阶段验算其极限承载力;

在梁翼缘的压力和拉力作用下,分别验算柱腹板的受压承载力和柱翼缘板的刚度;

节点域的抗剪承载力。

(1)梁与柱连接的承载力

主梁与柱刚性连接,可按近似设计法或全截面受弯设计法进行连接承载力设计。当主梁翼缘的抗弯承载力大于主梁整个截面承载力的70%时,可采用近似设计法进行连接承载力设计。当小于70%时,应考虑梁全截面的抗弯承载力。

① 近似设计法

近似设计法采用梁翼缘和腹板分别承担弯矩和剪力的原则,计算比较简便,对跨高比适中或较大的大多数情况,是偏于安全的。

近似设计法按下列公式计算:

当采用全焊节点连接时(图3-41),梁翼缘与柱翼缘对接焊缝的抗拉强度为:

$$\sigma = \frac{M}{b_{\mathrm{f}} t_{\mathrm{f}}(h - t_{\mathrm{f}})} \leqslant f_{\mathrm{t}}^{w} \qquad (3\text{-}109)$$

梁腹板角焊缝的抗剪强度为:

$$\tau = \frac{V}{2 l_{w} h_{e}} \leqslant f_{\mathrm{f}}^{w} \qquad (3\text{-}110)$$

式中:$M$——梁端弯矩设计值;

$V$——梁端剪力设计值;

$f_{\mathrm{t}}^{w}$——对接焊缝抗拉强度设计值;

$f_f^w$—— 角焊缝抗剪强度设计值;

$h_e$—— 角焊缝的有效厚度。

当采用栓焊混合节点连接时(图3-42),梁腹板高强度螺栓的抗剪承载力为:

$$N_v^b = \frac{V}{n} \leqslant 0.9[N_v^b] \tag{3-111}$$

式中:$n$—— 梁腹板高强度螺栓的数目;

$[N_v^b]$—— 一个高强度螺栓抗剪承载力的设计值;

0.9 为考虑焊接热影响对高强度螺栓预拉力损失的系数。

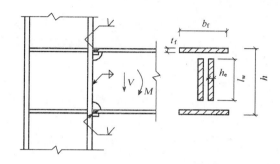

图 3-41  梁-柱全焊接刚性节点          图 3-42  梁-柱栓焊混合连接刚性节点

② 全截面受弯设计法

全截面受弯设计法可以合理地利用梁截面的承载能力,梁腹板除承担剪力外,还应分担一部分弯矩。

梁翼缘和腹板根据其刚度比分担弯矩:

$$M_f = M \cdot \frac{I_f}{I} \tag{3-112}$$

$$M_w = M \cdot \frac{I_w}{I} \tag{3-113}$$

式中:$M_f$—— 梁翼缘分担的弯矩;

$M_w$—— 梁腹板分担的弯矩;

$I$—— 梁全截面的惯性矩;

$I_f$—— 梁翼缘对梁形心的惯性矩;

$I_w$—— 梁腹板对梁形心的惯性矩。

梁翼缘与柱翼缘对接焊缝的抗拉强度为:

$$\sigma = \frac{M_f}{b_f t_f (h - t_f)} \leqslant f_t^w \tag{3-114}$$

梁腹板与柱焊缝采用角焊缝连接时(图3-41),则角焊缝的正应力和剪应力为:

$$\sigma_f = \frac{3M_w}{h_e l_w^2}, \tau_f = \frac{V}{2l_w h_e} \tag{3-115}$$

$$\sqrt{(\sigma_f/\beta_f)^2 + \tau_f^2} \leqslant f_f^w \tag{3-116}$$

式中：$\beta_f$—— 正面角焊缝强度设计值的增大系数，可取 $\beta_f = 1.22$。

梁腹板与柱翼缘连接板采用高强度螺栓连接时（图 3-42），最外侧螺栓承受的组合剪力为：

$$N_v^b = \sqrt{\left(\frac{M_w y_1}{\sum y_i^2}\right)^2 + \left(\frac{V}{n}\right)^2} \leqslant 0.9[N_v^b] \tag{3-117}$$

式中：$y_i$—— 螺栓群中心至每个螺栓的距离；

$y_1$—— 螺栓群中心至最远螺栓的距离。

（2）柱腹板的局部抗压承载力和柱翼缘板的刚度

梁的上下翼缘与柱连接处，如柱腹板两侧不设置水平加劲肋时，由梁端弯矩在梁的上下翼缘中产生的内力作为柱的水平集中力，该连接处必须进行局部应力的验算。梁翼缘传来的压力或拉力形成的局部应力，可能带来两类破坏：

第一类破坏：梁受压翼缘的压力使柱腹板发生屈曲破坏。

第二类破坏：梁受拉翼缘的拉力使柱翼缘与腹板处的焊缝拉开，导致柱翼缘产生局部的过大变形。

对第一种情况，梁受压翼缘传来的压力是否足以使柱腹板屈曲，要按腹板和翼缘连接焊缝的边缘处计算。假定梁受压翼缘屈服时传来的压力 $N = A_{fb} f_b$ 以 1：2.5 的角度均匀扩散到 $k_c$ 线或腹板角焊缝的边缘，如图 3-43 所示，柱腹板局部受压的有效宽度为 $b_e = t_{fb} + 5k_c$，其中 $t_{fb}$ 为梁翼缘的厚度，$k_c$ 为柱翼缘外侧至腹板圆角根部或角焊缝焊趾的距离。如果梁受压翼缘屈服时，柱腹板依然保持稳定，则柱腹板厚度 $t_{wc}$ 应同时满足下列公式的要求：

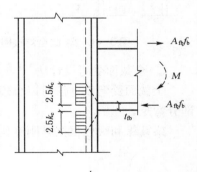

$$t_{wc} \geqslant \frac{A_{fb} f_b}{b_e f_c} \tag{3-118}$$

$$t_{wc} \geqslant \frac{h_c}{30}\sqrt{\frac{f_{yc}}{235}} \tag{3-119}$$

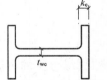

图 3-43　柱腹板受压有效宽度

式中：$t_{wc}$—— 柱腹板的厚度；

$A_{fb}$—— 梁受压翼缘的截面面积；

$h_c$—— 柱腹板的高度；

$f_b$—— 梁钢材强度设计值；

$f_c$—— 柱钢材强度设计值；

$f_{yc}$—— 柱钢材屈服强度。

对第二种情况，在梁受拉翼缘的作用下，柱翼缘可能会受拉挠曲，在腹板附近产生应力集中，从而破坏柱翼缘和腹板的连接焊缝。根据等强度原则，柱翼缘的厚度应满足：

$$t_{fc} \geqslant 0.4\frac{f_b}{f_c}\sqrt{A_b} \tag{3-120}$$

若式（3-118）和式（3-119）有一项不能满足，则需要在梁翼缘处设置柱的水平加劲肋，如

图 3-44 所示,加劲肋的总面积 $A_s$ 应满足以下要求:

$$A_s \geqslant (A_{fb} - t_{wc}\, b_e) \frac{f_b}{f_c} \qquad (3\text{-}121)$$

为防止加劲肋受压屈曲,要求其宽厚比限值为 $b_s / t_s \leqslant 9 \sqrt{235 / f_y}$,其中,$b_s$、$t_s$ 分别为加劲肋的宽度和厚度。

由于水平加劲肋除承受梁翼缘传来的集中力外,对提高节点的刚度和板域的承载力有重要影响,因此,高层建筑钢结构的梁柱抗弯节点,均应在柱内设置柱水平加劲肋。按抗震设计时,加劲肋一般与梁翼缘等厚,这时梁受压翼缘应力分布是均匀的,而受拉翼缘的应力在中部稍高。按非抗震设计时,水平加劲肋除满足传递两侧梁翼缘的集中力外,其厚度不得小于梁翼缘厚度的 1/2,并应符合宽厚比限值。

H 型钢或工字形截面柱的水平加劲肋与柱的连接如图 3-45 所示,水平加劲肋用熔透的 T 形对接焊缝与柱翼缘连接,与腹板可采用角焊缝连接。在柱的圆角部分,加劲肋需开切角,便于绕焊和避免荷载作用下的应力集中,水平加劲肋应从翼缘边缘后退 10 mm。

箱形柱的水平加劲隔板与柱翼缘的连接,宜采用熔透的 T 形对接焊缝;对无法施焊的手工电弧焊的焊缝,宜采用熔化嘴电渣焊,如图 3-46,由于这种焊接方法产生的热量较大,为减小焊接变形,焊缝应成对布置。

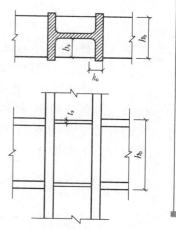

**图 3-44　柱水平加劲肋**

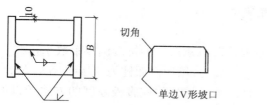

**图 3-45　工字形柱水平加劲肋焊接**

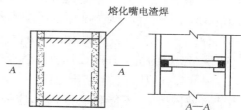

**图 3-46　箱形柱横隔板焊接**

当柱两侧梁的高度不等时,在对应每个梁翼缘的位置均应设置水平加劲肋,如图 3-47,考虑焊接的方便,水平加劲肋间距 $e$ 不易小于 150 mm,并不小于加劲肋的宽度;当不能满足此要求时,需调整梁端高度,可将截面高度较小的梁端部高度局部加大,腋部翼缘的坡度不大于 1∶3;也可采用斜加劲肋,加劲肋的倾斜度同样不大于 1∶3。

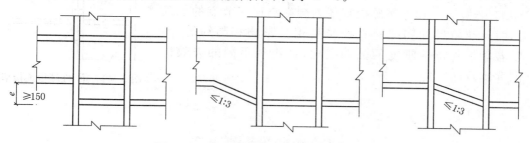

**图 3-47　柱两侧梁高不等时的水平加劲肋**

（3）梁柱节点域的抗剪承载力

在刚性连接的梁柱节点处，由上下水平加劲肋和柱翼缘所包围的节点板域，在相当大的剪力作用下，存在着板域首先屈服的可能性，对框架的整体性有较大的影响，如图3-48是作用于节点域处的剪力和弯矩。抗震设计时，工字形截面柱和箱形截面柱腹板在节点域范围的厚度，首先应满足下式要求：

$$t_w \geqslant (h_b + h_c)/90 \qquad (3\text{-}122)$$

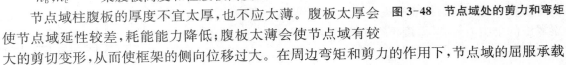

式中：$t_w$——柱在节点域的腹板厚度；

$h_b, h_c$——梁腹板高度和柱腹板高度。

节点域柱腹板的厚度不宜太厚，也不应太薄。腹板太厚会 **图3-48　节点域处的剪力和弯矩** 使节点域延性较差，耗能能力降低；腹板太薄会使节点域有较大的剪切变形，从而使框架的侧向位移过大。在周边弯矩和剪力的作用下，节点域的屈服承载力应符合下式要求：

$$\frac{\alpha(M_{pb1} + M_{pb2})}{V_p} \leqslant \frac{4}{3} f_v \qquad (3\text{-}123)$$

工字形截面柱和箱形截面柱节点域腹板的抗剪强度，按下式验算：

$$\frac{M_{b1} + M_{b2}}{V_p} \leqslant \frac{4}{3} f_v \qquad (3\text{-}124)$$

式中：$\alpha$——系数，按6度Ⅳ类场地和7度设防的结构可取0.6，按8、9度设防的结构可取0.7；

$M_{pb1}, M_{pb2}$——节点域两侧梁的全塑性受弯承载力；

$M_{b1}, M_{b2}$——节点域两侧梁的弯矩设计值；

$f_v$——钢材的抗剪强度设计值，抗震设计时应除以承载力的抗震调整系数$\gamma_{RE}$；

$V_p$——节点域体积，工字形截面柱为$V_p = h_b h_c t_w$；箱形截面柱为$V_p = 1.8 h_b h_c t_w$。

当节点域体积$V_p$不能满足要求时，应采用加厚节点域处的柱腹板厚度的方法予以加强，其他的加强措施在构造上比较麻烦，在多层和高层钢结构中不推荐使用。

对于梁与柱利用端板进行的半刚性连接（图3-49），当端板厚度较小、变形较大时，端板出现附加撬力和弯曲变形。此时，位于梁翼缘附近的端板的受力情况与T形连接件相似。因此，完全可将位于梁上、下翼缘附近的端板分离出来，形同两个T形连接件进行分析计算。

由于端板尺寸和连接螺栓直径均会影响连接节点的承载能力，而且端板尺寸和螺栓直径又是相互影响和制约的，因此，随着端板和螺栓刚度的强弱变化，会出现不同的失效机构（图3-50）。

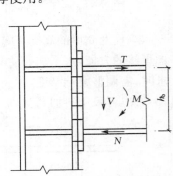

**图3-49　梁-柱端板连接节点**

如图 3-50(a)为端板和螺栓等刚度时的受力与失效机构,端板和螺栓同时失效,它们的承载力均得到充分利用。此时由于端板和螺栓具有相同的刚度,所以在计算中两者的变形均应考虑,不得忽略。其承载力验算宜按下列方法进行:

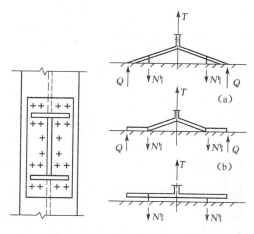

图 3-50 端板受力与失效机构

螺栓抗拉承载力

$$N_t^b = T + Q \leqslant 0.8P, \quad T = \frac{M}{2h_b} \tag{3-125}$$

端板 $A\text{-}A$ 截面抗弯承载力 $M_A = Q_C \leqslant M_{AP}$ (3-126)

端板 $B\text{-}B$ 截面抗弯承载力 $M_B = N_t^b a - Q(c+a) \leqslant M_{BP}$ (3-127)

式中:$M$—— 梁端弯矩;

$h_b$—— 梁上、下翼缘板中面之间的距离;

$P$—— 高强度螺栓的预拉力;

$M_{AP}$—— 端板 $A\text{-}A$ 截面(图 3-51)全塑性弯矩;

$M_{BP}$—— 端板 $B\text{-}B$ 截面(图 3-51)全塑性弯矩。

设计时可先选定端板撬力 $Q$,一般取 $Q = 0.1T \sim 0.2T$。端板厚度一般宜比螺栓直径略大。

如图 3-50(b)为连接螺栓刚度大于端板抗弯刚度时的受力与失效机构,这种机构常以端板出现塑性铰而失效。所以,计算中常忽略螺栓的弹性变形,按端板的塑性承载力设计,即主要按式(3-126)和式(3-127)验算端板的抗弯承载力。

如图 3-50(c)为端板抗弯刚度远大于连接螺栓刚度时的受力与失效机构,它常发生在端板厚度 $t_p \geqslant 2d_b$($d_b$ 为螺栓直径)的情况,常以螺栓拉断而失效。因此,计算中假定端板绝对刚

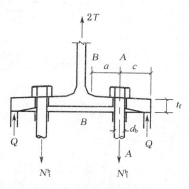

图 3-51 端板撬力

性,即端板中无撬力 $Q$ 的存在,只需验算螺栓的抗拉承载力即可。

对于梁与柱采用铰接连接时(图 3-52),与梁腹板相连的高强度螺栓,除应承受梁端剪力外,尚应承受支承点的反力对连接螺栓所产生的偏心弯矩的作用。其偏心弯矩 $M$ 应按下列公式计算:

$$M = V \cdot e \tag{3-128}$$

式中: $e$ —— 支承点至螺栓合力作用线的距离;

$V$ —— 作用于梁端的竖向剪力。

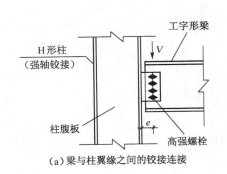
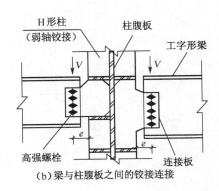

(a) 梁与柱翼缘之间的铰接连接 (b) 梁与柱腹板之间的铰接连接

图 3-52 梁与柱的铰接受力

### 5)梁与梁的连接

梁与梁的连接包括主梁与主梁的连接和次梁与主梁的连接。

(1) 主梁的接头

主梁的拼接点应位于框架节点塑性区段以外,尽量靠近梁的反弯点处。一般是从梁端算起的 1/10 跨长并应大于 1.6 m。主梁的接头主要用于柱外悬臂梁段与中间梁段的连接,可采用全栓连接或焊栓混合连接或全焊连接的接头形式,如图 3-53 所示。工程中,全栓连接和焊栓混合连接两种形式较常应用。

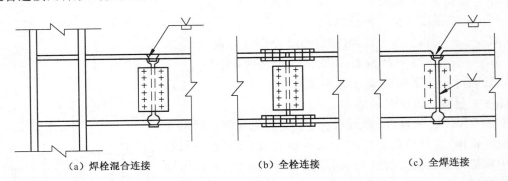

(a) 焊栓混合连接 (b) 全栓连接 (c) 全焊连接

图 3-53 主梁的拼接形式

(2) 次梁与主梁的连接

次梁与主梁的连接一般采用剪支连接,如图 3-54 所示,次梁腹板与主梁的竖向加劲板用高强度螺栓连接(图 3-54(a)、(b));当次梁内力和截面内力较小时,也可直接与主梁腹板连接

（图 3-54(c)）。当次梁跨度较大、跨数较多或荷载较大时，为了减小次梁的挠度，次梁与主梁可采用刚性连接，如图 3-55 所示。

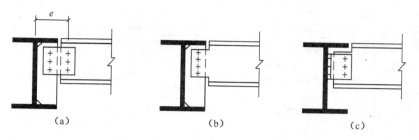

图 3-54　次梁与主梁的简支连接

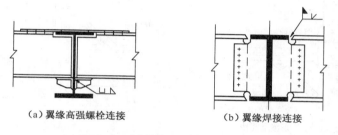

（a）翼缘高强螺栓连接　　　　　　（b）翼缘焊接连接

图 3-55　次梁与主梁的刚性连接

抗震设防时，为防止框架横梁的侧向屈曲，在节点塑性区段应设置侧向支撑构件或水平隔撑。

对于一般框架，由于梁上翼缘和楼板连在一起，所以只需在距柱轴线 1/10～1/8 梁跨处的横梁下翼缘设置侧向隔撑（图 3-56(b)(d)）即可；对于偏心支撑框架，在耗能梁段端部的横梁上、下翼缘处，均应设置侧向隔撑（图 3-56(a)～(d)），但仅能设置在梁的一侧，以免妨碍耗能梁段竖向塑性变形的发展。

为使隔撑能起到支承两根横梁的作用，侧向隔撑的长细比不得大于 $130\sqrt{235/f_y}$。

（3）梁腹板开孔的补强

当因管道穿过需要在梁腹板上开孔时，应根据孔的位置和大小确定是否对梁进行补强。当圆孔直径小于或等于 1/3 梁高，且孔洞间距大于 3 倍孔径，并能避免在梁端 1/8 跨度范围内开孔时，可不予补强。

当因开孔需要补强时，弯矩由梁翼缘承担，剪力由孔口截面的腹板和孔洞周围的补强板共同承担。圆形孔的补强可采用套管、环形补强板或在梁腹板上加焊 V 形加劲肋等措施，如图 3-57 所示。

梁腹板上开矩形孔时，对腹板的抗剪影响较大，应在洞口周边设置加劲板，其纵向加劲板伸过洞口的长度不小于矩形孔的高度，加劲肋的宽度为梁翼缘宽度的 1/2，厚度与腹板相同，如图 3-58 所示。

（4）柱与柱的连接

钢柱的工地接头，一般宜设于主梁顶面以上 1.0～1.3 m 处，以方便安装；抗震设防时，应位于框架节点塑性区以外，并按等强设计。

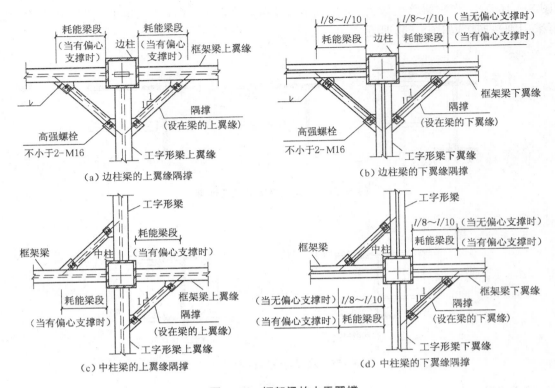

图 3-56　框架梁的水平隅撑

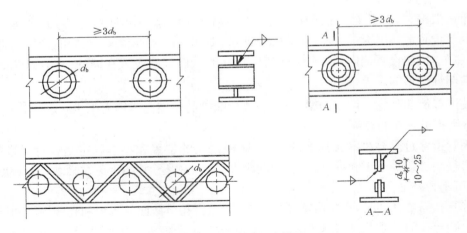

图 3-57　梁的圆形孔补强

　　为了保证施工时能抗弯以及便于校正上下翼缘的错位,钢柱的工地接头应预先设置安装耳板。耳板厚度应根据阵风和其他的施工荷载确定,并不得小于 10 mm,待柱焊接好后用火焰将耳板切除。耳板宜设置于柱的一个主轴方向的翼缘两侧(图 3-59)。对于大型的箱形截面柱,有时在两个相邻的互相垂直的柱面上设置安装耳板(图 3-59(b)中虚线所示)。

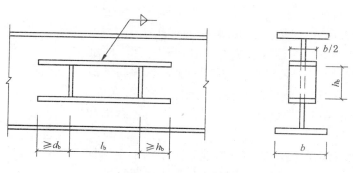

图 3-58　梁的矩形孔补强

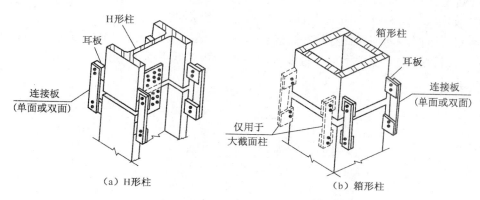

（a）H 形柱

（b）箱形柱

图 3-59　钢柱工地接头的预设安装耳板

（5）等截面柱的拼接

工字形截面柱的拼接接头，翼缘一般为全熔透坡口焊接，腹板可为高强度螺栓连接，如图 3-60(a)所示，当柱腹板采用焊接时，上柱腹板开 K 形坡口，要求焊透，如图 3-60(b)所示。

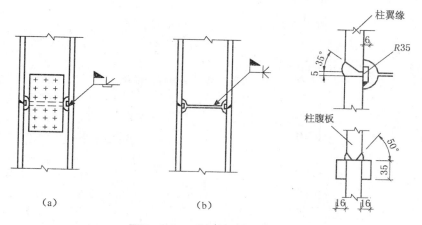

（a）

（b）

图 3-60　工字形柱的拼接接头

　　箱形截面柱的拼接接头应全部采用焊接,为便于与全截面熔透,常用的接头形式如图 3-61 箱形柱的焊接接头所示。箱形截面柱接头处的下柱应设置盖板,与柱口齐平,盖板厚度不小于 16 mm,用单边 V 形坡口焊缝与柱壁板焊接,并与柱口一起刨平,使上柱口的焊接垫板与下柱有一个良好的接触面。上柱一般也应设置横隔板,厚度通常为 10 mm,以防止运输和焊接时变形。

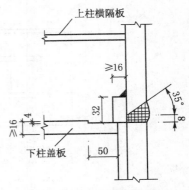

**图 3-61　箱形柱的焊接接头**

　　高层钢结构中的箱形柱与下部型钢混凝土中的十字形柱相连时,应考虑截面形式变化处力的传递平顺。箱形柱的一部分力应通过栓钉传递给混凝土,另一部分力传递给下面的十字形柱,如图 3-62 所示。两种截面的连接处,十字形柱的腹板应伸入箱形柱内,形成两种截面的过渡段。伸入长度应不小于柱宽加 200 mm,即 $L \geqslant B + 200$ mm,过渡段截面呈田字形。过渡段在主梁下并靠近主梁。

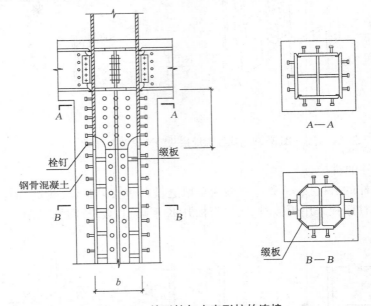

**图 3-62　箱形柱与十字形柱的连接**

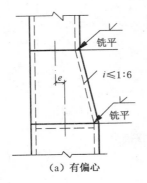
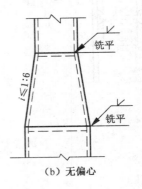

**图 3-63　变截面柱的拼装**

两种截面的接头处上下均应设置焊接栓钉,栓钉的间距和列距在过渡段内宜采用150 mm,不大于200 mm,沿十字形柱全高不大于300 mm。

型钢混凝土中十字形柱的拼接接头,因十字形截面中的腹板采用高强度螺栓连接施工比较困难,翼缘和腹板均宜采用焊接。

(6) 变截面柱的拼接

柱需要变截面时,一般采用柱截面高度不变,仅改变翼缘厚度的方法。若需要改变柱截面高度时,柱的变截面段应由工厂完成,并尽量避开梁柱连接节点。对边柱可采用图3-63(a)的做法,不影响挂外墙板,但应考虑上下柱偏心产生的附加弯矩;对中柱可采用图3-63(b)的做法。柱的变截面处均应设置水平加劲肋或横隔板。

(7) 柱脚

多层及高层钢结构的柱脚,依连接方式的不同,可分为埋入式、外包式和外露式三种形式。外露式柱脚构造简单、施工方便、费用低,设计时宜优先选用;当荷载较大或层数较多时,亦可采用埋入式或外包式柱脚。

a. 埋入式柱脚

埋入式柱脚是直接将钢柱埋入钢筋混凝土基础或基础梁中的柱脚,如图3-64所示。其埋入方法有:一种是预先将钢柱脚按要求组装固定在设计标高上,然后浇筑基础或基础梁的混凝土;另一种是预先浇筑基础或基础梁的混凝土,并留出安装钢柱脚的杯口,待安装好钢柱脚后,再用细石混凝土填实。

埋入式柱脚的构造比较合理,易于安装就位,柱脚的嵌固容易保证,当柱脚的埋入深度超过一定数值后,柱的全塑性弯矩可传递给基础。埋入式柱脚的埋入深度 $h_f$,对于轻型工字形柱,不得小于钢柱截面高度 $h_c$ 的2倍;对于大截面H形钢柱和箱形柱,不得小于钢柱截面高度 $h_c$ 的3倍(图3-64)。

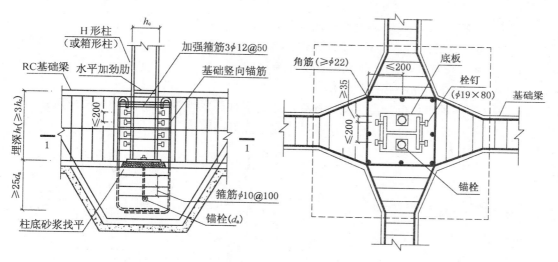

**图3-64　埋入式柱脚的埋入深度与构造**

为防止钢柱的传力部位局部失稳和局部变形,对埋入式柱脚,在钢柱埋入部分的顶部应设置水平加劲肋(H形钢柱)或隔板(箱形钢柱)。其加劲肋或隔板的宽厚比应符合现行《钢结构设计规范》(GB 50017—2014)关于塑性设计的规定。

箱形截面柱埋入部分填充混凝土可起加强作用,其填充混凝土的高度应高出埋入部分钢柱外围混凝土顶面1倍柱截面高度以上。

为保证埋入钢柱与周边混凝土的整体性,埋入式柱脚在钢柱的埋入部分应设置栓钉。栓钉的数量和布置按计算确定,其直径不应小于 $\phi16$(一般取 $\phi19$),栓钉的长度宜取4倍栓钉直径,水平和竖向中心距均不应大于200 mm,且栓钉至钢柱边缘的距离不大于100 mm。

钢柱柱脚埋入部分的外围混凝土内应配置竖向钢筋,其配筋率不小于0.2%,沿周边的间距不应大于200 mm,其4根角筋直径不宜小于 $\phi22$,每边中间的架立筋直径不宜小于 $\phi16$;箍筋宜为 $\phi10$,间距100;在埋入部分的顶部应增设不少于三道 $\phi12$、间距不大于50 mm的加强箍筋。竖向钢筋在钢柱柱脚底板以下的锚固长度不应小于 $35d$($d$ 为钢筋直径),并在上端设弯钩。

钢柱柱脚底板需用锚栓固定,锚栓的锚固长度不应小于 $25d_a$($d_a$ 为锚栓直径)。

对于埋入式柱脚,钢柱翼缘的混凝土保护层厚度应符合下列规定:

① 对中间柱不得小于180 mm(图 3-65(a));

② 对边柱(图 3-65(b))和脚柱(图 3-65(c))的外侧不宜小于250 mm;

③ 埋入式柱脚钢柱的承压翼缘到基础梁端部的距离,应符合下列要求:

$$V_1 \leqslant f_{ct} A_{cs} \tag{3-129}$$

$$V_1 = \frac{(h_0 + d_c)V}{3d/4 - d_c} \tag{3-130}$$

$$A_{cs} = B(a + h_c/2) - b_f h_c/2 \tag{3-131}$$

式中:$V_1$——基础梁端部混凝土的最大抵抗剪力,如图 3-66(b)所示;

$V$——柱脚的设计剪力;

$b_f$、$h_c$——钢柱承压翼缘宽度和截面高度;

$a$——自钢柱翼缘外表面算起的基础梁长度;

$B$——基础梁宽度,等于 $b_f$ 加两侧保护层厚度;

$f_{ct}$——混凝土的抗拉强度设计值;

$h_0$、$d$——底层钢柱反弯点到基础顶面的距离和柱脚的埋深,如图 3-66(b)所示;

$d_c$——钢柱承压区合力作用点至基础混凝土顶面的距离。

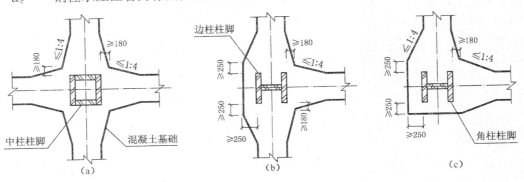

**图 3-65 埋入式柱脚的混凝土保护层厚度**

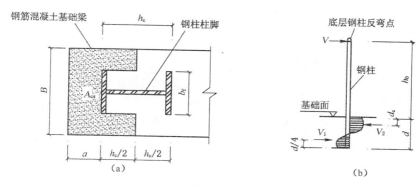

图 3-66 埋入式柱脚的基础梁尺寸与计算简图

b. 外包式柱脚

外包式柱脚是将钢柱脚底板搁置在混凝土地下室墙体或基础梁顶面,再外包由基础伸出的钢筋混凝土短柱所形成的一种柱脚形式,如图 3-67 所示。

外包式柱脚的混凝土外包高度与埋入式柱脚的埋入深度要求相同;外包式柱脚钢柱外侧的混凝土保护层厚度不应小于 180 mm;外包混凝土内的竖向钢筋按计算确定,其间距不应大于 200 mm,在基础内的锚固长度不应小于按受拉钢筋确定的锚固长度;外包钢筋混凝土短柱的顶部应集中设置不小于 3φ12 的加强箍筋,其竖向间距宜取 50 mm;外包式柱脚钢柱翼缘应设置圆柱头栓钉,其直径不应小于 φ16(一般取 φ19),其长度取 4d,其竖向间距与水平列距均不应大于 200 mm,边距不宜小于 35 mm(图 3-67);钢柱柱脚底板厚度不应小于 16 mm,并用锚栓固定,锚栓伸入基础内的锚固长度不应小于 $25d_a$($d_a$ 为锚栓直径)。

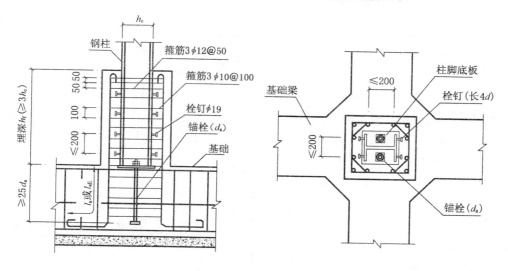

图 3-67 外包式柱脚

c. 外露式柱脚

由柱脚锚栓固定的外露式柱脚,可视钢柱的受力特点(轴压或压弯)设计成铰接或刚接。外露式柱脚设计为刚性柱脚时,柱脚的刚性难以完全保证,若内力分析时视为刚性柱脚,应考虑反弯点下移引起的柱顶弯矩增值。当底板尺寸较大时,应考虑采用靴梁式柱脚。

（8）支撑与框架的连接

a. 中心支撑与框架的连接

按抗震设计的支撑与框架的连接及支撑连接的承载力，应满足 $N_{ubr} \geqslant 1.2 A_n f_y$ 的要求。中心支撑的重心线应通过梁与柱轴线的交点，当受构造条件的限值有不大于支撑杆件宽度的偏心时，节点设计应计入偏心造成附加弯矩的影响。

为便于节点的构造处理，带支撑的梁柱节点通常采用柱外带悬臂梁段的形式，使梁柱接头与支撑节点错开，如图 3-68（a）所示。

抗震支撑的设计常将宽翼缘 H 型钢的强轴放在框架平面内，使支撑端部的节点构造更强，如图 3-68（b）所示，其平面外的计算长度取轴线长度的 0.7 倍。当支撑弱轴位于框架平面内时，其平面外的计算长度可取轴线长度的 0.9 倍。

支撑翼缘直接与梁和柱连接时，在连接处梁、柱均应设置加劲肋，以承受支撑轴心力对梁或柱的竖向或水平分力。支撑翼缘与箱形柱连接时，在柱壁板内的相应位置应放置水平加劲隔板。

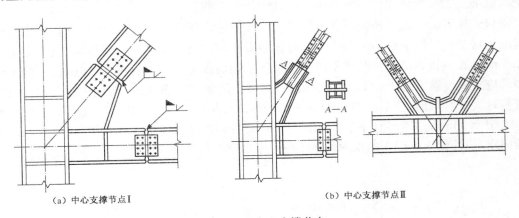

（a）中心支撑节点 I　　　　　　　　　　（b）中心支撑节点 II

**图 3-68　中心支撑节点**

b. 偏心支撑与框架的连接

偏心支撑的斜杆中心线与梁中心线的交点，一般在耗能梁段的端部，也允许在耗能梁段内，此时将产生与耗能梁段端部相反的附加弯矩，从而减少耗能梁段和支撑的弯矩，对抗震有利。但交点不应在耗能梁段以外，否则将增大支撑和耗能梁段的弯矩，对抗震不利。

偏心支撑在达到设计承载力之前，支撑与框架梁的连接不应破坏，并能将支撑的力传递给梁。根据偏心支撑框架的设计要求，支撑端和消能梁段外的框架梁，其设计抗弯承载力之和应大于消能梁段的极限抗弯承载力。在设计支撑与框架梁的连接节点时，支撑两端与梁的连接应为刚性节点，支撑采用全熔透坡口焊缝直接焊于梁上的节点特别有效，如图 3-69 所示。

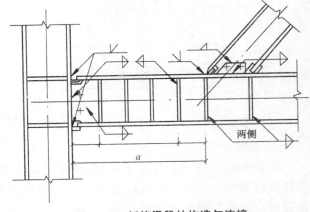

**图 3-69　耗能梁段的构造与连接**

### 3.2.7 绘制结构设计图

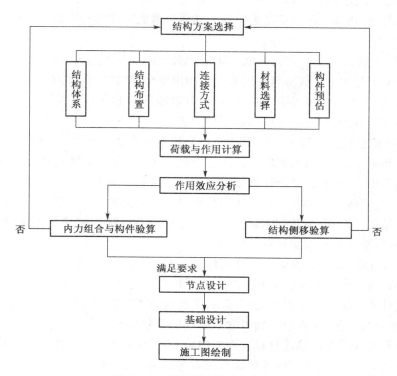

图 3-70 高层钢结构设计流程图

## 3.2.8 PKPM 和 3D3S 软件的应用

### 3.2.8.1 PKPM 软件

PKPM 系列 CAD 系统软件是目前国内建筑工程界应用最广、用户最多的一套计算机辅助设计系统。它是一套集建筑设计、结构设计、设备设计、工程量统计、概预算及施工软件等于一体的大型建筑工程综合 CAD 系统。本章对 PKPM 系列软件的特点、组成及基本工作方式等进行介绍,使读者对 PKPM 系列软件有一个整体认识。

PKPM 系列 CAD 软件,历经多年的推广应用,目前已经发展成为一个集建筑、结构、设备、概预算及施工为一体的集成系统。在结构设计中又包括了多层和高层、工业厂房和民用建筑,上部结构和各类基础在内的综合 CAD 系统,并正在向集成化和初级智能化方向发展。概括起来,它有以下几个主要的技术特点。

(1)数据共享的集成化系统。建筑设计过程一般分为方案、初步设计、施工图三个阶段。常规配合的专业有结构、设备(包括水、电、暖通等)。各阶段之中往往有大大小小的改动和调整,各专业的配合需要互相提供资料。在手工制图时,各阶段和各专业间的不同设计成果只能分别重复制作。而利用 PKPM 系列 CAD 软件数据共享的特点,无论先进行哪个专业的设计工作所形成的建筑物整体数据都可为其他专业所共享,避免重复输入数据。此外,结构专业中各个设计模块之间的数据共享,即各种模型原理的上部结构分析、绘图模块和各类基础设计模块共享结构布置、荷载及计算分析结果信息。这样可最大限度地利用数据资源,大大提高了工作效率。

(2)直观明了的人机交互方式。该系统采用独特的人机交互输入方式,避免了填写繁琐的数据文件。输入时用鼠标或键盘在屏幕上勾画出整个建筑物。软件有详细的中文菜单指导用户操作,并提供了丰富的图形输入功能,可以有效地帮助输入。实践证明,这种方式设计人员容易掌握,而且比传统的方法可提高效率数十倍。

(3)计算数据自动生成技术。PKPMCAD 系统具有自动传导荷载功能,实现了恒、活、风荷的自动计算和传导,并可自动提取结构几何信息,自动完成结构单元划分,特别是可把剪力墙自动划分成壳单元,从而使复杂计算模式实用化。在此基础上可自动生成平面框架、高层三维分析、砖混及底框砖房等多种计算方法的数据。上部结构的平面布置信息及荷载数据,可自动传递给各类基础,接力完成基础的计算和设计。在设备设计中实现从建筑模型中自动提取各种信息,完成负荷计算和线路计算。

(4)基于新方法、新规范的结构计算软件包。利用中国建筑科学研究院是规范主编单位的优势,PKPMCAD 系统能够紧紧跟踪规范的更新而改进软件,全部结构计算及丰富成熟的施工图辅助设计完全按照国家设计规范编制,全面反映了现行规范所要求的荷载效应组合,计算表达式,计算参数取值、抗震设计新概念所要求的强柱弱梁、强剪弱弯、节点核心区、罕遇地震以及考虑扭转效应的振动耦连计算方面的内容,使其能够及时满足国内设计需要。

在计算方法方面,采用了国内外最流行的各种计算方法,如:平面杆系、矩形及异形楼板、薄壁杆系、高层空间有限元、高精度平面有限元、高层结构动力时程分析、梁板楼梯及异形楼梯、各类基础、砖混及底框抗震分析等,有些计算方法已达到国际先进水平。

(5)智能化的施工图设计。利用 PKPM 软件,可在结构计算完毕后,进行智能化的选择钢筋,确定构造措施及节点大样,使之满足现行规范及不同设计习惯,全面地人工干预修改手段、钢筋截面归并整理、自动布图等一系列操作,使施工图设计过程自动化。设置好施工图设计方式后,系统可自动完成框架、排架、连续梁、结构平面、楼板计算配筋、节点大样、各类基础、楼梯、剪力墙等施工图绘制,并可及时提供图形编辑功能,包括标注、说明、移动、删除、修改、缩放及图层、图块管理等。

PKPM 系列软件包含了结构、特种结构、建筑、设备、概预算及钢结构等 6 个主要专业模块。每个专业模块下,又包含了各自相关的若干软件。结构专业各软件的主要功能及其特点如下:

(1)三维建筑设计软件 APM 是一个建筑方案设计及建筑平面、立面、剖面、透视施工图设计的 CAD 软件,是 PKPM 系列 CAD 系统中的建筑软件。

建筑设计的全部数据均可传给结构设计、设备设计及概预算,可大大简化数据的输入。首先,建筑的柱网、轴线及柱、墙、门窗布置可形成结构布置的各层构架,另外,建筑设计提供的材料、作法、填充墙等信息又可生成结构分析所需的荷载信息。建筑设计的数据还可传给设备设计用于生成条件图和进行各种设备的计算。概预算工程量统计的数据也可从 APM 软件中读取,这一点特别方便了设计单位中各个专业的密切配合。

（2）结构平面计算机辅助设计软件 PMCAD。PMCAD 是整个结构 CAD 的核心,是剪力墙、高层空间三维分析和各类基础 CAD 的必备接口软件,也是建筑 CAD 与结构的必要接口。该程序通过人机交互方式输入各层平面布置和外加荷载信息后,可自动计算结构自重并形成整栋建筑的荷载数据库,由此数据可自动给框架、空间杆系薄壁柱、砖混计算提供数据文件,也可为连续次梁和楼板计算提供数据。PMCAD 也可作砖混结构及底框上砖房结构的抗震分析验算,计算现浇楼板的内力和配筋并画出板配筋图,绘制出框架、框剪、剪力墙及砖混结构的结构平面图,以及砖混结构的圈梁、构造柱节点大样图。

（3）钢筋混凝土框排架及连续梁结构计算与施工图绘制软件 PK。该软件采用二维内力计算模型,可进行平面框架、排架及框排架结构的内力分析和配筋计算(包括抗震验算及梁裂缝宽度计算),并完成施工图辅助设计工作。接力多高层三维分析软件 TAT、SATWE、PMSAP 计算结果及砖混底框、框支梁计算结果,为用户提供四种方式绘制梁、柱施工图。能根据规范及构造手册要求自动进行构造钢筋配置。该软件计算所需的数据文件可由 PMCAD 自动生成,也可通过交互方式直接输入。

（4）多高层建筑结构三维分析软件 TAT。TAT 程序采用三维空间薄壁杆系模型,计算速度快,硬盘要求小,适用于分析、设计结构竖向质量和刚度变化不大,剪力墙平面和竖向变化不复杂,荷载基本均匀的框架、框剪、剪力墙及简体结构(事实上大多数实际工程都在此范围内),它不但可以计算多种结构形式的钢筋混凝土高层建筑,还可以计算钢结构以及钢-混凝土混合结构。

TAT 可与动力时程分析程序 TAT-D 接力运行进行动力时程分析,并可以按时程分析的结果计算结构的内力和配筋;对于框支剪力墙结构或转换层结构,可以自动与 FEQ 接力运行,其数据可以自动生成,也可以人工填表,并可指定截面配筋。TAT 所需的几何信息和荷载信息都是从 PMCAD 建立的建筑模型中自动提取生成,TAT 计算完成后,可经全楼归并接力 PK 绘制梁、柱施工图,接力 JLQ 绘制剪力墙施工图,并可为各类基础设计软件提供设计荷载。

（5）多高层建筑结构空间有限元分析软件 SATWE。SATWE 采用空间杆单元模拟梁、柱及支撑等杆件,采用在壳元基础上凝聚而成的墙元模拟剪力墙。对楼板则给出了多种简化方式,可根据结构的具体形式高效准确地考虑楼板刚度的影响。它可用于各种结构形式的分析、设计。当结构布置较规则时,TAT 甚至 PK 即能满足工程精度要求,因此采用相对简单的软件效率更高。但对结构的荷载分布有较大不均匀、存在框支剪力墙、剪力墙布置变化较大、剪力墙墙肢间连接复杂、有较多长而短矮的剪力墙段、楼板局部开大洞及特殊楼板等各种复杂的结构,则应选用 SATWE 进行结构分析才能得到满意的结果。SATWE 所需的几何信息和荷载信息都是从 PMCAD 建立的建筑模型中自动提取生成,SATWE 计算完成后,可经全楼归并接力 PK 绘制梁、柱施工图,接力 JLQ 绘制剪力墙施工图,并可为各类基础设计软件提供设计荷载。

（6）楼梯计算机辅助设计软件 LTCAD。LTCAD 采用交互方式布置楼梯或直接与 APM 或 PMCAD 接口读入数据,适用于一跑、二跑、多跑等各种类型楼梯的辅助设计,完成楼梯内力与配筋计算及施工图设计,对异形楼梯还有图形编辑下拉菜单。

（7）剪力墙结构计算机辅助设计软件 JLQ。JLQ 可进行剪力墙平面模板尺寸,墙分布筋,边框柱、端柱、暗柱、墙梁配筋等内容的设计,并提供两种图纸表达方式供选用,第一种是剪力墙结构平面图、节点大样图与墙梁钢筋表达方式;第二种是剪力墙立面图和剖面大样图方式。

（8）基础（独立基础、条基、桩基、筏基）CAD 软件 JCCAD。JCCAD 包括了老版本中的 JCCAD、EF、ZJ 三个软件，可完成柱下独立基础，砖混结构墙下条形基础，正交、非正交及弧形弹性地基梁式、梁板式、墙下筏板式、柱下平板式和梁式与梁板式混合形基础及与桩有关的各种基础的结构计算和施工图设计。

（9）梁柱施工图软件，可以接力 PK、TAT、SATWE 的计算结果绘制施工图。绘图前可以进行重新归并，修改原有配筋数据。软件提供了以下几种绘图方法：梁立、剖面施工图画法和梁平法施工图；柱立、剖面施工图画法，柱平法施工图画法和柱剖面列表画法；整榀框架施工图画法。

### 3.2.8.2　PKPM 软件算例

某 6 层钢框架，长度为 60 m，宽度为 17.1 m，共一个标准层。标准层柱子采用 H600×400×20×25，梁采用 H500×300×11×18，支撑采用 2L140×12，标准层平面图如图 3-70 所示。各层层高为 6 m。荷载标准层为恒荷载 5.5 kN/m²、活荷载 3.5 kN/m²，基本风压为 0.5 kN/m²，设防烈度为 8 度，第二组，场地土类别为 Ⅱ 类。标准层、立面图及轴测图分别如图 3-71～图 3-74 所示。

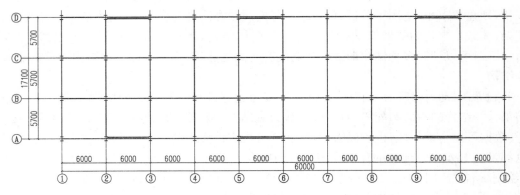

图 3-71　标准层布置图

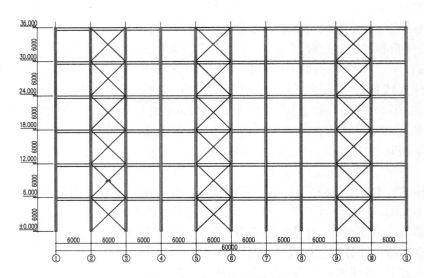

图 3-72　①～⑪轴立面图

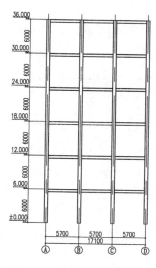

图 3-73  Ⓐ～Ⓓ轴立面图

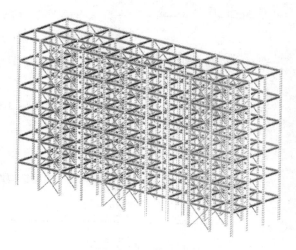

图 3-74  框架轴测图

采用中国建筑科学研究院研发的结构设计程序 PKPM 进行设计,程序主要计算结果整理如下:

表 3-23  框架结构宏观控制指标

| 指标 | 结果 | | 规范限值 | 是否满足规范要求 |
|---|---|---|---|---|
| 周期比 | 0.819 | | 0.90 | 满足 |
| 有效质量系数 | 99.38% | 100.00% | 90% | 满足 |
| 最大层间位移角 | 1/939(X 向) | 1/584(Y 向) | 1/250 | 满足 |
| 最大层间位移比 | 1.04(X 向) | 1.23(Y 向) | 1.4 | 满足 |
| 最小剪重比 | 7.28%(X 向) | 4.75%(Y 向) | 3.2% | 满足 |

由于规范对于多层建筑没有限定周期比,只对高层建筑才限定周期比,故本工程周期比不作控制要求。PKPM 计算的有效质量系数均大于 90%,说明所取的 15 个振型数参与计算已经具有足够的精度。在地震作用下,结构的 X 向、Y 向层间位移角均小于规范规定的 1/250,表明结构有较好的抗侧刚度。

一般情况下,多层钢结构较容易满足层间位移角、楼层剪力等整体控制指标,其主要验算钢构件的强度是否满足要求。底层钢构件强度验算结果如图 3-75 所示,结构布置图如图 3-76 所示。

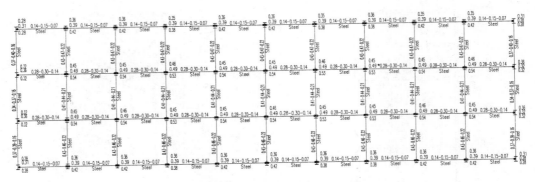

图 3-75　底层钢构件强度验算结果

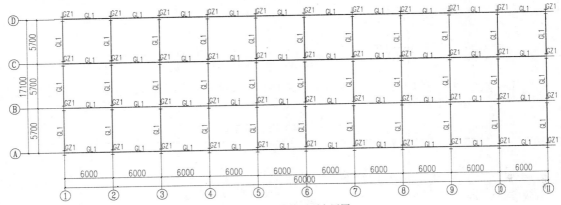

（a）一～六层结构平面布置图

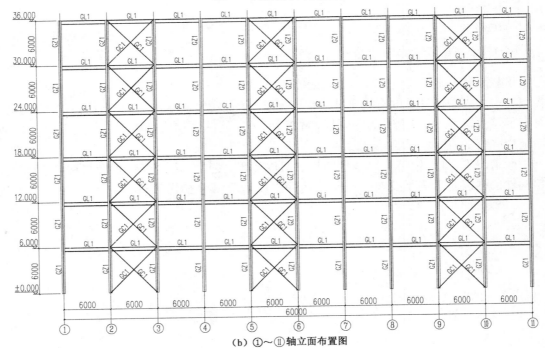

（b）①～⑪轴立面布置图

（c）Ⓐ～Ⓓ轴立面图

| 截 面 表 | | | | |
|---|---|---|---|---|
| 构件号 | 名 称 | 截 面 | 材质 | 备注 |
| GZ1 | 框架柱 | H600X400X20X25 | Q345 | |
| GL1 | 框架梁 | H500X300X11X18 | Q345 | |
| GC1 | 支 撑 | 2L140X12 | Q345 | |

图 3-76　框架结构构件布置图

### 3.2.8.3　3D3S 软件

3D3S 钢结构—空间结构设计软件是同济大学独立开发的 CAD 软件系列,同济大学拥有自主知识产权。该软件在钢结构和空间结构设计领域具有独创性,填补了国内该类结构工具软件的一个空白。

3D3S 软件提供以下四个系统:3D3S 钢与空间结构设计系统、3D3S 钢结构实体建造及绘图系统、3D3S 钢与空间结构非线性计算与分析系统、3D3S 辅助结构设计及绘图系统。

3D3S 钢与空间结构设计系统包括轻型门式刚架、多高层建筑结构、网架与网壳结构、钢管桁架结构、建筑索膜结构、塔架结构及幕墙结构的设计与绘图,均可直接生成 Word 文档计算书和 AutoCAD 设计及施工图。

3D3S 钢结构实体建造及绘图系统主要是针对轻型门式刚架和多高层建筑结构,可读取3D3S 设计系统的三维设计模型、读取 SAP2000 的三维计算模型或直接定义柱网输入三维模型,提供梁柱的各类节点形式供用户选用,自动完成节点计算或验算,进行节点和杆件类型分类和编号,可编辑节点,增/减/改加劲板,修改螺栓布置和大小、修改焊缝尺寸,并重新进行验算,直接生成节点设计计算书,根据三维实体模型直接生成结构初步设计图、设计施工图、加工详图。

3D3S 钢与空间结构非线性计算与分析系统分为普通版和高级版,普通版主要适用于任意由梁、杆、索组成的杆系结构,可进行结构非线性荷载—位移关系及极限承载力的计算、预张力结构的初始状态找形分析与工作状态计算,包括索杆体系、索梁体系、索网体系和混合体系的找形和计算、杆结构屈曲特性的计算、结构动力特性的计算和动力时程的计算；高级版囊括了普通版的所有功能，此外还可进行结构体系施工全过程的计算、分析与显示。可任意定义施工步及其对应的杆件、节点、荷载和边界，完成全过程的非线性计算，可考虑施工过程中因变形产生的节点坐标更新、主动索张拉和支座脱空等施工中的实际情况。

3D3S 辅助结构设计及绘图系统可对独立基础、条形基础、钢结构梁、钢结构柱、钢结构支撑、压型钢板组合楼盖、组合梁及中小工作制吊车梁进行设计和验算，并可直接生成计算书及 AutoCAD 设计和施工图，对于直跑和旋转钢楼梯，根据输入参数直接生成 AutoCAD 施工图。

## 思考题

1. 试述高层建筑钢结构的设计特点。
2. 试述高层建筑钢结构体系的分类方法及其适用范围。
3. 试述框架结构体系的组成、受力及变形特性。
4. 试述高层建筑钢结构选型和布置原则。
5. 如何进行梁、柱、板截面初选？
6. 试述楼面和屋面活荷载以及雪荷载的取值原则。
7. 如何确定高层钢结构的基本风压、风压高度变化系数、风载体型系数及风振系数？
8. 试述计算水平地震作用的常用方法，各计算方法的适用条件、计算模型及计算步骤。
9. 在竖向荷载和水平荷载作用下的框架结构，分别宜用何种简化计算方法计算其作用效应？各种方法的基本假定、计算模型、计算思路或计算步骤如何？
10. 框架结构的简化计算中，为什么要考虑节点柔性和梁、柱节点域剪切变形对其作用效应的影响？如何考虑？
11. 试述作用效应组合的方式及方法。
12. 试述结构验算的原则及方法。
13. 试述高层建筑钢结构构件设计内容及一般步骤。
14. 试述中心支撑的类型及应用。
15. 试述偏心支撑框架的性能与特点。
16. 试述节点设计应遵循的原则。
17. 试述梁-柱节点的承载力验算内容及其验算方法。
18. 主、次梁的连接方式及其构造要求有哪些？
19. 试述柱脚形式、受力特点、构造要求及其验算内容与方法。
20. 试述支撑连接的构造要求与计算方法。

## 参考文献

[1] JGJ 99—98　高层民用建筑钢结构技术规程[S].北京：中国建筑工业出版社,1998.
[2] GB 50017—2003　钢结构设计规范[S].北京：中国计划出版社,2003.
[3] GB 50011—2010　建筑抗震设计规范[S].北京：中国建筑工业出版社,2010.
[4] GB 50009—2012　建筑结构荷载规范[S].北京：中国建筑工业出版社,2012.
[5] 赵西安.高层结构设计[M].北京：中国建筑科学研究院,1995.
[6] 严正庭,严立.钢与混凝土组合结构计算构造手册[M].北京：中国建筑工业出版

社,1996.

　　[7] 吕西林. 高层建筑结构[M]. 武汉:武汉工业大学出版社,2001.

　　[8] 刘大海,杨翠如. 高楼钢结构设计[M]. 北京:中国建筑工业出版社,2003.

　　[9] 周果行. 房屋结构毕业设计指南[M]. 北京:中国建筑工业出版社,2004.

　　[10] 陈富生,邱国桦,范重. 高层建筑钢结构设计[M]. 2版. 北京:中国建筑工业出版社,2004.

　　[11] 李星荣,魏才昂,丁峙崑,等. 钢结构连接节点设计手册[M]. 2版. 北京:中国建筑工业出版社,2004.

　　[12] 郑延银. 高层钢结构设计[M]. 北京:机械工业出版社,2005.

　　[13] 陈树华. 钢结构设计[M]. 武汉:华中科技大学出版社,2008.

　　[14] 王仕统. 钢结构设计[M]. 广州:华南理工大学出版社,2010.

　　[15] 沈蒲生. 高层建筑结构设计[M]. 2版. 北京:中国建筑工业出版社,2011.

　　[16] 郑延银. 钢结构设计[M]. 重庆:重庆大学出版社,2013.